Mathematik 10

Erweiterungskurs

Autoren:

Jochen Herling
Karl-Heinz Kuhlmann
Uwe Scheele
Wilhelm Wilke

westermann

Zum Schülerband erscheint:

Arbeitsheft für die zentrale Abschlussprüfung 10: 978-3-14-124840-1
Lösungen 10: 978-3-14-292840-1

© 2011 Bildungshaus Schulbuchverlage
Westermann Schroedel Diesterweg
Schöningh Winklers GmbH, Braunschweig
www.westermann.de

Das Werk und seine Teile sind urheberrechtlich geschützt.
Jede Nutzung in anderen als den gesetzlich zugelassenen Fällen bedarf der
vorherigen schriftlichen Einwilligung des Verlages.
Hinweis zu § 52 a UrhG: Weder das Werk noch seine Teile dürfen ohne eine
solche Einwilligung gescannt und in ein Netzwerk eingestellt werden.
Dies gilt auch für Intranets von Schulen und sonstigen Bildungseinrichtungen.
Auf verschiedenen Seiten dieses Buches befinden sich Verweise (Links) auf
Internet-Adressen. Haftungshinweis: Trotz sorgfältiger inhaltlicher Kontrolle
wird die Haftung für die Inhalte der externen Seiten ausgeschlossen.
Für den Inhalt dieser externen Seiten sind ausschließlich deren Betreiber
verantwortlich. Sollten Sie bei dem angegebenen Inhalt des Anbieters dieser
Seite auf kostenpflichtige, illegale oder anstößige Inhalte treffen, so bedauern
wir dies ausdrücklich und bitten Sie, uns umgehend per E-Mail davon in
Kenntnis zu setzen, damit beim Nachdruck der Verweis gelöscht wird.

Druck A [1] / Jahr 2011
Alle Drucke der Serie A sind im Unterricht parallel verwendbar.

Redaktion: Gerhard Strümpler
Typografie und Layout: Andrea Heissenberg, Jennifer Kirchhof, Braunschweig
Umschlaggestaltung: Andrea Heissenberg
Satz: media service schmidt, Hildesheim
Repro, Druck und Bindung: westermann druck GmbH, Braunschweig

ISBN 978-3-14-**122840**-3

Zur Konzeption des neuen Unterrichtswerks Mathematik

Das neue Buch **Mathematik** lädt ein zum Entdecken, Lernen, Üben und Handeln.

Jedes Kapitel beginnt mit einer offen gestalteten **Doppelseite**, die sich als Denkanstoß zum projektorientierten Arbeiten eignet und zu einem Unterrichtsgespräch anregt.

Anschließend werden die **grundlegenden Inhalte** erarbeitet und so anhand einfacher Übungsaufgaben die Grundvorstellungen bei den Schülerinnen und Schülern gefestigt.

Wichtige **Definitionen** und **Merksätze** stehen auf einem farbigen Fond, **Musteraufgaben** auf Karopapier, **Beispiele** sind hellgrün unterlegt.

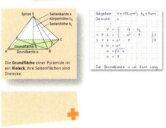

Seiten und Aufgaben, die sich auf zusätzliche Kompetenzen und Zusatzstoff (fakultative Lerninhalte) beziehen, sind durch ein **Plus-Zeichen** gekennzeichnet.

Das **Grundwissen** enthält wichtige Ergebnisse und nützliche Verfahren des Kapitels.

• **4** Aufgabe mit Lösungen

Beim **Üben und Vertiefen** wird das erworbene Wissen auf anspruchsvolle und problemhaltige Aufgaben angewendet.

Unter **Vernetzen** werden komplexe Aufgaben mit zusätzlichen mathematischen Inhalten bereitgestellt, die bisweilen auch andere Sozialformen und Unterrichtsmethoden verlangen.

Die **Lernkontrolle** ermöglicht integrierendes Wiederholen auf zwei Lernniveaus:
In der **Lernkontrolle 1** sind Aufgaben aus dem jeweiligen Kapitel sowie Wiederholungsaufgaben zusammengefasst.
Die **Lernkontrolle 2** enthält auch vernetzte Übungen mit Themen aus früheren Kapiteln oder Jahrgängen.
Die Lösungen sind zur Selbstkontrolle am Ende des Buches angegeben.

Das Buch gibt am Anfang (Seite 7 – 11) auf speziellen Seiten ausführliche Hinweise zu den **prozessbezogenen Kompetenzen**: Kommunizieren (Ich-du-wir-Aufgaben, Partner- und Gruppenarbeit), Präsentieren (Lernplakat, Vortrag), Methode (Mindmap, Stationslernen) und Problemlösen (heuristische Fragen, Lösungsstrategien).

In der **mathematischen Reise** können die Schülerinnen und Schüler Gesetzmäßigkeiten spielerisch entdecken.

Das Kapitel **Wiederholung** am Ende des Buches enthält wesentliche Übungsaufgaben des vergangenen Schuljahres.

Inhalt

7 Kommunizieren
8 Präsentieren
9 Methode
10 Problemlösen

1 Quadratische Funktionen

12 Der freie Fall
14 Normalparabel: $y = x^2$
16 Verschobene Normalparabel: $y = x^2 + e$
17 Arbeiten mit dem Taschenrechner: Wertetabellen
18 Verschobene Normalparabel: $y = (x - d)^2$
19 Verschobene Normalparabel: $y = (x - d)^2 + e$
20 Funktionsgleichung $y = x^2 + px + q$
22 Arbeiten mit dem Computer: Parabeln zeichnen
23 Funktionsgleichung $y = ax^2$
24 Die allgemeine quadratische Funktion
25 Arbeiten mit dem Computer: Parabeln zeichnen
26 Grundwissen: Quadratische Funktionen
27 Üben und Vertiefen
29 Bremswege
30 Freier Fall und schiefer Wurf
31 Brücken
32 Vernetzen: Parabolspiegel
34 Lernkontrolle

2 Quadratische Gleichungen

36 Zahlenrätsel
38 Quadratische Gleichungen der Form $x^2 + q = 0$
39 Quadratische Gleichungen der Form $x^2 + px = 0$
40 Quadratische Gleichungen der Form $x^2 + px + q = 0$
42 Der Satz von Vieta
43 Grundwissen: Quadratische Gleichungen
44 Üben und Vertiefen
45 Zahlenrätsel
46 Aus der Geometrie
47 Sachaufgaben
48 Vernetzen: Grafisches Lösen quadratischer Gleichungen
49 Mathematische Reise: Quadratische Gleichungen bei Al-Khwarizi
50 Lernkontrolle

3 Potenzen und Potenzfunktionen

52 Die Weizenkornlegende
55 Potenzgesetze
57 Potenzen mit ganzzahligen Exponenten
58 Potenzen der Form $a^{1/n}$
60 Potenzfunktionen untersuchen
62 Grundwissen: Potenzen
63 Grundwissen: Potenzfunktionen
64 Üben und Vertiefen
66 Wurzelfunktionen
67 Vernetzen: Umkehrfunktionen
68 Lernkontrolle

4 Exponentialfunktionen

70 Weltbevölkerung
72 Bevölkerungswachstum
74 Funktionsgleichung $y = a^x$
76 Funktionsgleichung $y = k \cdot a^x$

- 77 Logarithmen
- 79 Grundwissen: Exponentialfunktionen
- 80 Üben und Vertiefen
- 81 Sachaufgaben
- 84 Zinseszinsen
- 86 Vernetzen: Radioaktiver Zerfall
- 87 Vernetzen: Bevölkerungswachstum
- 88 Lernkontrolle

- 112 Berechnungen im allgemeinen Dreieck: Sinussatz
- 115 Berechnungen im allgemeinen Dreieck: Kosinussatz
- 117 Grundwissen: Trigonometrische Berechnungen
- 118 Üben und Vertiefen
- 120 Sachaufgaben
- 122 Messungen im Gelände
- 124 Vernetzen: Sinus-, Kosinus- und Tangenswerte für besondere Winkelgrößen
- 125 Vernetzen: Beziehungen zwischen Sinus, Kosinus und Tangens
- 126 Lernkontrolle
- 128 Mathematische Reise: Messen von Richtungen und Entfernungen

5 Wachstum

- 90 Zeitungsdiagramme
- 92 Lineares Wachstum
- 94 Quadratisches Wachstum
- 96 Exponentielles Wachstum
- 98 Lineares und exponentielles Wachstum vergleichen
- 99 Arbeiten mit dem Computer: Wachstum vergleichen
- 100 Modellieren: Wachstum
- 101 Lineares, quadratisches und exponentielles Wachstum unterscheiden

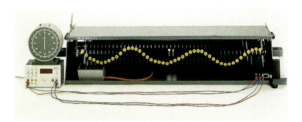

7 Die Sinusfunktion

- 130 Schwingungen und Wellen
- 132 Die Sinusfunktion
- 134 Eigenschaften der Sinusfunktion
- 135 Arbeiten mit dem Computer: Die Sinusfunktion
- 136 Die Sinusfunktion mit Winkeln im Bogenmaß
- 138 Arbeiten mit dem Computer: Die Sinusfunktion
- 139 Grundwissen: Die Sinusfunktion
- 140 Üben und Vertiefen
- 142 Vernetzen: Schwingungen
- 144 Lernkontrolle

6 Trigonometrische Berechnungen

- 104 Landvermessung früher
- 106 Sinus, Kosinus und Tangens eines Winkels
- 108 Arbeiten mit dem Computer: Sinus und Kosinus eines Winkels
- 109 Arbeiten mit dem Computer: Tangens eines Winkels
- 110 Berechnungen in rechtwinkligen Dreiecken

8 Mit Wahrscheinlichkeiten rechnen

- 146 Geldspielautomaten
- 149 Arbeiten mit dem Computer: Glücksspielautomat
- 150 Zweistufige Zufallsexperimente
- 151 Multiplikationsregel
- 152 Additionsregel
- 153 Grundwissen: Mit dem Zufall rechnen
- 154 Grundwissen: Zweistufige Zufallsexperimente
- 155 Üben und Vertiefen: Ziehen mit Zurücklegen
- 156 Ziehen ohne Zurücklegen
- 157 Ziehen ohne Zurücklegen bei einer großen Grundgesamtheit
- 158 Ziehen aus verschiedenen Urnen
- 159 Sachprobleme mit dem Urnenmodell lösen
- 161 Vernetzen: Gewinn und Verlust bei Glücksspielautomaten
- 163 Vernetzen: Faire Spiele
- 164 Lernkontrolle

9 Sachprobleme

- 166 Probleme modellieren
- 168 Sachprobleme lösen
- 169 Rund ums Auto
- 170 Arbeiten mit dem Computer: Geld ansparen
- 172 Berliner Flughäfen
- 173 Urlaub
- 174 Verpackungen
- 176 Tennis
- 177 Messen und Überschlagen bei Fermi

Wiederholung

- 178 Brüche und Dezimalzahlen
- 179 Brüche und Dezimalzahlen addieren und subtrahieren
- 180 Brüche und Dezimalzahlen multiplizieren und dividieren
- 181 Größen
- 182 Proportionale Zuordnungen
- 183 Antiproportionale Zuordnungen
- 184 Prozentrechnung
- 185 Prozentuale Veränderungen
- 186 Zinsrechnung
- 187 Terme und Gleichungen
- 188 Grafische Lösung linearer Gleichungssysteme
- 189 Rechnerische Lösung linearer Gleichungssysteme
- 191 Ähnlichkeit
- 192 Reelle Zahlen
- 193 Rechnen mit Quadratwurzeln
- 194 Beschreibende Statistik
- 196 Satz des Pythagoras
- 197 Ebene Figuren
- 199 Prismen
- 200 Zylinder
- 201 Pyramide
- 202 Kegel und Kugel

- 203 Lösungen zu den Lernkontrollen
- 209 Formeln und Gesetze
- 214 Mathematische Zeichen und Gesetze
- 215 Register
- 216 Bildquellennachweis

Kommunizieren

Ich-du-wir-Aufgaben

Ich: Höre dir die Aufgabenstellung genau an, lies die Aufgabenstellung sorgfältig durch. Überlege, in welchen Schritten du die Aufgabe lösen kannst.
Du: Rede mit deinem Partner über die Aufgabe. Stelle ihm deinen Lösungsweg vor.
Wir: Informiere deine Klasse in einem kurzen Vortrag über die Aufgabe und deinen Lösungsweg. Aus allen Beiträgen wird dann ein gemeinsames Ergebnis erarbeitet.

Strukturierte Partnerarbeit

1. Jeder liest zunächst die Aufgabenstellung für sich durch und beachtet dabei die vorgegebenen Arbeitsschritte, Hinweise und Hilfen.
2. Jeder entwickelt einen eigenen Lösungsansatz.
3. Vergleicht eure Lösungsansätze und erarbeitet eine gemeinsame Lösung.
4. Bereitet eine Präsentation eures Ergebnisses vor (Folie, Lernplakat, Vortrag mit Spickzettel, …)

Gruppenarbeit

Regeln für die Gruppenarbeit

1. Der Arbeitsplatz wird eingerichtet. Alle Arbeitsmaterialien werden zurechtgelegt.
2. Die Gruppenarbeit beginnt mit einer gemeinsamen Besprechung der Aufgabenstellung.
3. Der Arbeitsablauf wird organisiert. Dabei werden alle an der Arbeit beteiligt.
4. Alle Gruppenmitglieder notieren die wichtigsten Ergebnisse.
5. Der Vortrag der Ergenisse wird gemeinsam vorbereitet. Alle sind für die Qualität der Arbeit verantwortlich.

Präsentieren

Lernplakat erstellen

Mögliche Arbeitsschritte

- Überlegt, was auf dem Plakat dargestellt werden soll.
- Erstellt in Partnerarbeit jeweils einen Entwurf auf einem DIN-A4-Blatt.
- Diskutiert die verschiedenen Entwürfe in der Gruppe.
- Verteilt Arbeitsaufträge an die einzelnen Gruppenmitglieder. Jeder Schüler ist für eine Teilaufgabe verantwortlich: Texte, Bilder, Grafiken …

Hinweise für die Erstellung eines Plakates

1. Unterteile das Thema in verschiedene Teilgebiete.
2. Wähle eine klare Überschrift und gliedere das Plakat übersichtlich.
3. Triff eine Auswahl, damit das Plakat nicht überladen wirkt.
4. Die Schriftgröße muss groß genug sein, um das Plakat auch aus größerem Abstand lesen zu können.
5. Bei einer Schriftfarbe sollte man rot, gelb und orange nur sparsam verwenden.

Vortrag halten

1. Beginne nicht sofort, sondern warte ab, bis Ruhe herrscht.
2. Versuche frei zu sprechen und schaue das Publikum an. Benutze einen Notizzettel als Merkhilfe.
3. Stelle wichtige Informationen besonders heraus. Benutze dazu Tafel, Folien, Plakate oder einen PC.
4. Warte am Ende, ob es noch Fragen oder Anmerkungen gibt.

Regeln für das Publikum

1. Wenn jemand seine Ergebnisse vorträgt, hört das Publikum aufmerksam zu.
2. Jeder überlegt während der Präsentation:
    - Was kann ich bei dieser Präsentation lernen?
    - Welche Fragen habe ich noch?
    - Was hat mir gut gefallen, was könnte noch verbessert werden?

Methode

Mindmap erstellen

Das Wort Mindmap bedeutet wörtlich übersetzt „Gedankenkarte" oder „Gedachtnisplan".
Eine Mindmap hilft dir, deine Ideen zu sammeln und zu ordnen. In der Mathematik unterstützt sie dich beim Lösen umfangreicher Probleme.

1. Nimm ein DIN-A4-Blatt ohne Linien im Querformat.
2. Schreibe das Thema in die Mitte des Blattes und kreise es ein.
3. Suche Schlüsselwörter zu deinem Thema und schreibe jedes Schlüsselwort auf eine Linie, die vom Zentrum nach außen läuft (Hauptäste).
4. Jeder Ast kann sich in mehrere kleinere Äste verzweigen. Auf jedem Ast soll nur ein Begriff stehen.

Lernen an Stationen

1. An jeder Station findest du unterschiedliche Aufgaben.
2. Die Reihenfolge der Stationen legst du in Absprache mit deinen Mitschülerinnen und Mitschülern selber fest.
3. Es gibt Stationen, die unbedingt notwendig sind, und Stationen, die frei wählbar sind.
4. An jeder Station gibt es Aufgaben, die bearbeitet werden müssen, und zusätzliche Aufgaben.
5. Bearbeitet die Aufgaben an den einzelnen Stationen in Partner- oder Gruppenarbeit.
6. Kontrolliere deine Lösungen anhand eines Lösungsblatts. Notiere, welche Stationen du bearbeitet hast.

Problemlösen

Diese Fragen können dir beim Lösen von Sachproblemen helfen:

- Was ist gesucht? Was weiß ich über das Gesuchte?
- Was kann ich aus dem Gegebenen schließen?
- Welche Werkzeuge kann ich einsetzen?
- Was ist gegeben, was weiß ich über das Gegebene?
- Habe ich ein ähnliches Problem schon einmal gelöst? Gibt es Gemeinsamkeiten oder Unterschiede?
- Welche Fragen kann ich stellen, um weitere Informationen zu erhalten?
- Lässt sich das „Problem" in Teilbereiche aufteilen?
- Gibt es geeignete Vergleiche, um zu einem guten Schätzergebnis zu kommen? Kann ich dazu Messungen vornehmen?
- Lässt sich das Problem durch systematisches Probieren lösen?

Eine Aufgabe – drei Lösungswege

Aufgabe: Kim liest ein Buch, das so spannend ist, dass sie jeden Tag vier Seiten mehr liest als am Vortag. Sie braucht 7 Tage für das Buch, das 196 Seiten hat. Wie viele Seiten hat sie an den einzelnen Tagen gelesen?

1. Lösungsweg

Du kannst die Lösung durch systematisches Probieren finden. Dabei kannst du auch ein Werkzeug (Taschenrechner oder Tabellenkalkulation) einsetzen.
- Schätze eine Seitenzahl für den 1. Tag und berechne die Folgetage.
- Verändere die Seitenzahl für den ersten Tag, bis du zur Lösung kommst.

	A	B	C	D	E
1	Tag				
2	1	13	14	15	16
3	2	17	18	19	20
4	3	21	22	23	24
5	4	25	26	27	28
6	5	29	30	31	32
7	6	33	34	35	36
8	7	37	38	39	40
9	Summe Seiten	175	182	189	196

2. Lösungsweg

Du kannst die Lösung mithilfe einer Gleichung finden.
- Bezeichne die Seitenzahl des 1. Tages mit x.
- Stelle eine Gleichung auf und löse sie.

$$x + x + 4 + x + 8 + x + 12 + x + 16 + x + 20 + x + 24 = 196$$
$$7x + 84 = 196$$
$$7x = 112$$
$$x = 16$$

Am 1. Tag hat Kim 16 Seiten gelesen. Daraus ergibt sich die Lösung:

	1. Tg.	2. Tg.	3. Tg.	4. Tg.	5. Tg.	6. Tg.	7. Tg.
Seiten	16	20	24	28	32	36	40

3. Lösungsweg

Du kannst die Lösung durch geschicktes Schlussfolgern finden.
- Das Buch hat 196 Seiten und Kim liest 7 Tage, also im Durchschnitt 28 Seiten pro Tag.
- Sie muss also am 4. Tag (mittlerer Tag) 28 Seiten gelesen haben.
- Daraus ergibt sich die Lösung:

	1. Tg.	2. Tg.	3. Tg.	4. Tg.	5. Tg.	6. Tg.	7. Tg.
Seiten	16	20	24	28	32	36	40

Problemlösen

Rückwärtsarbeiten

Ein Mann kehrt vom Äpfelpflücken in die Stadt zurück. Dabei muss er 5 Tore passieren, an denen jeweils ein Wächter steht. An jeden Wächter muss er die Hälfte seiner Äpfel und einen weiteren Apfel abgeben. Nachdem er das letzte Tor passiert hat, hat er nur noch einen Apfel übrig. Wie viele Äpfel hat er gepflückt?
Lösung:

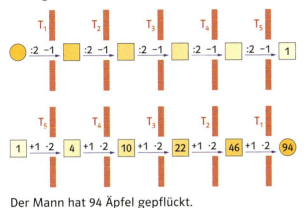

Der Mann hat 94 Äpfel gepflückt.

Systematisches Probieren

Ein Goldschmied hat verschiedene Schmuckstücke eingeschmolzen. Aus der eingeschmolzenen Masse mit dem Volumen von 36 cm³ soll ein Quader hergestellt werden. Welche ganzzahligen Maße könnte der Quader haben?
Lösung:
$V_{Quader} = a \cdot b \cdot c$

a	b	c	v		a	b	c	v	
1	1	36	36	x	2	2	9	36	x
1	2	18	36	x	2	3	6	36	x
1	3	12	36	x	2	6	3	36	
1	4	9	36	x	2	9	2	36	
1	6	6	36	x	...	...	...	...	
1	9	4	36		3	1	12	36	
1	12	3	36		3	2	6	36	
...	...	...	...		3	3	4	36	x
2	1	18	36		3	4	3	36	
					...	...	...	...	
					4	3	3	36	
					6	1	6	36	
					...	...	...	...	

Es gibt acht Möglichkeiten.

Zurückführen auf Bekanntes

Berechne das Volumen der Verpackung.

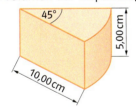

Lösung: Zylinder

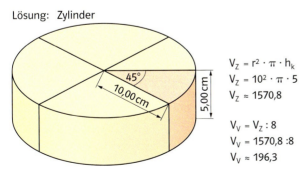

$V_Z = r^2 \cdot \pi \cdot h_k$
$V_Z = 10^2 \cdot \pi \cdot 5$
$V_Z \approx 1570{,}8$

$V_V = V_Z : 8$
$V_V = 1570{,}8 : 8$
$V_V \approx 196{,}3$

Das Volumen der Verpackung beträgt ungefähr 196,3 cm³.

Schätzen und Überschlagen

Bestimme den Umfang des Baumes.

Wahrscheinlich fassen sich 5 Personen an. Die Spannweite der Arme beträgt bei einer großen Person 1,70 m, bei einer kleinen Person 1,50 m. Der Baum hat also einen Umfang von ungefähr 8 m.

Galileo Galilei
(*15. Februar 1564 in Pisa; † 8. Januar 1642 in Arcetri bei Florenz) war ein italienischer Philosoph, Mathematiker, Physiker und Astronom, der bahnbrechende Entdeckungen auf mehreren Gebieten der Naturwissenschaften machte.

1 Quadratische Funktionen

Der freie Fall

Galileo Galilei untersuchte als Erster mithilfe von Experimenten, wie sich Körper im freien Fall bewegen. Dabei entdeckte er, dass Geschwindigkeit und Beschleunigung unterschieden werden müssen.
Sein Schüler Vincenzo Viviani behauptete, Galilei habe in Pisa auch Fallversuche am Schiefen Turm unternommen. Solche Versuche hätte er aber nicht auswerten können, da die Uhren damals nicht genau genug waren, um die Fallzeit zu messen.

Besucherzentrum psi forum Paul Scherrer Institut, CH-Villigen

> Beim freien Fall wirkt auf einen Körper nur die Erdanziehungskraft.

In der abgebildeten Röhre werden Versuche zum freien Fall gemacht. Damit es keinen Luftwiderstand gibt, wird zunächst die Luft aus der Röhre gepumpt. Misst man dann die Zeit, die eine Kugel für den freien Fall aus einer bestimmten Höhe benötigt, ergeben sich die in der Tabelle festgehaltenen Ergebnisse. Beschreibe den Zusammenhang zwischen Fallhöhe und benötigter Zeit.

Höhe (m)	Zeit (s)
0,0	0,00
0,1	0,14
0,2	0,20
0,3	0,24
0,4	0,28
0,5	0,32
1,0	0,45
1,5	0,55
2,0	0,63
2,5	0,71
3,0	0,77
3,5	0,84
4,0	0,89

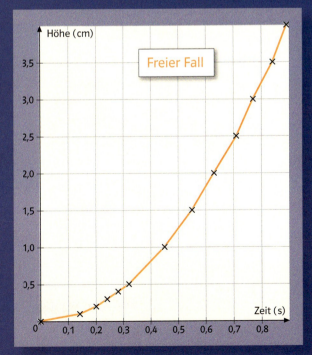

Trägt man die Zeiten auf der x-Achse und die zugehörigen Höhen auf der y-Achse ab und verbindet die Punkte durch eine Kurve, entsteht der abgebildete Graph.
Beschreibe den Graphen.

Normalparabel y = x²

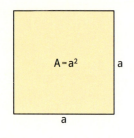

1 In der Tabelle wird der Seitenlänge des Quadrats der Flächeninhalt zugeordnet:
Seitenlänge → Flächeninhalt.
a) Übertrage die Tabelle in dein Heft und vervollständige sie.

Seitenlänge (cm)	0	0,5	1,0	1,5	2,0
Flächeninhalt (cm²)	▪	▪	▪	▪	▪

Seitenlänge (cm)	2,5	3,0	3,5	4,0	4,5
Flächeninhalt (cm²)	▪	▪	▪	▪	▪

b) Gib die Zuordnungsvorschrift an.
c) Handelt es sich bei dieser Zuordnung um eine Funktion? Begründe.

2 Die Funktionsgleichung der Funktion f lautet $f(x) = x^2$ oder $y = x^2$.
a) Übertrage die Wertetabelle in dein Heft und vervollständige sie.

x	−4	−3,5	−3	−2,5	−2	−1,5	−1
f(x)	▪	▪	▪	▪	▪	▪	▪

x	1	1,5	2	2,5	3	3,5	4
f(x)	▪	▪	▪	▪	▪	▪	▪

b) Vergleiche f(4) mit f(−4), f(3,5) mit f(−3,5), f(2,5) mit f(−2,5). Was fällt dir auf?

> Funktionswert:
> f(4) = 16
> lies: f von 4 gleich 16

3 Der Graph der quadratischen Funktion f mit der Funktionsgleichung $y = x^2$ und der Definitionsmenge D = ℝ heißt **Normalparabel**.

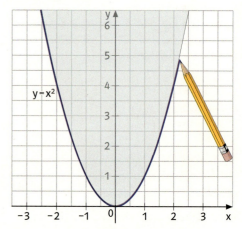

In der Abbildung siehst du, wie mithilfe einer Schablone zur Normalparabel ein Ausschnitt des Graphen gezeichnet wird. Diese Ausschnitte werden ebenfalls als Funktionsgraphen bezeichnet.
a) Zeichne mithilfe deiner Schablone den Funktionsgraphen in ein Koordinatensystem.
b) Markiere auf dem Graphen die Punkte P (3 | ▪), Q (−1 | ▪) und R (0 | ▪). Spiegele die Punkte an der y-Achse. Was stellst du fest?

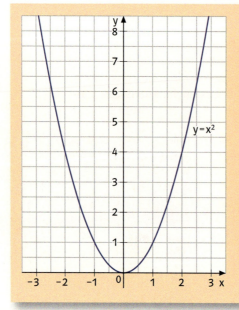

Der Graph der quadratischen Funktion f mit der Funktionsgleichung $y = x^2$ heißt **Normalparabel.**

Die Normalparabel ist **symmetrisch zur y-Achse.**

Der Funktionsgraph und seine Symmetrieachse schneiden sich im Ursprung, dem **Scheitelpunkt** der Normalparabel.

Die Normalparabel ist **nach oben geöffnet.**

Die Definitionsmenge D ist gleich der Menge der reellen Zahlen: **D = ℝ.**

Normalparabel y = x²

4 a) Zeichne mithilfe deiner Schablone die Normalparabel in ein Koordinatensystem. Bestimme anhand des Graphen den x-Wert, für den der zugehörige Funktionswert 0 ist.
b) Warum hat die Funktion f mit der Funktionsgleichung $f(x) = x^2$ keine kleineren Funktionswerte als 0?

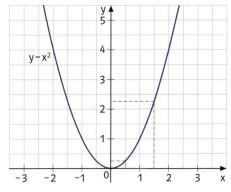

> Die Funktion f hat an der Stelle x eine Nullstelle, wenn der zugehörige Funktionswert 0 ist.
>
> Für eine Nullstelle x der Funktion f gilt die Gleichung: $f(x) = 0$.

5 a) Übertrage die Wertetabelle der Funktion f mit der Funktionsgleichung $f(x) = x^2$ in dein Heft und vervollständige sie.

x	-0,7	-0,6	-0,5	-0,4	-0,3	-0,2	-0,1	0
f(x)								

x	0,1	0,2	0,3	0,4	0,5	0,6	0,7	0,8
f(x)								

b) Vergleiche $f(0,1)$ mit $f(0,2)$, $f(0,2)$ mit $f(0,3)$, $f(0,3)$ mit $f(0,4)$ und $f(0,4)$ mit $f(0,5)$. Was stellst du fest?
c) Vergleiche ebenso $f(-0,1)$ mit $f(-0,2)$, $f(-0,2)$ mit $f(-0,3)$ und $f(-0,3)$ mit $f(-0,4)$.

6 In dem Koordinatensystem sind die x-Werte 0,5 und 1,5 eingetragen. Es gilt: $0,5 < 1,5$.
a) Lies die zugehörigen Funktionswerte $f(0,5)$ und $f(1,5)$ ab und vergleiche diese.
b) Wähle rechts vom Scheitelpunkt zwei weitere x-Werte. Bestimme mithilfe des Graphen die zugehörigen Funktionswerte und vergleiche diese. Was fällt dir auf?

7 a) Zeichne die Normalparabel in ein Koordinatensystem und trage die x-Werte -3,5 und -2,5 ein. Es gilt: $-3,5 < -2,5$. Bestimme mithilfe des Graphen die zugehörigen Funktionswerte $f(-3,5)$ und $f(-2,5)$ und vergleiche diese. Was stellst du fest?
b) Wähle links vom Scheitelpunkt zwei weitere x-Werte. Bestimme die zugehörigen Funktionswerte und vergleiche diese.

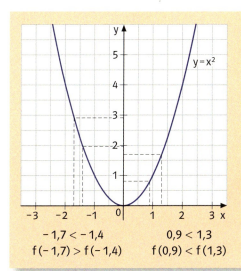

$-1,7 < -1,4$ $0,9 < 1,3$
$f(-1,7) > f(-1,4)$ $f(0,9) < f(1,3)$

> Im Scheitelpunkt (0|0) der Normalparabel nimmt die Funktion f ihren kleinsten Funktionswert 0 an.
> $$f(0) = 0$$
>
> Die **Wertemenge W** besteht aus allen nichtnegativen reellen Zahlen.
>
> $$W = \mathbb{R}$$
>
> Die Normalparabel steigt rechts vom Scheitelpunkt und fällt links vom Scheitelpunkt.

Verschobene Normalparabel y = x² + e

Beachte die Hinweise auf Seite 17.

1 Die quadratischen Funktionen f und g haben folgende Funktionsgleichungen:
$f(x) = x^2 + 4$; $g(x) = x^2 + 2{,}5$; $D = \mathbb{R}$.
a) Lege für jede Funktion eine Wertetabelle mit x-Werten zwischen –4 und 4 an und trage die Wertepaare als Punkte in ein Koordinatensystem ein. Zeichne dann mithilfe deiner Schablone die Funktionsgraphen.
b) Zeichne in das gleiche Koordinatensystem die Normalparabel. Vergleiche jeweils die Lage der Graphen von f und g mit der Lage der Normalparabel. Was fällt dir auf?
c) Bestimme für jeden Graphen die Symmetrieachse und den Scheitelpunkt.
d) Warum haben die Funktionen f und g keine Nullstellen? Begründe mithilfe der beiden Funktionsgleichungen.

2 a) Die quadratische Funktion g hat die Funktionsgleichung $y = x^2 - 2{,}25$.

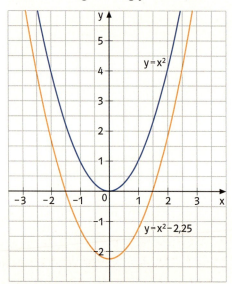

a) Vergleiche die Lage des Graphen von g mit der Normalparabel. Bestimme dazu den Scheitelpunkt von g.
b) Bestimme anhand des Graphen die Nullstellen von g.
c) Zeichne mithilfe deiner Schablone den Graphen der Funktion h mit der Funktionsgleichung $y = x^2 - 1$ in ein Koordinatensystem ($D = \mathbb{R}$). Bestimme anhand des Graphen Scheitelpunkt und Nullstellen von h.

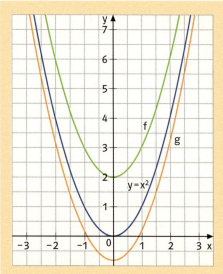

f: $y = x^2 + 2$; e = 2 (e > 0)
Graph: 2 Einheiten nach oben verschobene Normalparabel
Scheitelpunkt: S (0 | 2)
Nullstellen: –

g: $y = x^2 - 0{,}81$; e = –0,81 (e < 0)
Graph: 0,81 Einheiten nach unten verschobene Normalparabel
Scheitelpunkt: S (0 | –0,81)
Nullstellen: $x_1 = 0{,}9$; $x_2 = -0{,}9$

Der Graph einer quadratischen Funktion mit der Funktionsgleichung $y = x^2 + e$ ist eine in Richtung der y-Achse verschobene Normalparabel.
Der Scheitelpunkt hat die Koordinaten S (0 | e). Wird die Definitionsmenge einer Funktion nicht angegeben, so vereinbaren wir: $D = \mathbb{R}$.

3 Zeichne den Graphen der angegebenen Funktion mithilfe deiner Schablone. Bestimme zunächst den Scheitelpunkt. Ermittle dann anhand des Graphen, an welchen Stellen die Funktion den angegebenen Funktionswert annimmt.
a) $y = x^2 + 3$
   Funktionswert 7
b) $y = x^2 + 5$
   Funktionswert 6
c) $y = x^2 - 9$
   Funktionswert 0
d) $y = x^2 - 5$
   Funktionswert –1

Arbeiten mit dem Taschenrechner: Wertetabellen

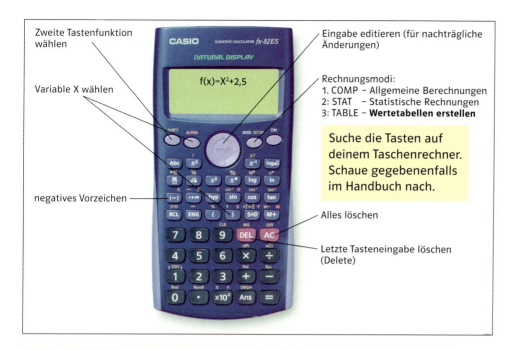

Zweite Tastenfunktion wählen

Variable X wählen

negatives Vorzeichen

Eingabe editieren (für nachträgliche Änderungen)

Rechnungsmodi:
1. COMP – Allgemeine Berechnungen
2. STAT – Statistische Rechnungen
3. TABLE – **Wertetabellen erstellen**

Suche die Tasten auf deinem Taschenrechner. Schaue gegebenenfalls im Handbuch nach.

Alles löschen

Letzte Tasteneingabe löschen (Delete)

So kannst du für die Funktion f mit der Funktionsgleichung $f(x) = x^2 + 2{,}5$ eine Wertetabelle erstellen:

Schritt	Tastenfolge	TR-Anzeige		
1. Wähle den Modus 3.	MODE 3	f(X) =		
2. Gib den Funktionsterm ein.	ALPHA) x^2 + 2.5 =	Start?		
3. Gib den kleinsten x-Wert ein.	–4 =	End?		
4. Gib den größten x-Wert ein.	4 =	Step?		
5. Gib die Schrittweite ein.	0.5 =		X	F(X)
		1	–4	18.5
		2	–3,5	14.75
		3	–3	11.5
6. Bewege den Cursor nach unten, um alle Werte ablesen zu können.			X	F(X)
		15	3	11.5
		16	3.5	14.75
		17	4	18.5

Nach der Berechnung von Funktionswerten muss der Modus wieder geändert werden.

Verschobene Normalparabel y = (x − d)²

Beachte die Hinweise auf Seite 17.

1 a) Die quadratische Funktion g hat die Funktionsgleichung $g(x) = (x − 2)^2$. Lege zu der angegebenen Funktion f eine Wertetabelle mit x-Werten zwischen − 2 und 6 an, Schrittweite 0,5.
b) Zeichne den Graphen von g und bestimme den Scheitelpunkt.
c) Vergleiche die Lage des Graphen mit der Lage der Normalparabel.

2 a) Zeichne den Graphen der Funktion f mit der Funktionsgleichung $y = (x + 2)^2$ in ein Koordinatensystem. Erstelle zunächst eine Wertetabelle.
b) Vergleiche die Lage des Graphen mit der Lage der Normalparabel.
c) Bestimme anhand des Graphen den Scheitelpunkt und die Nullstelle von f.

3 Zeichne die Graphen der angegebenen Funktionen in ein Koordinatensystem. Benutze deine Schablone. Bestimme zunächst jeweils den Scheitelpunkt.
f: $y = (x − 4)^2$ g: $y = (x + 3)^2$
h: $y = (x − 3,5)^2$ k: $y = (x + 1,5)^2$

4 a) Bestimme jeweils den Scheitelpunkt der eingezeichneten Parabeln.

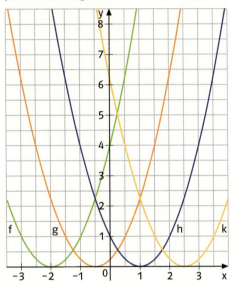

b) Gib die Funktionsgleichungen der eingezeichneten Parabeln an.

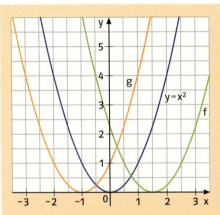

f: $y = (x − 1,5)^2$; d = 1,5 (d > 0)
Graph: 1,5 Einheiten nach rechts verschobene Normalparabel
Scheitelpunkt: S (1,5 | 0)
Nullstelle: x = 1,5

g: $y = (x + 1)^2$; d = − 1 (d < 0)
Graph: 1 Einheit nach links verschobene Normalparabel
Scheitelpunkt: S (− 1 | 0)
Nullstelle: x = − 1

Der Graph einer quadratischen Funktion mit der Funktionsgleichung
$y = (x − d)^2$ ist eine in Richtung der x-Achse verschobene Normalparabel. Der Scheitelpunkt hat die Koordinaten S (d | 0).

5 Zeichne den Graphen der angegebenen Funktion. Ermittle anhand des Graphen, an welchen Stellen die Funktion den angegebenen Funktionswert annimmt.

	Funktionsgleichung	Funktionswert
a)	$y = (x − 5)^2$	16
b)	$y = (x + 6)^2$	0
c)	$y = (x − 4,5)^2$	6,25
d)	$y = (x + 2,5)^2$	11,25

6 Der Graph einer quadratischen Funktion ist eine in Richtung der x-Achse verschobene Normalparabel mit dem Scheitelpunkt S.
Gib die Funktionsgleichung an.
a) S (3,5 | 0)   b) S (− 7,5 | 0)
c) S (− 0,5 | 0)   d) S (12 | 0)

Verschobene Normalparabel y = (x − d)² + e

1 a) Die quadratische Funktion f hat die Funktionsgleichung $f(x) = (x-3)^2 + 2$. Lege zu der angegebenen Funktion f eine Wertetabelle an mit x-Werten zwischen −1 und 7.
b) Trage die Wertepaare als Punkte in ein Koordinatensystem ein und zeichne mithilfe deiner Schablone den Funktionsgraphen. Bestimme den Scheitelpunkt von f.

2 a) Die Funktionen f und g haben die Funktionsgleichungen
$f(x) = (x+3)^2 - 1$ und $g(x) = (x-2)^2 - 4$
Lege für jede Funktion eine Wertetabelle an und zeichne mithilfe deiner Schablone die Graphen von f und g in ein Koordinatensystem.
b) Bestimme die Scheitelpunkte von f und g und untersuche die Graphen auf Nullstellen.

3 Zeichne den Graphen der angegebenen Funktion. Bestimme zunächst den Scheitelpunkt.
a) $y = (x-2)^2 + 3$ b) $y = (x+2)^2 + 1$
c) $y = (x-3)^2 - 2$ d) $y = (x+4)^2 - 3$

4 a) Bestimme jeweils den Scheitelpunkt der eingezeichneten Parabeln.

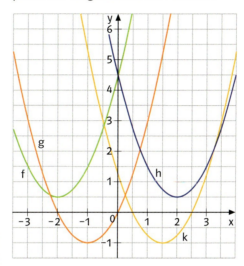

b) Gib die Funktionsgleichungen der eingezeichneten Parabeln an.

5 Zeichne den Graphen der angegebenen Funktion und bestimme anhand des Graphen die Nullstellen. Mache die Probe, indem du die gefundenen x-Werte in die Funktionsgleichung einsetzt.
a) $y = (x-3)^2 - 4$
b) $y = (x+2{,}5)^2 - 9$
c) $y = (x-5)^2 - 6{,}25$
d) $y = (x+4)^2 - 12{,}25$

6 Zeichne den Graphen der angegebenen Funktion. Ermittle anhand des Graphen, an welchen Stellen die Funktion den angegebenen Funktionswert annimmt.

	Funktionsgleichung	Funktionswert
a)	$y = (x-2{,}5)^2 + 3$	12
b)	$y = (x+3{,}5)^2 + 1{,}5$	17,5
c)	$y = (x-4)^2 - 7$	−3
d)	$y = (x+5)^2 - 9$	−2,75

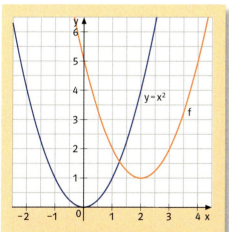

f: y = (x − 2)² + 1; d = 2; e = 1
Graph: 1 Einheit nach oben und 2 Einheiten nach rechts verschobene Normalparabel
Scheitelpunkt: S (2 | 1)
Nullstellen: –

Der Graph einer quadratischen Funktion mit der Funktionsgleichung $y = (x-d)^2 + e$ ist eine verschobene Normalparabel mit dem Scheitelpunkt S (d | e). Diese Darstellung einer quadratischen Funktion heißt **Scheitelpunktform.**

Funktionsgleichung y = x² + px + q

1 Die quadratische Funktion f hat den Funktionsterm $f(x) = x^2 + 4x + 3$.
a) Zeichne den Graphen der angegebenen quadratischen Funktion. Lege zunächst eine Wertetabelle mit x-Werten zwischen -4 und 2 an (Schrittweite 0,5).

x	−4	−3,5	−3	−2,5	−2	−1,5	−1
f(x)	■	■	■	■	■	■	■

b) Bestimme anhand des Graphen den Scheitelpunkt der Parabel.
c) Kannst du die Lage des Scheitelpunktes auch schon an der Wertetabelle erkennen? Begründe.

> Der Graph einer quadratischen Funktion mit der Funktionsgleichung $y = x^2 + px + q$ ist eine verschobene Normalparabel.

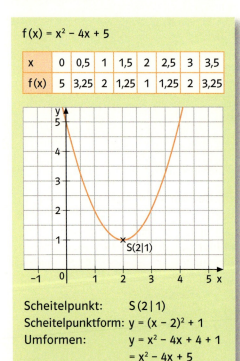

$f(x) = x^2 - 4x + 5$

x	0	0,5	1	1,5	2	2,5	3	3,5
f(x)	5	3,25	2	1,25	1	1,25	2	3,25

Scheitelpunkt: $S(2|1)$
Scheitelpunktform: $y = (x-2)^2 + 1$
Umformen: $y = x^2 - 4x + 4 + 1$
$ = x^2 - 4x + 5$

2 a) Lege eine Wertetabelle an und zeichne den Graphen der quadratischen Funktion mit der Funktionsgleichung $y = x^2 - 4x + 6$ ($y = x^2 + 6x + 6$).
b) Bestimme den Scheitelpunkt der Parabel und gib die Funktionsgleichung in der Scheitelpunktform an.
c) Forme um wie im Beispiel und überprüfe, ob du wieder die ursprüngliche Funktionsgleichung erhältst.

3 Ordne jeder Funktionsgleichung die zugehörige Parabel zu.

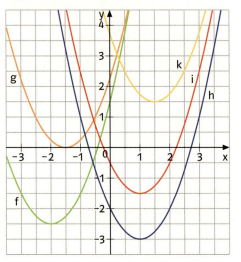

Gib dazu jede Funktionsgleichung der dargestellten Funktionen zunächst in der Scheitelpunktform an. Forme die Funktionsgleichung dann in die Form $y = x^2 + px + q$ um.

Funktionsgleichung	Parabel
$y = x^2 - 2x - 2$	■
$y = x^2 + 3x + 2,25$	■
$y = x^2 - 3x + 3,75$	■
$y = x^2 - 2x - 0,5$	■
$y = x^2 + 4x + 1,5$	■

4 Der Graph der quadratischen Funktion f ist eine verschobene Normalparabel mit dem Scheitelpunkt S.
Gib die Funktionsgleichung in der Scheitelpunktform an. Forme dann um in die Form $f(x) = x^2 + px + q$.
a) $S(2|3)$ b) $S(-1|-4)$
c) $S(-3|2)$ d) $S(-2|-4)$
e) $S(1|-1)$ f) $S(-1|-5)$
g) $S(-2|3)$ h) $S(1|-6)$

Funktionsgleichung $y = x^2 + px + q$

So kannst du bei einer quadratischen Funktion mit der Funktionsgleichung $y = x^2 + px + q$ die Koordinaten des Scheitelpunktes bestimmen:

		$y = x^2 + 6x + 11$	$y = x^2 + px + q$
1.	Bestimme den Faktor p vor x.	$p = 6$	p
2.	Berechne die quadratische Ergänzung, indem du $\frac{p}{2}$ quadrierst.	$\left(\frac{p}{2}\right)^2 = \left(\frac{6}{2}\right)^2$	$\left(\frac{p}{2}\right)^2 = \frac{p^2}{4}$
3.	Addiere und subtrahiere die quadratische Ergänzung auf der rechten Seite der Gleichung.	$y = x^2 + 6x + 9 - 9 + 11$	$y = x^2 + px + \frac{p^2}{4} - \frac{p^2}{4} + q$
4.	Forme mithilfe der 1. bzw. 2. binomischen Formel um und fasse zusammen. Du erhältst die Scheitelpunktform.	$y = x^2 + 6x + 9 - 9 + 11$ $y = (x + 3)^2 - 9 + 11$ $y = (x + 3)^2 + 2$	$y = x^2 + px + \frac{p^2}{4} - \frac{p^2}{4} + q$ $y = (x + \frac{p}{2})^2 - \frac{p^2}{4} + q$
5.	Gib die Koordinaten des Scheitelpunktes an.	$S(-3 \mid 2)$	$S\left(-\frac{p}{2} \mid -\frac{p^2}{4} + q\right)$

5 Forme um in die Scheitelpunktform und notiere die Koordinaten des Scheitelpunktes.
a) $y = x^2 + 10x + 15$ b) $y = x^2 + 2x + 3$
c) $y = x^2 + 12x + 39$ d) $y = x^2 + 4x - 1$
e) $y = x^2 - 2x + 3$ f) $y = x^2 - 6x + 4$

6 Bestimme den Scheitelpunkt der Parabel.

$y = x^2 + 6x + 4$
$p = 6 \quad q = 4$

x-Koordinate $-\frac{p}{2}$: $\quad -\frac{6}{2} = -3$

y-Koordinate $-\frac{p^2}{4} + q$: $\quad -\frac{36}{4} + 4 = -5$

Scheitelpunkt: $S(-3 \mid -5)$

a) $y = x^2 - 10x + 30$ b) $y = x^2 - 8x$
c) $y = x^2 + 14x + 49$ d) $y = x^2 - 4x - 6$
e) $y = x^2 + 6x$ f) $y = x^2 - 2x - 1$

7 Bestimme für die angegebene quadratische Funktion die Koordinaten des Scheitelpunktes. Zeichne dann mithilfe deiner Schablone den Graphen. Bestimme anhand des Graphen die Nullstellen der Funktion.
a) $y = x^2 - 6x + 5$ b) $y = x^2 + 2x - 3$
c) $y = x^2 - 4x - 5$ d) $y = x^2 + x - 6$
e) $y = x^2 + 5x + 2{,}25$ f) $y = x^2 - x - 12$

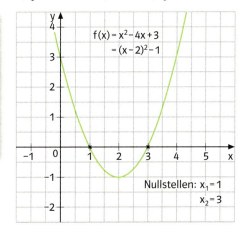

$f(x) = x^2 - 4x + 3 = (x - 2)^2 - 1$

Nullstellen: $x_1 = 1$, $x_2 = 3$

Arbeiten mit dem Computer: Parabeln zeichnen

1 a) Mithilfe einer dynamischen Geometriesoftware kannst du den Graphen einer Funktion zeichnen.
Stelle dazu zunächst im Menü „Messen & Rechnen" das Koordinatensystem auf sichtbar.
Klicke dann im Menü „Kurven" auf den Button „Funktionsschaubild" und gib den Funktionsterm ein.

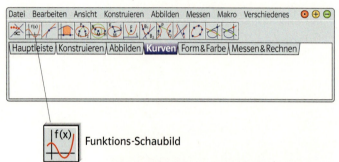

Funktions-Schaubild

Zeichne die Graphen der in Aufgabe 3 auf Seite 20 angegebenen Funktionen und überprüfe deine Lösungen.
b) Anna möchte die Möglichkeiten des Geometrieprogramms voll nutzen.
Sie möchte gleich den Graphen einer verschobenen Normalparabel mit der Funktionsgleichung $y = (x - d)^2 + e$ zeichnen lassen und d und e dann anschließend verändern.
Dazu hat sie zunächst im Menü „Messen" zwei Zahlobjekte erstellt und in d und e umbenannt.

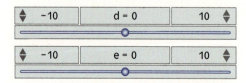

Erstelle wie Anna zwei Zahlobjekte und benenne sie mit d und e. Verändere jeweils im Menüpunkt „Bereich editieren" (rechte Maustaste) die untere und die obere Grenze und den aktuellen Wert wie angegeben.

c) Anna drückt dann im Menü „Kurven" den Button „Funktionsschaubild" und gibt dann wie abgebildet den Funktionsterm ein.

Mit den gewählten Voreinstellungen wird die Normalparabel gezeichnet.
Nun kann Anna die Zahlobjekte d und e verändern.
Abhängig davon verändert sich auch die Lage der Parabel.

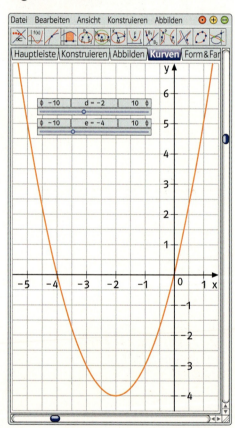

Erzeuge wie Anna zunächst die Normalparabel. Verändere dann d und e. Wie verändert sich die Lage der Parabel und ihres Scheitelpunktes?
d) Erzeuge das Funktionsschaubild zum Funktionsterm $x^2 + px + q$. Verändere die Werte von p und q. Wie verändert sich dann die Lage der Parabel und ihres Scheitelpunktes?

Funktionsgleichung y = ax²

1 a) Zeichne die Graphen der Funktionen f und g mit den Funktionsgleichungen $f(x) = 2x^2$ und $g(x) = 0{,}5x^2$ in ein Koordinatensystem.
b) Gib für beide Graphen Symmetrieachse und Nullstellen an.
c) Zeichne auch die Normalparabel in das Koordinatensystem.
d) Vergleiche das Steigungsverhalten von f und g mit dem Steigungsverhalten der Normalparabel. Was stellst du fest?

2 a) Zeichne die Graphen der angegebenen Funktionen in ein Koordinatensystem.
b) Vergleiche die Lage des Graphen von f mit der Lage der Normalparabel.
c) Vergleiche die Lage der Funktionsgraphen miteinander. Was stellst du fest?
d) Auch die Funktionsgraphen von f, g und h werden Parabeln genannt. Bestimme Symmetrieachse, Scheitelpunkt und Nullstelle für diese Parabeln.
e) Vergleiche das Steigungsverhalten der Parabeln miteinander.

$f(x) = -x^2$
$g(x) = -0{,}6x^2$
$h(x) = -1{,}8x^2$

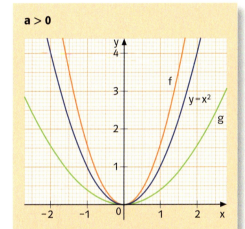

a > 0

f: y = 1,6x²; a = 1,6 (a > 1)
Graph: gestreckte Normalparabel
Scheitelpunkt: S (0 | 0)
Nullstelle: x = 0

g: y = 0,4x²; a = 0,4 (0 < a < 1)
Graph: gestauchte Normalparabel
Scheitelpunkt: S (0 | 0)
Nullstelle: x = 0

Der Graph einer quadratischen Funktion mit der Funktionsgleichung **y = ax² (a > 0)** ist eine **nach oben geöffnete Parabel** mit den gleichen Eigenschaften wie die Normalparabel.

Für a > 0 gilt: Je größer a ist, desto steiler verläuft die Parabel.

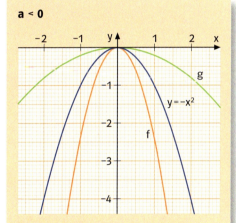

a < 0

f: y = −2,4x²; a = −2,4 (a < −1)
Graph: gestreckte, an der x-Achse gespiegelte Normalparabel
Scheitelpunkt: S (0 | 0)
Nullstelle: x = 0

g: y = −0,2x²; a = −0,2 (−1 < a < 0)
Graph: gestauchte, an der x-Achse gespiegelte Normalparabel
Scheitelpunkt: S (0 | 0)
Nullstelle: x = 0

Der Graph einer quadratischen Funktion mit der Funktionsgleichung **y = ax² (a < 0)** ist eine **nach unten geöffnete Parabel** mit den gleichen Eigenschaften wie die an der x-Achse gespiegelte Normalparabel.

Für a < 0 gilt: Je größer a ist, desto flacher verläuft die Parabel.

Die allgemeine quadratische Funktion

1 a) Zeichne den Graphen der quadratischen Funktion f mit der Funktionsgleichung $y = 2x^2 - 12x + 14$.
Lege zunächst eine Wertetabelle mit x-Werten zwischen 0 und 6 an, Schrittweite 0,5. Berechne die Funktionswerte wie auf Seite 17 mit deinem Taschenrechner.
b) Bestimme anhand des Graphen den Scheitelpunkt und die Nullstellen.

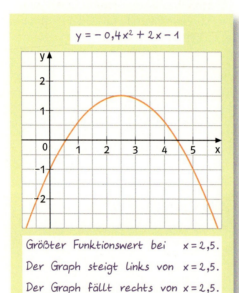

$y = -0{,}4x^2 + 2x - 1$

Größter Funktionswert bei $x = 2{,}5$.
Der Graph steigt links von $x = 2{,}5$.
Der Graph fällt rechts von $x = 2{,}5$.

2 Zeichne den Funktionsgraphen. Bestimme wie im Beispiel den x-Wert, für den die Funktion ihren kleinsten beziehungsweise größten Funktionswert annimmt. Beschreibe das Steigungsverhalten links und rechts von diesem Wert.
a) $y = 0{,}6x^2 - 4{,}8x + 3{,}6$
b) $y = -1{,}2x^2 - 7{,}2x - 3{,}8$
c) $y = 1{,}2x^2 - 8{,}4x + 14{,}7$

3 Zeichne den Funktionsgraphen. Bestimme anhand des Graphen den Scheitelpunkt der Parabel und ihren Schnittpunkt mit der y-Achse. Gib, wenn vorhanden, die Nullstellen der Funktion an.
a) $y = 0{,}5x^2 - 3x + 2{,}5$
b) $y = -2x^2 + 8x - 8$
c) $y = -0{,}5x^2 + 2x - 4$
d) $y = 1{,}5x^2 - 6x + 4{,}5$

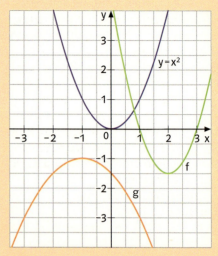

f: $y = 1{,}5x^2 - 6x + 4{,}5$
a = 1,5; b = – 6; c = 4,5
Graph: nach oben geöffnete Parabel (a > 0), gestreckte Normalparabel (a > 1)
Scheitelpunkt: S (2 | – 1,5)
Nullstellen: $x_1 = 1$; $x_2 = 3$
Schnittpunkt mit der y-Achse:
P (0 | 4,5)

g: $y = -0{,}5x^2 - x - 1{,}5$
a = – 0,5; b = – 1; c = – 1,5
Graph: nach unten geöffnete Parabel (a < 0), gestauchte, an der x-Achse gespiegelte Normalparabel (– 1 < a < 0)
Scheitelpunkt: S (– 1 | – 1)
Schnittpunkt mit der y-Achse:
P (0 | – 1,5)

Der Graph einer quadratischen Funktion mit der Funktionsgleichung

$$y = ax^2 + bx + c$$

ist eine Parabel. Die Variablen a, b, c heißen Koeffizienten, sie sind Platzhalter für reelle Zahlen.
Der Koeffizient a bestimmt die Öffnung und die Steigung der Parabel.
Der Koeffizient c bestimmt den Schnittpunkt P (0 | c) mit der y-Achse.
Eine quadratische Funktion hat entweder keine, eine oder zwei Nullstellen.

Arbeiten mit dem Computer: Parabeln zeichnen

1 Fabian möchte den Graphen einer quadratischen Funktion mit der Funktionsgleichung $y = ax^2$ zeichnen lassen und a anschließend verändern.

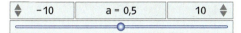

a) Erstelle wie Fabian das Zahlobjekt a. Verändere im Menüpunkt „Bereich editieren" (rechte Maustaste) die untere und die obere Grenze und den aktuellen Wert wie angegeben.

b) Fabian drückt dann im Menü „Kurven" den Button „Funktionsschaubild" und gibt dann wie abgebildet den Funktionsterm ein.

Mit den gewählten Voreinstellungen wird eine Parabel mit dem Faktor a = 0,5 gezeichnet.

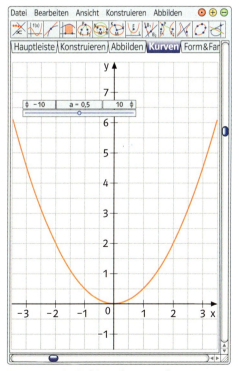

Erzeuge wie Fabian das zugehörige Funktionsschaubild. Verändere dann a. Wie verändert sich die Parabel?

c) Um den Graphen einer allgemeinen quadratischen Funktion mit der Funktionsgleichung $y = ax^2 + bx + c$ zeichnen zu können, erstellt Fabian insgesamt drei Zahlobjekte a, b und c.
Er verändert die Bereiche wie in a), stellt den aktuellen Wert für das Zahlobjekt a auf 1 und die aktuellen Werte für die zwei weiteren Zahlobjekte jeweils auf 0.
Dann drückt er im Menü „Kurven" den Button „Funktionsschaubild" und gibt wie abgebildet den Funktionsterm ein.

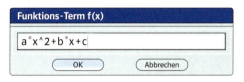

Verfahre wie Fabian. Verändere die Koeffizienten a, b und c und beschreibe, wie sich der Graph verändert.

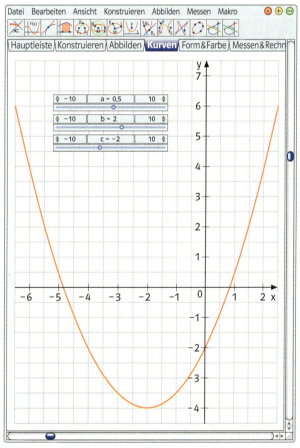

d) Bearbeite die Aufgabe 3 auf Seite 24 und überprüfe deine Ergebnisse.

Grundwissen: Quadratische Funktionen

y = x²

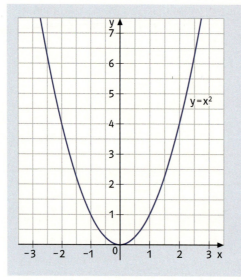

Der Graph der quadratischen Funktion f mit der Funktionsgleichung $y = x^2$ heißt Normalparabel.

Definitionsmenge: $D = \mathbb{R}$
Wertemenge: $W = \mathbb{R}^+$

Die Normalparabel ist symmetrisch zur y-Achse.

Im Scheitelpunkt S(0|0) der Normalparabel nimmt die Funktion f ihren kleinsten Funktionswert an.

Die Normalparabel ist nach oben geöffnet.

y = x² + px + q

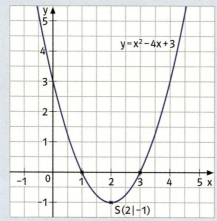

Der Graph einer quadratischen Funktion mit der Funktionsgleichung $y = x^2 + px + q$ ist eine verschobene Normalparabel.

Scheitelpunkt: $S\left(-\dfrac{p}{2}\,\middle|\,-\dfrac{p^2}{4} + q\right)$

Die Funktionsgleichung einer quadratischen Funktion kann auch in der Scheitelpunktform angegeben werden.

Funktionsgleichung: $y = x^2 - 4x + 3$
Scheitelpunkt: $S(2|-1)$
Scheitelpunktform: $y = (x - 2)^2 - 1$

y = ax² + bx + c

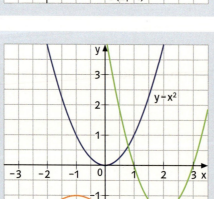

Der Graph einer quadratischen Funktion mit der Funktionsgleichung

$y = ax^2 + bx + c$ ist eine Parabel.

Die Variablen a, b, c heißen Koeffizienten, sie sind Platzhalter für reelle Zahlen.

Der Koeffizient a bestimmt die Öffnung und die Steigung der Parabel. Der Koeffizient c bestimmt den Schnittpunkt P(0|c) mit der y-Achse.

Eine quadratische Funktion hat entweder keine, eine oder zwei Nullstellen.

Üben und Vertiefen

1 Bestimme jeweils den Scheitelpunkt der angegebenen Funktionen. Zeichne die Graphen.
a) f: y = x^2 − 5
   g: y = $(x − 2)^2$
b) f: y = $(x + 3)^2$ + 4
   g: y = $(x − 1)^2$ − 3
c) f: y = x^2 + 1,5
   g: y = $(x + 1)^2$ − 4
d) f: y = $(x + 5)^2$
   g: y = $(x + 2)^2$ − 6

2 Gegeben ist der Scheitelpunkt einer verschobenen Normalparabel. Gib die zugehörige Funktionsgleichung an.
a) S(9|0)
b) S(0|−15)
c) S(13|14)
d) S(−4|5)
e) S(8|−9)
f) S(0|0)
g) S(−17|−28)
h) S(12,5|−6,5)

3 a) Bestimme jeweils den Scheitelpunkt der eingezeichneten Parabeln.

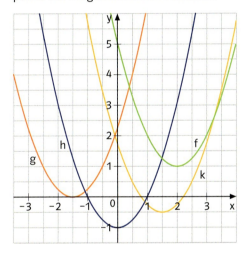

b) Gib die zugehörigen Funktionsgleichungen in der Form y = x^2 + px + q an.

4 Eine Normalparabel wird wie angegeben verschoben. Gib die Funktionsgleichung der verschobenen Normalparabel zunächst in der Scheitelpunktform an. Forme dann um.
a) 12 Einheiten nach rechts
b) 12,5 Einheiten nach links
c) 18 Einheiten nach unten
d) 26 Einheiten nach oben
e) 14 Einheiten nach rechts und 7 Einheiten nach oben
f) 30 Einheiten nach links und 20 Einheiten nach unten

5 In den Beispielen wird überprüft, ob die Punkte P und Q auf dem Graphen von f liegen.

Funktionsgleichung:	f(x) = $(x − 2,5)^2$ + 3,6
Koordinaten des Punktes:	P(9,5|52,6)
Berechnen des Funktionswertes:	f(9,5) = $(9,5 − 2,5)^2$ + 3,6 = 52,6
Vergleich des Funktionswertes mit der y-Koordinate des Punktes:	52,6 = 52,6 w
Ergebnis:	P liegt auf dem Graphen

Funktionsgleichung:	f(x) = $(x − 2,5)^2$ + 3,6
Koordinaten des Punktes:	Q(−1,5|18,6)
Berechnen des Funktionswertes:	f(−1,5) = $(−1,5 − 2,5)^2$ + 3,6 = 19,6
Vergleich des Funktionswertes mit der y-Koordinate des Punktes:	19,6 = 18,6 f
Ergebnis:	Q liegt nicht auf dem Graphen.

Überprüfe wie in den Beispielen.
a) f(x) = x^2 + 18;   P(−5|43), Q(7|66)
b) f(x) = $(x − 27)^2$;   P(24|8), Q(−3|900)
c) f(x) = $(x + 25)^2$ −14;   P(1|670), Q(23|8)
d) f(x) = x^2 − 60x + 879;   P(27|−9), Q(30|−21)

6 Zeichne den Graphen der angegebenen Funktion. Ermittle anhand des Graphen, an welchen Stellen die Funktion den angegebenen Funktionswert annimmt.

	Funktionsgleichung	Funktionswert
a)	y = $(x + 4,5)^2$	4
b)	y = $(x − 2,5)^2$ + 2	6
c)	y = $(x + 1,5)^2$ − 9	0
d)	y = x^2 + 5,75	12
e)	y = x^2 + 4x − 5	7
f)	y = x^2 + 2x − 10	−7
g)	y = x^2 − 6x + 8	0
h)	y = x^2 − 5x + 6,25	9

Hier musst du zunächst in die Scheitelpunktform umformen.

Üben und Vertiefen

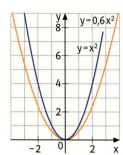

7 Die quadratische Funktion g hat die Funktionsgleichung $y = 0{,}6x^2$.
a) Gib die Symmetrieachse und die Nullstelle an.
b) Vergleiche das Steigungsverhalten des Graphen mit dem Steigungsverhalten der Normalparabel.

8 Zeichne die Graphen der angegebenen Funktionen in ein Koordinatensystem. Nutze dabei die Symmetrieeigenschaft.
a) f: $y = 2{,}5x^2$ b) f: $y = 1{,}2x^2$
   g: $y = 1{,}9x^2$ g: $y = 0{,}8x^2$

c) f: $y = 0{,}2x^2$ d) f: $y = 0{,}7x^2$
   g: $y = 0{,}5x^2$ g: $y = 1{,}3x^2$

9 Zeichne die Graphen der angegebenen Funktionen in ein Koordinatensystem. Nutze dabei die Symmetrieeigenschaft.
a) f: $y = -0{,}8x^2$ b) f: $y = -2x^2$
   g: $y = -1{,}2x^2$ g: $y = -2{,}6x^2$

c) f: $y = -0{,}1x^2$ d) f: $y = -1{,}6x^2$
   g: $y = -0{,}3x^2$ g: $y = -0{,}9x^2$

10 Ordne jeder Funktionsgleichung die zugehörige Parabel zu.

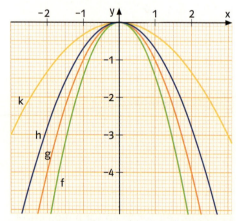

Funktionsgleichung	Parabel
$y = -0{,}7x^2$	■
$y = -1{,}4x^2$	■
$y = -x^2$	■
$y = -\frac{1}{3}x^2$	■

11 Zeichne den Graphen der angegebenen quadratischen Funktion. Bestimme anhand des Graphen den Scheitelpunkt der Parabel. Gib, wenn vorhanden, die Nullstellen der Funktion an.
a) $y = x^2 - 4x + 7$
b) $y = 2x^2 - 12x + 19$
c) $y = 2x^2 + 8x + 8$
d) $y = 0{,}5x^2 - 2x$

12 Zeichne den Funktionsgraphen. Bestimme anhand des Graphen den Scheitelpunkt der Parabel und ihren Schnittpunkt mit der y-Achse. Gib, wenn vorhanden, die Nullstellen der Funktion an.
a) $y = -x^2 - 8x - 17$
b) $y = -2x^2 + 8x - 8$
c) $y = -0{,}5x^2 + 2x$
d) $y = -1{,}5x^2 - 9x - 7{,}5$

13 Ordne jeder Funktionsgleichung die zugehörige Parabel zu.

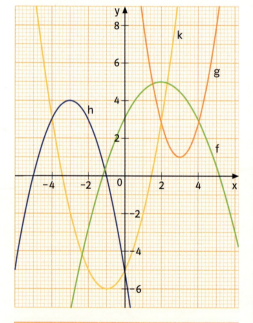

Funktionsgleichung	Parabel
$y = x^2 + 2x - 5$	■
$y = -0{,}5x^2 + 2x + 3$	■
$y = 1{,}8x^2 - 10{,}8x + 17{,}2$	■
$y = -x^2 - 6x - 5$	■

Bremswege

Die Fahrschulregel ist kein gutes Modell für die Berechnung des Bremsweges.
Die wirkliche Berechnung des Bremsweges hängt von mehreren Bedingungen ab: dem Fahrzeugtyp, der Witterung, den Straßenverhältnissen und dem Zustand der Bremsen des Fahrzeugs.

Für die Berechnung des Bremsweges eines Pkws (in m) gilt eine Faustregel (Fahrschulregel): Dividiere die Geschwindigkeit v (in $\frac{km}{h}$) durch 10 und quadriere das Ergebnis.
Diese Faustregel kann auch mithilfe einer Funktionsgleichung ausgedrückt werden. Benutzt man für den Bremsweg (in m) die Variable y und für die Geschwindigkeit (in $\frac{km}{h}$) die Variable x, erhält man: $y = 0{,}01x^2$

2 Der Zusammenhang zwischen Geschwindigkeit x und Bremsweg y kann durch die folgende Funktionsgleichung modelliert werden: $y = ax^2$.
Bei einem Pkw sind auf nassem Asphalt zu unterschiedlichen Geschwindigkeiten die Bremswege gemessen worden. Bestimme a.

3 In der Tabelle findest du Angaben zu a für unterschiedliche Fahrzeuge und Straßenverhältnisse.

Fahrzeug	Straßenbelag	a
Pkw	trockener Asphalt	0,0055
Pkw	vereiste Fahrbahn	0,0500
Lkw	trockener Asphalt	0,0110

Geschwindigkeit x	Bremsweg y
30	5,8
40	10,2
50	16,0
60	23,0

Du kannst die Graphen auch mithilfe von Software erstellen.

1 a) Berechne mithilfe der Fahrschulregel den Bremsweg bei einer Geschwindigkeit von 20 (40, 60, 80, 100, 120, 160) $\frac{km}{h}$.
b) Wie verändert sich der Bremsweg, wenn die Geschwindigkeit verdoppelt wird?

a) Zeichne die Graphen für alle in der Tabelle angegebenen Werte von a in ein Koordinatensystem (Geschwindigkeiten von 0 $\frac{km}{h}$ bis 140 $\frac{km}{h}$).
b) Welcher Zusammenhang besteht zwischen dem Wert für a und der Länge des Bremsweges?

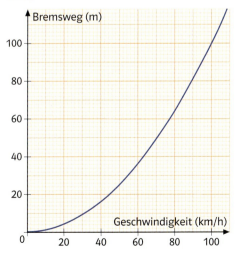

c) Ermittle mithilfe des Graphen die Geschwindigkeit bei einem Bremsweg von 9 (25, 64, 81) m Länge.

c) Bei Verkehrsunfällen kann die Polizei oft aus der Länge des Bremsweges auf die Geschwindigkeit des Fahrzeuges vor dem Bremsvorgang schließen.
Bestimme anhand des Graphen die Geschwindigkeit eines Pkws, der auf trockenem Asphalt einen Bremsweg von 20 (30, 40) m Länge hat.

Freier Fall und schiefer Wurf

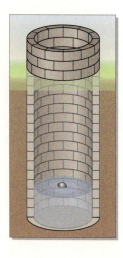

1 Der Weg s, den ein Stein im freien Fall nach der Falldauer t zurückgelegt hat, lässt sich näherungsweise mithilfe folgender Gleichung modellieren:
$s = 5 t^2$.
a) Übertrage die Wertetabelle in dein Heft und vervollständige sie.

t (s)	0	0,5	1,0	1,5	2,0	2,5	3,0
s (m)	0	1,25	■	■	■	■	■

t (s)	3,5	4,0	4,5	5,0	5,5	6,0	6,5
s (m)	■	■	■	■	■	■	■

b) Zeichne den Graphen dieser Funktion in ein Koordinatensystem (x-Achse: 1 cm ≙ 0,5 s; y-Achse: 1 cm ≙ 10 m).
c) Ermittle anhand des Graphen, nach welcher Zeit der Stein einen Weg von 50 m (100 m, 150 m) zurückgelegt hat.
d) Du lässt einen Stein in einen Brunnen fallen und misst eine Falldauer von 3,2 s. Wie tief ist der Brunnen?

Die Aufgaben auf dieser und der nächsten Seite kannst du auch gut in Partner- oder Gruppenarbeit lösen.

2 Der Bogen, den das Wasser aus der Düse eines Gartenschlauchs beschreibt, ist eine Parabel. Sie hat die Funktionsgleichung
$y = -0,2x^2 + x + 1,4$.
a) Zeichne den Graphen der Funktion (x-Achse: 1 cm ≙ 0,5 m; y-Achse: 1 cm ≙ 0,5 m).
b) Ermittle anhand des Graphen die größte Höhe des Wasserstrahls.
c) Bestimme mithilfe des Graphen, nach welcher Entfernung das Wasser auf die Erde trifft.

3 Die Form der Parabel ist bei gleicher Ausströmungsgeschwindigkeit und gleicher Höhe der Schlauchdüse vom Steigungswinkel abhängig.

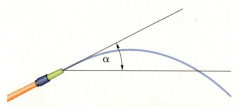

Steigungswinkel	Funktionsgleichung
α = 30°	$f(x) = -0,1x^2 + 0,6x + 1,5$
α = 45°	$g(x) = -0,15x^2 + x + 1,5$
α = 60°	$h(x) = -0,3x^2 + 1,7x + 1,5$

a) Zeichne die Funktionsgraphen in ein Koordinatensystem.
b) Bestimme für jeden Wasserbogen die größte Höhe und die Entfernung, nach der das Wasser auf die Erde trifft.

4 Wird eine Kugel geworfen, bewegt sie sich wie die Teilchen des Wasserstrahls auf einer Parabel.
Diese Bewegung wird schiefer Wurf genannt. Die Wurfbahnen hängen von der Anfangsgeschwindigkeit v und dem Abwurfwinkel α ab.

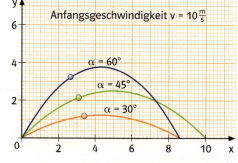

a) Zeichne die angegebenen Wurfbahnen in ein Koordinatensystem.
b) Bestimme anhand der Graphen die Wurfweite und die größte Höhe.

Wurfbahnen für v = 20 $\frac{m}{s}$	
α = 30°	$y = -0,0167x^2 + 0,577x$
α = 45°	$y = -0,025x^2 + 1,000x$
α = 60°	$y = -0,050x^2 + 1,732x$

Brücken

> Du kannst die Graphen auch mithilfe von Software erstellen.

1 Das Foto zeigt die zur Zeit längste Hängebrücke der Welt.
Das Hauptseil der Brücke im Koordinatensystem folgt dem Graphen der quadratischen Funktion mit der Funktionsgleichung $y = 0{,}01x^2 - x + 40$.

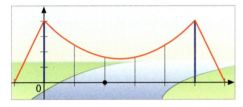

a) Zeichne den Graphen in dein Heft. Lege zunächst eine Wertetabelle mit x-Werten von 0 bis 100 an, Schrittweite 10.
b) Bestimme die Höhe der Brückenträger und die Längen der vier eingezeichneten Halteseile.
c) Bestimme den kürzesten Abstand des Hauptseils von der Fahrbahn. Bestätige dein Ergebnis mithilfe einer Rechnung.

2 Das Hauptseil einer Hängebrücke verläuft wie der Graph der quadratischen Funktion mit der Funktionsgleichung $y = 0{,}005x^2 - 0{,}8x + 50$.
a) Zeichne den Graphen in dein Heft. Lege zunächst eine Wertetabelle mit x-Werten von 0 bis 140 an, Schrittweite 10.
b) Die Brückenträger stehen bei 0 m und bei 140 m. Berechne ihre Höhe.
c) Bestimme die Stelle, an der das Hauptseil der Fahrbahn am nächsten kommt. Gib dort den Abstand zur Fahrbahn an. Überprüfe deine Angaben durch eine Rechnung.

3 Der im Koordinatensystem dargestellte Brückenbogen wird durch den Graphen der quadratischen Funktion mit der Gleichung $y = -0{,}5x^2 + 3x$ bestimmt.

a) Zeichne den zugehörigen Funktionsgraphen in dein Heft.
b) Bestimme die Höhe des Brückenbogens mithilfe deiner Zeichnung. Bestätige dein Ergebnis durch eine Rechnung.
c) Wie breit ist der Brückenbogen am Erdboden, wie breit in 2 m Höhe?

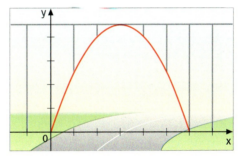

$y = -0{,}25x^2 + 2{,}5x - 2{,}25$

4 Kann ein 2,50 m breites und 3,80 m hohes Fahrzeug unter der Brücke durchfahren?

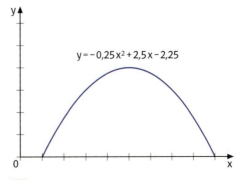

Vernetzen: Parabolspiegel

1 In der Abbildung siehst du ein Solarkraftwerk. Die Spiegel sind dabei wie eine Parabel gekrümmt.

Informiere dich im Physikbuch oder im Internet über das Reflexionsgesetz.

2 Beschreibe und erkläre den abgebildeten Vorgang.

a) Erkläre die Funktionsweise des Solarkraftwerkes. Nutze dazu die untere Abbildung und den zugehörigen Informationstext.

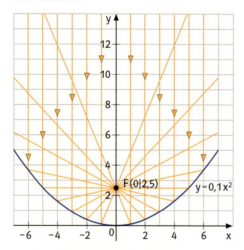

Die Abbildung zeigt den Graphen der Funktion $y = 0{,}1x^2$. Treffen Strahlen senkrecht von oben auf einen Spiegel auf, der wie der Graph geformt ist, werden sie reflektiert. Die reflektierten Strahlen verlaufen alle durch den Brennpunkt F. Für eine Parabel mit der Funktionsgleichung $y = ax^2$ hat der Brennpunkt die Koordinaten $F(0 \mid \frac{1}{4a})$.

b) Überprüfe die Formel für den Brennpunkt F bei der abgebildeten Parabel.

c) Zeichne eine Parabel zur Funktion $y = 0{,}05x^2$. Bestimme die Koordinaten des Brennpunktes F und zeichne den Strahlengang für fünf senkrecht von oben einfallende Strahlen ein.

Paraboloid durch Rotation einer Parabel

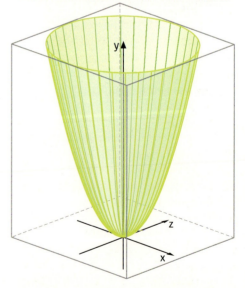

Ein Rotationsparaboloid ist die dreidimensionale Figur, die entsteht, wenn man eine Parabel um ihre Symmetrieachse rotieren lässt. Alle parallel zur Symmetrieachse einfallenden Strahlen verlaufen dann nach der Reflexion durch den Brennpunkt F.

Vernetzen: Parabolspiegel

3 Die Eigenschaften eines Parabolspiegels gelten nicht nur für Sonnenstrahlen, sondern auch für andere elektromagnetische Strahlung und Schallwellen.
Beschreibt in Gruppen, wie die abgebildeten Parabolspiegel eingesetzt werden. Nutzt dazu weitere Informationsquellen. Präsentiert eure Ergebnisse auf einem Lernplakat.

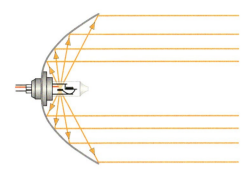

Autoscheinwerfer – Fernlicht

4 Wenn Strahlen parallel zur Symmetrieachse auf einen Parabolspiegel fallen, verlaufen alle reflektierten Strahlen durch den Brennpunkt.
Beim Scheinwerfer wird umgekehrt das Licht im Brennpunkt erzeugt. Dann verlaufen die reflektierten Strahlen parallel zur Symmetrieachse.
Beschreibt die Funktionsweise und die Anwendungsmöglichkeiten der abgebildeten Scheinwerfer in Partnerarbeit. Fertigt dazu ein Lernplakat an.

Solarkraftwerk

Richtmikrophon

Leuchtturm-Scheinwerfer

Strahler

Radioteleskop

Motorradlampe

Blaulicht

Lernkontrolle 1

1 Zeichne die Graphen der angegebenen Funktionen in ein Koordinatensystem. Bestimme zunächst jeweils den Scheitelpunkt.
a) $y = (x - 3)^2$
b) $y = (x + 3)^2 + 1$
c) $y = (x - 1)^2 - 5$

3 Zeichne die Graphen der angegebenen quadratischen Funktionen in ein Koordinatensystem. Bestimme zunächst jeweils die Koordinaten des Scheitelpunkts.
f: $y = x^2 - 6x + 5$
g: $y = x^2 + 2x + 2$
h: $y = x^2 - 4x + 1,5$

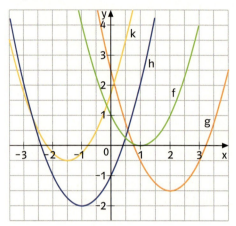

4 Zeichne den Graphen der angegebenen quadratischen Funktion. Bestimme zunächst die Koordinaten des Scheitelpunkts. Ermittle anhand des Graphen die Nullstellen der Parabel.
a) $y = x^2 - 2x$
b) $y = x^2 + 6x + 6,75$

5 Überprüfe, ob die Punkte P und Q auf dem Graphen von f liegen.
a) $f(x) = x^2 + 12$; P(−5 | 37), Q(1,5 | 14,5)
b) $f(x) = (x - 13)^2$; P(12,5 | −0,25) Q(13 | 0)
c) $f(x) = x^2 - 14x + 7$; P(1,8 | −14,8) Q(−23 | 858)

2 Ordne jeder Funktionsgleichung die zugehörige Parabel zu.

Funktionsgleichung	Parabel
$y = (x - 1)^2$	
$y = (x + 1)^2 - 2$	
$y = (x - 2)^2 - 1,5$	
$y = (x + 1,5)^2 - 0,5$	

Wiederholung

1 Zeichne den Graphen der Funktion in ein Koordinatensystem. Lege zunächst eine Wertetabelle mit mindestens 6 Wertepaaren an.
a) $f(x) = 1,8x$
b) $g(x) = -2,5x$

2 Überprüfe, ob die Punkte auf dem Funktionsgraphen von f liegen.
$f(x) = 2,8x$ P(−2 | −4,6); Q(3 | 8,4)

3 Zeichne den Graphen der Funktion mithilfe eines Steigungsdreiecks in ein Koordinatensystem.
a) $f(x) = -1,8x$
b) $g(x) = -\frac{2}{3}x$

4 Bestimme die Funktionsgleichung zu jedem im Koordinatensystem eingezeichneten Graphen.

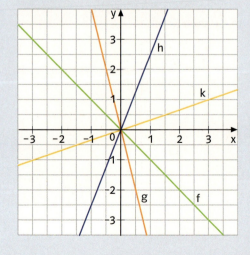

Lernkontrolle 2

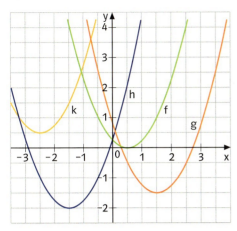

1 Die im Koordinatensystem eingezeichneten Parabeln gehören zu den Funktionsgleichungen in der Tabelle. Ordne jeder Funktionsgleichung die zugehörige Parabel zu.

Funktionsgleichung	Parabel
$y = x^2 - 3x + 0{,}75$	
$y = x^2 + 5x + 6{,}75$	
$y = x^2 - x + 0{,}25$	
$y = x^2 + 3x + 0{,}25$	

2 Zeichne die Graphen der angegebenen Funktionen in ein Koordinatensystem. Nutze dabei die Symmetrieeigenschaft.
f: $y = 1{,}4x^2$ g: $y = 0{,}6x^2$ h: $y = -1{,}8x^2$

3 Zeichne den Graphen der angegebenen quadratischen Funktion. Bestimme anhand des Graphen den Scheitelpunkt der Parabel. Gib, wenn vorhanden, die Nullstellen der Funktion an.
a) $y = 2x^2 - 8x + 6$
b) $y = 0{,}5x^2 + x - 1{,}5$
c) $y = -x^2 - 6x - 10$

4 Für den Bremsweg y (in m) eines Pkws auf trockenem Asphalt gilt die Funktionsgleichung $y = 0{,}0055x^2$. x gibt dabei die Geschwindigkeit in $\frac{km}{h}$ an. Der Bremsweg beträgt 45 m. Zeichne den Graphen und bestimme die Ausgangsgeschwindigkeit. Runde sinnvoll.

5 Beim Wurf eines Schlagballs folgt der Ball dem Verlauf einer Parabel mit der Funktionsgleichung
$y = -0{,}022x^2 + x$.
a) Zeichne die angegebene Wurfbahn in ein Koordinatensystem. Lege zunächst eine Wertetabelle mit x-Werten zwischen 0 und 60 m an.
b) Bestimme anhand des Graphen die Wurfweite und die größte Höhe.

---

1 Bestimme die Funktionsgleichung zu jedem im Koordinatensystem eingezeichneten Graphen

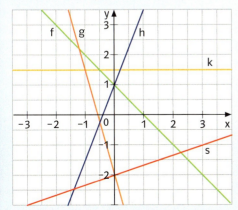

2 Zeichne den Graphen der Funktion mithilfe eines Steigungsdreiecks in ein Koordinatensystem. Bestimme dann die Nullstelle der Funktion.
a) $f(x) = 1{,}5x - 6$ b) $g(x) = -\frac{1}{3}x - 1$

3 Eine Gemeinde hat den Verbrauchspreis pro Kubikmeter Wasser auf 6 € festgelegt, der Jahresgrundpreis beträgt 40 €.
a) Bestimme die Gleichung zur Berechnung der Gesamtkosten und zeichne den zugehörigen Graphen.
b) Familie Schlüter muss für ihren Wasserverbrauch im Jahr 760 € bezahlen.

2 Quadratische Gleichungen

Überprüft die Lösungen. Was stellt ihr fest?

Stellt zu den Zahlenrätseln jeweils eine Gleichung auf und versucht durch Probieren, die gesuchte Zahl zu bestimmen. Macht anschließend die Probe.

Quadratische Gleichungen der Form $x^2 + q = 0$

In diesem Kapitel benötigst du die binomischen Formeln.

Binomische Formeln
1. $(a + b)^2$
   $= a^2 + 2ab + b^2$
2. $(a - b)^2$
   $= a^2 - 2ab + b^2$
3. $(a + b)(a - b)$
   $= a^2 - b^2$

1 a) Die Abbildung zeigt den Graphen der Funktion mit der Funktionsgleichung $y = x^2 - 4$.

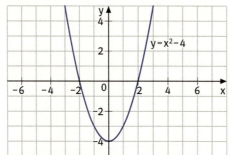

Bestimme anhand des Graphen die Nullstellen. Erläutere, warum die Nullstellen Lösungen der quadratischen Gleichung $x^2 - 4 = 0$ sind.
b) Ermittle grafisch die Lösungen der quadratischen Gleichung $x^2 - 9 = 0$. Überprüfe anschließend deine Lösungen durch Einsetzen in die Gleichung.
c) Gib jeweils die Funktionsgleichung der abgebildeten Parabel an. Notiere auch die zugehörige quadratische Gleichung und nenne, wenn möglich, ihre Lösungen.

I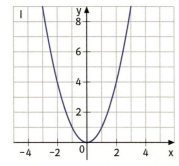

II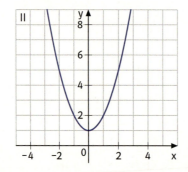

d) Bestimme die Platzhalter in der Tabelle.

quadratische Gleichung	$x^2 - 16 = 0$	$x^2 + 4 = 0$	$x^2 = 0$
Funktionsgleichung	■	■	■
Nullstellen	■	■	■
Lösungen der Gleichung	■	■	■

Erläutere, wann eine quadratische Gleichung der Form $x^2 + q = 0$ zwei Lösungen, eine Lösung oder keine Lösung hat.

2 Quadratische Gleichungen der Form $x^2 + q = 0$ kannst du lösen, indem du anhand des Graphen die Nullstellen der zugehörigen Funktion bestimmst. Dieses Verfahren ist oft aufwendig und die Nullstellen sind nicht immer genau ablesbar.
Erläutere, wie in den folgenden Beispielen durch zwei unterschiedliche Verfahren eine quadratische Gleichung der Form $x^2 + q = 0$ rechnerisch gelöst wird.

$$x^2 - 25 = 0$$
$$(x + 5)(x - 5) = 0$$
$$x + 5 = 0 \quad \text{oder} \quad x - 5 = 0$$
$$x = -5 \quad \text{oder} \quad x = 5$$
$$x_1 = -5 \quad\quad x_2 = 5$$
$$L = \{-5;\, 5\}$$

Ein Produkt aus zwei Faktoren ist immer dann gleich Null, wenn mindestens einer der Faktoren Null ist.

$$x^2 - 25 = 0 \quad | +25$$
$$x^2 = 25$$
$$x = \sqrt{25} \quad \text{oder} \quad x = -\sqrt{25}$$
$$x = 5 \quad \text{oder} \quad x = -5$$
$$x_1 = 5 \quad\quad x_2 = -5$$
$$L = \{5;\, -5\}$$

Wenn das Quadrat einer Zahl 25 ist, kann die Zahl selbst 5 oder -5 sein.

3 Bestimme jeweils die Lösungsmenge.
a) $x^2 - 49 = 0$
   $x^2 - 81 = 0$
   $x^2 - 2{,}25 = 0$

b) $4 + x^2 = 20$
   $8 + x^2 = 152$
   $x^2 + 11 = 207$

c) $3x^2 - 27 = 0$
   $5x^2 - 605 = 0$
   $9x^2 = 1521$

d) $-6x^2 + 121{,}5 = 0$
   $-0{,}25x^2 + 6{,}25 = 0$
   $-1{,}2x^2 = -634{,}8$

Eine quadratische Gleichung der Form $x^2 + q = 0$ ($q \in \mathbb{R}$) hat
für **q < 0** die Lösungen
$x_1 = \sqrt{q}$ und $x_2 = -\sqrt{q}$,
für **q = 0** die Lösung **x = 0** und
für **q > 0 keine Lösung.**

Quadratische Gleichungen der Form $x^2 + px = 0$

Subtrahierst du von dem Quadrat einer Zahl das Vierfache dieser Zahl, so erhältst du Null.

Eine Lösung finde ich sofort!

Eine quadratische Gleichung der Form $x^2 + px = 0$ ($p \in \mathbb{R}$) hat die Lösungen $x_1 = 0$ und $x_2 = -p$.

1 Das Zahlenrätsel führt auf die quadratische Gleichung $x^2 - 4x = 0$.
Die Abbildung zeigt den Graphen der zugehörigen quadratischen Funktion mit der Funktionsgleichung $y = x^2 - 4x$.

Bestimme die Nullstellen. Setze die Werte jeweils in die quadratische Gleichung $x^2 - 4x = 0$ ein. Was stellst du fest?

2 Beschreibe, wie in den folgenden Beispielen jeweils die Lösungen einer quadratischen Gleichung der Form $x^2 + px = 0$ berechnet werden.

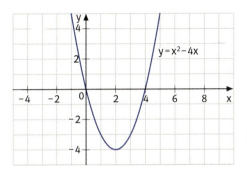

$x^2 - 5x = 0$
$x(x - 5) = 0$
$x = 0$ oder $x - 5 = 0$
$x = 0$ oder $x = 5$
$x_1 = 0$ $\qquad x_2 = 5$
$L = \{0; 5\}$

$x^2 + 6x = 0$
$x(x + 6) = 0$
$x = 0$ oder $x + 6 = 0$
$x = 0$ oder $x = -6$
$x_1 = 0$ $\qquad x_2 = -6$
$L = \{0; -6\}$

3 Bestimme jeweils die Lösungsmenge.
a) $x^2 - 9x = 0$
$x^2 - 16x = 0$
$x^2 + 25x = 0$
$x^2 + 35x = 0$
$x^2 - 89x = 0$

b) $x^2 - 2,5x = 0$
$x^2 + 11x = 0$
$x^2 + 12x = 0$
$-4x + x^2 = 0$
$7,5x + x^2 = 0$

• **4** Löse jeweils die quadratische Gleichung.
a) $3x^2 = 9x$
$2x^2 = 10x$
$4x^2 = 8x$
$2,5x^2 = 20x$

b) $1,5x^2 - 15x = 0$
$0,1x^2 + 3x = 0$
$7x^2 - 28x = 0$
$0,5x^2 - 2,5x = 0$

$2x^2 = 8x \quad |-8x$
$2x^2 - 8x = 0 \quad |:2$
$x^2 - 4x = 0$
$x(x - 4) = 0$

L $\{0; 5\}$ $\{0; 3\}$ $\{0; 5\}$ $\{0; 10\}$ $\{0; -30\}$
$\{0; 4\}$ $\{0; 2\}$ $\{0, 8\}$

• **5** Fasse zusammen und bestimme die Lösungsmenge.
a) $7x - 12x^2 = 20x - 14x^2 + 3x$
b) $5x^2 - 3x = 2x^2 + 6x^2$
c) $20x^2 - 10x + 8 = 24x^2 - 34x + 8$

• **6** Löse die quadratische Gleichung.
a) $11x^2 + 48 = (x - 8)(x - 6)$
b) $(x + 4)(x + 8) = (2x + 4)(2x + 8)$
c) $x^2 + (x - 5)^2 = (x + 5)^2$

L zu 5 und 6: $\{0; -1,4\}$ $\{0; 20\}$ $\{0; 8\}$
$\{0; 6\}$ $\{0; -4\}$ $\{0; -1\}$

$\frac{1}{2}x^2 = 1,5x \quad |-1,5x$
$\frac{1}{2}x^2 - 1,5x = 0 \quad |\cdot 2$
$x^2 - 3x = 0$
$x(x - 3) = 0$
$x = 0$ oder $x - 3 = 0$
$x_1 = 0 \qquad x_2 = 3$
$L = \{0; 3\}$

7 Bestimme jeweils die Lösungsmenge.
a) $\frac{1}{5}x^2 + \frac{2}{5}x = 0$
b) $\frac{1}{4}x^2 + \frac{3}{4}x = 0$
c) $\frac{1}{8}x^2 + \frac{5}{8}x = 0$
d) $\frac{2}{7}x^2 + \frac{4}{7}x = 0$

Quadratische Gleichungen der Form $x^2 + px + q = 0$

1 a) Beschreibe, wie die quadratischen Gleichungen $x^2 + 8x + 16 = 0$, $x^2 + 2x + 2 = 0$ und $x^2 - 6x + 8 = 0$ jeweils grafisch gelöst werden.

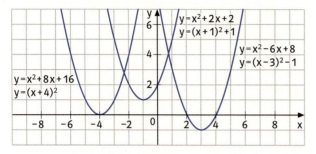

b) Gib jeweils die Lösungsmenge an.

2 Erläutere, wie die Lösungsmenge einer quadratischen Gleichung der Form $x^2 + px + q = 0$ ermittelt wird.

$$x^2 + 14x + 49 = 0$$
$$(x + 7)^2 = 0$$
$$x + 7 = \sqrt{0} \quad \text{oder} \quad x + 7 = -\sqrt{0}$$
$$x + 7 = 0$$
$$x = -7$$
$$L = \{-7\}$$

3 Löse jeweils die Gleichung.
a) $x^2 + 10x + 25 = 0$ b) $x^2 + 16x = -64$
   $x^2 - 12x + 36 = 0$ $x^2 - 18x = -81$
   $x^2 + 34x + 289 = 0$ $x^2 - 32x = -81$

$$(x + 3)^2 = 25$$
$$x + 3 = \sqrt{25} \quad \text{oder} \quad x + 3 = -\sqrt{25}$$
$$x + 3 = 5 \quad \text{oder} \quad x + 3 = -5$$
$$x = 2 \quad \text{oder} \quad x = -8$$
$$x_1 = 2 \qquad x_2 = -8$$
$$L = \{2; -8\}$$

4 Bestimme jeweils die Lösungsmenge.
a) $(x + 5)^2 = 9$ b) $(x - 4)^2 = 36$
   $(x + 3)^2 = 16$ $(x + 1)^2 = 64$

c) $x^2 + 8x + 16 = 9$ d) $x^2 - 6x + 9 = 25$
   $x^2 + 4x + 4 = 1$ $x^2 + 10x + 25 = 4$

Für jede **positive reelle** Zahl gilt:
$(\sqrt{a})^2 = a$ und $(-\sqrt{a})^2 = a$

5 Wie können wir die Gleichung $x^2 + 8x = 9$ lösen?

Wir ergänzen beide Seiten der Gleichung geschickt: $x^2 + 8x + \blacksquare = 9 + \blacksquare$

Versuche, die Lösungsmenge der Gleichung $x^2 + 8x = 9$ zu bestimmen. Notiere deinen Lösungsweg.

6 Beschreibe, wie die quadratische Gleichung $x^2 + 6x + 8 = 0$ mithilfe der **quadratischen Ergänzung** $\left(\frac{6}{2}\right)^2$ gelöst wird.

$$x^2 + 6x + 8 = 0 \qquad | -8$$
$$x^2 + 6x = -8$$
$$x^2 + 6x + \left(\frac{6}{2}\right)^2 = -8 + \left(\frac{6}{2}\right)^2$$
$$\underline{x^2 + 6x + 3^2} = -8 + 3^2$$
$$(x + 3)^2 = 1$$
$$x + 3 = \sqrt{1} \quad \text{oder} \quad x + 3 = -\sqrt{1}$$
$$x + 3 = 1 \quad \text{oder} \quad x + 3 = -1$$
$$x = -2 \quad \text{oder} \quad x = -4$$
$$x_1 = -2 \qquad x_2 = -4$$
Probe für x_1: $(-2)^2 + 6 \cdot (-2) + 8 = 0$
$$0 = 0 \text{ (w)}$$
Probe für x_2: $(-4)^2 + 6 \cdot (-4) + 8 = 0$
$$0 = 0 \text{ (w)}$$
$$L = \{-2; -4\}$$

7 Bestimme jeweils mithilfe der quadratischen Ergänzung die Lösungsmenge.

Die quadratische Ergänzung findest du, indem du die Hälfte des Faktors vor x quadrierst.

a) $x^2 + 6x + 5 = 0$ b) $x^2 - 2x - 8 = 0$
   $x^2 - 4x - 8 = 0$ $x^2 + 10x + 9 = 0$
   $x^2 - 4x + 20 = 0$ $x^2 - 5x - 6 = 0$

Quadratische Gleichungen der Form $x^2 + px + q = 0$

Gleichungen, die sich auf die Form
$ax^2 + bx + c = 0$; $a, b, c \in \mathbb{R}$; $a \neq 0$
bringen lassen, heißen **quadratische Gleichungen.**
Dividiert man beide Seiten der quadratischen Gleichung
$$ax^2 + bx + c = 0$$
durch a ($a \neq 0$), erhält man
$$x^2 + \tfrac{b}{a}x + \tfrac{c}{a} = 0.$$
Wird für $\tfrac{b}{a} = p$ und $\tfrac{c}{a} = q$ gesetzt, so ergibt sich die **Normalform** der quadratischen Gleichung:
$x^2 + px + q = 0$ ($p, q \in \mathbb{R}$).

$$x^2 + 7x - 98 = 0$$
$$p = 7;\ q = -98$$
$$x_{1,2} = -\tfrac{p}{2} \pm \sqrt{\left(\tfrac{p}{2}\right)^2 - q}$$
$$x_{1,2} = -\tfrac{7}{2} \pm \sqrt{\left(\tfrac{7}{2}\right)^2 + 98}$$
$$x_{1,2} = -3{,}5 \pm 10{,}5$$
$$x_1 = 7;\ x_2 = -14$$
$$L = \{7;\ -14\}$$

8 Mithilfe der quadratischen Ergänzung kannst du eine **Lösungsformel** entwickeln. Mit dieser Lösungsformel lässt sich die Lösungsmenge jeder quadratischen Gleichung in der **Normalform** $x^2 + px + q = 0$ bestimmen.

$$x^2 + px + q = 0 \quad | -q$$
$$x^2 + px = -q$$
$$x^2 + px + \left(\tfrac{p}{2}\right)^2 = -q + \left(\tfrac{p}{2}\right)^2$$
$$\left(x + \tfrac{p}{2}\right)^2 = \left(\tfrac{p}{2}\right)^2 - q$$

für $\left(\tfrac{p}{2}\right)^2 - q \geqq 0$:
$$x + \tfrac{p}{2} = \sqrt{\left(\tfrac{p}{2}\right)^2 - q}$$
$$x_1 = -\tfrac{p}{2} + \sqrt{\left(\tfrac{p}{2}\right)^2 - q}$$
oder:
$$x + \tfrac{p}{2} = -\sqrt{\left(\tfrac{p}{2}\right)^2 - q}$$
$$x_2 = -\tfrac{p}{2} - \sqrt{\left(\tfrac{p}{2}\right)^2 - q}$$
$$L = \left\{-\tfrac{p}{2} + \sqrt{\left(\tfrac{p}{2}\right)^2 - q};\ -\tfrac{p}{2} - \sqrt{\left(\tfrac{p}{2}\right)^2 - q}\right\}$$

Der **Term** $\left(\tfrac{p}{2}\right)^2 - q$ aus der Lösungsformel heißt **Diskriminante**[*] von **$x^2 + px + q = 0$**. Wie viele Lösungen hat die quadratische Gleichung $x^2 + px + q = 0$ jeweils, wenn der Wert der Diskriminante positiv, Null oder negativ ist?

[*] discriminare (lat): trennen, unterscheiden

9 Bestimme zunächst jeweils den Wert der Diskriminante und gib die Anzahl der Lösungen an. Sind Lösungen vorhanden, so berechne sie.
a) $x^2 + 10x + 42 = 0$ b) $x^2 + 6x + 5 = 0$
   $x^2 - 34x + 289 = 0$ $x^2 + 8x - 20 = 0$
   $x^2 + 0{,}6x + 0{,}9 = 0$ $x^2 - 14x - 32 = 0$
   $x^2 - 2{,}4x + 1{,}44 = 0$ $x^2 - 1{,}3x + 0{,}4 = 0$

10 Löse jeweils die Gleichung.
a) $x^2 + 9x + 8 = 0$ b) $x^2 - 10x + 9 = 0$
   $x^2 + 8x + 12 = 0$ $x^2 - 9x + 8 = 0$
   $x^2 + 6x + 5 = 0$ $x^2 + 5x + 4 = 0$
   $x^2 - 2x - 8 = 0$ $x^2 - 3x - 10 = 0$

11
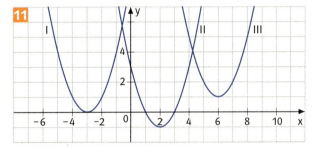

a) Gib für jede Gleichung die Anzahl der Lösungen an. Begründe deine Antwort.

	Quadratische Gleichung	Zugehörige Funktionsgleichung in Scheitelpunktform
I	$x^2 + 6x + 9 = 0$	$y = (x + 3)^2$
II	$x^2 - 4x + 3 = 0$	$y = (x - 2)^2 - 1$
III	$x^2 - 12x + 37 = 0$	$y = (x - 6)^2 + 1$

b) Bestimme jeweils grafisch die Lösungsmenge der Gleichungen $(x + 4)^2 = 0$, $(x - 1{,}5)^2 - 1 = 0$ und $(x - 2)^2 + 2 = 0$.

Der Satz von Viëta*

1

Mit meinem Satz kannst du zu vorgegebenen Lösungen quadratische Gleichungen aufstellen ...

... und überprüfen, ob zwei Zahlen Lösungen einer Gleichung sind.

Der Satz von Viëta
Sind x_1 und x_2 die Lösungen einer quadratischen Gleichung in der **Normalform $x^2 + px + q = 0$**, so gilt:
$p = -(x_1 + x_2)$ und $q = x_1 \cdot x_2$

$(x - 2)(x + 4) = 0$
$x - 2 = 0$ oder $x + 4 = 0$
$x = 2$ oder $x = -4$
$x_1 = 2$ $x_2 = -4$
$L = \{2; -4\}$

a) Gib eine quadratische Gleichung an, die die Lösungen $x_1 = 3$ und $x_2 = -5$ ($x_1 = -7$; $x_2 = 9$) hat. Begründe deine Lösung.
b) Erläutere, wie im folgenden Beispiel zu der vorgegebenen Lösungsmenge $L = \{4; 6\}$ die zugehörige quadratische Gleichung in der Normalform aufgestellt wird.

$L = \{4; 6\}$ $x_1 = 4; x_2 = 6$
$x - 4 = 0$ oder $x - 6 = 0$
$(x - 4)(x - 6) = 0$
$x^2 - 6x - 4x + 24 = 0$
$x^2 - 10x + 24 = 0$

c) Ergänze die Tabelle im Heft.

x_1	x_2	Normalform	p	q
4	6	$x^2 - 10x + 24 = 0$	-10	24
3	5	■	■	■
5	-4	■	■	■
-1	1	■	■	■
-2	-4	■	■	■

d) Vergleiche die Lösungen x_1 und x_2 jeweils mit den Koeffizienten p und q in der Normalform.
Was stellst du fest? Formuliere dazu einen Merksatz.

*Viëta, französischer Mathematiker (1540–1603)

2 Überprüfe mithilfe des Satzes von Viëta, ob die Lösungsmenge richtig angegeben ist.
a) $x^2 + 2x - 3 = 0$ $L = \{-3; 1\}$
b) $x^2 - x - 6 = 0$ $L = \{-2; 3\}$
c) $x^2 + 3x - 40 = 0$ $L = \{-5; 8\}$
d) $x^2 - 4x + 5 = 0$ $L = \{5; 1\}$
e) $x^2 + 4x - 45 = 0$ $L = \{5; -9\}$

3 Gib jeweils die zur Lösungsmenge gehörende Gleichung in Normalform an.
a) $L = \{3; 2\}$ b) $L = \{5; 3\}$ c) $L = \{2; 6\}$
   $L = \{1; -1\}$ $L = \{0; -2\}$ $L = \{-2; 5\}$
   $L = \{4\}$ $L = \{-4\}$ $L = \{0\}$

4 Bestimme x_2 und p beziehungsweise q.
a) $x^2 - 21x + q = 0$; $x_1 = 7$
b) $x^2 + px - 264 = 0$; $x_1 = 12$
c) $x^2 + px - 80 = 0$; $x_1 = 20$
d) $x^2 + 9x + q = 0$; $x_1 = -11$
e) $x^2 + 4x - 45 = 0$; $L = \{5; -9\}$

5 Die Lösungen x_1 und x_2 der Gleichung $x^2 + 8x + 12 = 0$ sind ganze Zahlen. In dem Beispiel werden mithilfe des Satzes von Viëta die Lösungen ermittelt.

$x^2 + 8x + 12 = 0$; $p = 8$; $q = 12$

1. $q = x_1 \cdot x_2$ 2. $(x_1 + x_2) = -p$

   $12 = 1 \cdot 12$ $1 + 12 = 13$
   $= 2 \cdot 6$ $2 + 6 = 8$
   $= 3 \cdot 4$ $3 + 4 = 7$
   $= -1 \cdot (-12)$ $-1 + (-12) = -13$
   $= -2 \cdot (-6)$ $-2 + (-6) = -8$
   $= -3 \cdot (-4)$
              $L = \{-2; -6\}$

Bestimme jeweils durch systematisches Probieren die Lösungen der quadratischen Gleichung.
a) $x^2 - 15x + 50 = 0$ b) $x^2 - 6x + 5 = 0$
   $x^2 - 30x + 144 = 0$ $x^2 + 8x + 15 = 0$
   $x^2 + 4x - 21 = 0$ $x^2 + x = 0$
   $x^2 + x - 56 = 0$ $x^2 - 2x - 35 = 0$

Grundwissen: Quadratische Gleichungen

Quadratische Gleichung
Eine Gleichung der Form **$ax^2 + bx + c = 0$** ($a, b, c \in \mathbb{R}$; $a \neq 0$) heißt quadratische Gleichung.

Eine quadratische Gleichung der Form
$x^2 + q = 0$ hat für $q < 0$ ($q \in \mathbb{R}$) die Lösungen
$x_1 = \sqrt{q}$ und $x_2 = -\sqrt{q}$.

$x^2 - 144 = 0$
$x_1 = 12 \qquad x_2 = -12$
$L = \{12; -12\}$

Eine quadratische Gleichung der Form
$x^2 + px = 0$ ($p \in \mathbb{R}$) hat die Lösungen
$x_1 = 0$ und $x_2 = -p$.

$x^2 + 9x = 0$
$x_1 = 0 \qquad x_2 = -9$
$L = \{0; -9\}$

Die Lösungen der quadratischen Gleichung in der **Normalform** $x^2 + px + q = 0$ ergeben sich aus der **Lösungsformel**:

$$x_{1,2} = -\frac{p}{2} \pm \sqrt{\left(\frac{p}{2}\right)^2 - q}$$

$x^2 - 7x + 10 = 0$
$p = -7;\ q = 10$
$x_{1,2} = \frac{7}{2} \pm \sqrt{\left(\frac{7}{2}\right)^2 - 10}$
$x_1 = 5 \qquad x_2 = 2$
$L = \{5; 2\}$

Die **Anzahl** der **Lösungen** hängt vom Wert der **Diskriminante** $\left(\frac{p}{2}\right)^2 - q$ ab.
zwei Lösungen: $\left(\frac{p}{2}\right)^2 - q > 0$; eine Lösung: $\left(\frac{p}{2}\right)^2 - q = 0$; keine Lösung: $\left(\frac{p}{2}\right)^2 - q < 0$

Die Lösungen quadratischer Gleichungen der Form $x^2 + px + q = 0$ sind die Nullstellen der zugehörigen quadratischen Funktionen.

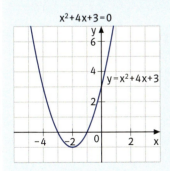
$x^2 + 4x + 3 = 0$
Nullstellen: $x_1 = -1;\ x_2 = -3$
$L = \{-1; -3\}$

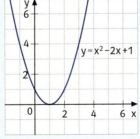
$x^2 - 2x + 1 = 0$
Nullstellen: $x = 1$
$L = \{1\}$

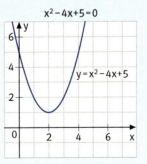
$x^2 - 4x + 5 = 0$
keine Nullstelle
$L = \{\ \}$

Der Satz von Viëta
Sind x_1 und x_2 die Lösungen einer quadratischen Gleichung in der **Normalform**
$x^2 + px + q = 0$, so gilt: $p = -(x_1 + x_2)$ und $q = x_1 \cdot x_2$.

Üben und Vertiefen

1 Bestimme jeweils die Lösungsmenge.
a) $x^2 - 225 = 0$ b) $5x^2 - 605 = 0$
   $x^2 - 289 = 0$ $9x^2 - 1521 = 0$
   $x^2 - 3{,}61 = 0$ $x^2 + 1{,}2 = 1{,}2064$
   $x^2 - 0{,}0121 = 0$ $3x^2 + 0{,}25 = 19$

2 Löse jeweils die quadratische Gleichung.
a) $x^2 - 14x = 0$ b) $2{,}2\,x^2 = 11x$
   $x^2 + 3{,}5x = 0$ $2{,}7x^2 = 8{,}1x$
   $5x^2 - 15x = 0$ $12x^2 = 48x$
   $0{,}2x^2 - 1{,}8x = 0$ $1{,}5x^2 = 10{,}5$

• **3** Bestimme jeweils die Lösungsmenge mithilfe der quadratischen Ergänzung oder der Lösungsformel.
a) $x^2 + 5x + 6 = 0$ b) $x^2 + 3x - 10 = 0$
   $x^2 + x - 12 = 0$ $x^2 - 12x - 45 = 0$
   $x^2 - 4x - 32 = 0$ $x^2 + 8x - 48 = 0$
   $x^2 + 7x + 10 = 0$ $x^2 + 3x - 18 = 0$

• **4** Forme zunächst die Gleichung so um, dass vor dem x^2 der Faktor 1 steht. Bestimme anschließend die Lösungsmenge.

> $2x^2 - 14x + 24 = 0 \quad | : 2$
> $x^2 - 7x + 12 = 0$

a) $4x^2 + 80x - 176 = 0$
b) $3x^2 + 30x + 75 = 0$
c) $12x^2 - 96x - 240 = 0$
d) $1{,}5x^2 + 12x + 10{,}5 = 0$

L zu 3 und 4: $\{-12;\,4\}$ $\{-5;\,-2\}$ $\{-1;\,-7\}$
$\{15;\,-3\}$ $\{-2;\,-3\}$ $\{10;\,-2\}$ $\{-5\}$ $\{3;\,-4\}$
$\{2;\,-22\}$ $\{2;\,-5\}$ $\{8;\,-4\}$ $\{3;\,-6\}$

5 Forme die Gleichung zunächst in die Normalform um. Bestimme anschließend die Lösungsmenge.
a) $3x^2 + 6x - 24 = 0$ b) $4x^2 - 8x - 32 = 0$
   $5x^2 - 30x + 40 = 0$ $4x^2 + 8x - 60 = 0$
   $2x^2 - 8x - 24 = 0$ $3x^2 - 12x + 9 = 0$
   $2x^2 + 36x + 34 = 0$ $5x^2 - 50x + 120 = 0$

6 Bestimme jeweils die Lösungen der Gleichung.
a) $2x^2 - 8x = 10$ b) $3x^2 - 18x = 48$
   $5x^2 - 5x = -30$ $4x^2 + 18x = -20$
   $2{,}5x^2 + 17{,}5x = -15$ $8x^2 - 6x = -1$
   $0{,}5x^2 - 0{,}25x = 0{,}75$ $1{,}5x^2 - 3x = 4{,}5$

7 Überprüfe mithilfe des Satzes von Vieta, ob die Lösungsmenge richtig angegeben ist.
a) $x^2 - 3x - 10 = 0$ $L = \{5;\,-2\}$
b) $x^2 - 5x + 4 = 0$ $L = \{-1;\,-4\}$
c) $x^2 + 7x + 6 = 0$ $L = \{1;\,6\}$
d) $x^2 - 4x - 21 = 0$ $L = \{7;\,-3\}$

8 Gib die zur Lösungsmenge gehörende quadratische Gleichung in Normalform an.
a) $L = \{-6;\,3\}$ b) $L = \{-1;\,-1\}$ c) $L = \{8;\,2\}$

9 Löse die Gleichung.
a) $2x^2 + 34x + 50 = 170$
b) $2{,}2x^2 + 33x + 88 = 8{,}8$
c) $2x^2 - 16x + 16 = -16$
d) $7x^2 - 35x - 7 = 35$
e) $6x^2 + 120x + 246 = -300$

10 Bestimme die Lösungsmenge.
a) $12x - 8 + 2x^2 = 4x - 14$
b) $8{,}4x + 19{,}2 + 3{,}6x^2 = 9{,}6 - 2{,}4x + 2{,}4x^2$
c) $-3{,}6x + 6 + 1{,}2x^2 = 0{,}9x^2 + 0{,}6x - 6$
d) $(x - 5)(x - 2) = 2x(x - 8)$
e) $(2x + 4)(x + 0{,}5) = 3x^2 - 4$

+ **11**

> $\frac{2}{x} - 2x = 3 \qquad D = \mathbb{R}\setminus\{0\}$
> $\frac{2}{x} - 2x = 3 \qquad |\cdot x$
> $\frac{2\cdot x}{x} - 2x\cdot x = 3\cdot x$
> $2 - 2x^2 = 3x \qquad |-3x$
> $-2x^2 - 3x + 2 = 0 \qquad |:(-2)$
> $x^2 + 1{,}5x - 1 = 0$
> $L = \{2;\,-0{,}5\}$

Überprüfe, ob $x_1 = 2$ und $x_2 = -0{,}5$ Lösungen der Bruchgleichung $\frac{2}{x} - 2x = 3$ sind.

+ **12** Bestimme zunächst die Definitionsmenge. Löse danach die Bruchgleichung.
a) $x - \frac{24}{x} = 5$ b) $3x - \frac{30}{x} = 9$
c) $2x + \frac{16}{x} = 12$ d) $x + \frac{5}{x} - 6 = 0$
e) $x - 1 = \frac{48}{x+1}$ f) $\frac{3x^2 - 4}{2x + 4} = x + 0{,}5$

Zahlenrätsel

1

Löse das Zahlenrätsel. Stelle dazu eine Gleichung auf.

Meine Hinweise helfen dir, eine Gleichung aufzustellen.

die gesuchte Zahl:	x
das Quadrat einer Zahl:	x^2
das Doppelte einer Zahl:	$2x$
das Fünffache einer Zahl:	$5x$
der Vorgänger einer Zahl:	$x - 1$
der Nachfolger einer Zahl:	$x + 1$
das Produkt aus einer Zahl und 7:	$7x$

Zahlenrätsel

1. Die Summe aus dem Quadrat einer Zahl und dem Achtfachen der Zahl ergibt 105.
2. Das Zwölffache einer Zahl ist gleich der Summe aus dem Quadrat der Zahl und 11.
3. Addierst du zum Quadrat einer Zahl die Zahl selbst, so erhältst du 240.
4. Das Quadrat einer Zahl ist so groß wie die Differenz aus 3 und dem Zweifachen der Zahl.
5. Das Produkt aus einer Zahl und ihrem Nachfolger ergibt 600.
6. Das Produkt aus einer Zahl und ihrem Vorgänger ist 6480.
7. Das Produkt aus einer Zahl und der Summe aus dem Doppelten der Zahl und ihrem Nachfolger ergibt 200.
8. Das Produkt aus einer Zahl und der um 1 vergrößerten Zahl ergibt 342.
9. Das Produkt aus einer Zahl und der um 6 verkleinerten Zahl ergibt 187.

2 a) Vergrößerst du in dem Produkt $23 \cdot 31$ jeden Faktor um dieselbe Zahl, so wird der Wert des Produkts 945. Berechne die Zahl mithilfe einer Gleichung.
b) Verringerst du in dem Produkt $15 \cdot 22$ jeden Faktor um dieselbe Zahl, so erhältst du 198. Bestimme die Zahl.

3

a) Wie lautet das Zahlenrätsel? Stelle eine Gleichung auf und berechne die gesuchte Zahl.

Wie heißt die Zahl?

b) Das Quadrat einer Zahl ist um 75 kleiner als ihr zwanzigfacher Wert.
c) Das Achtfache einer Zahl ist um 84 kleiner als ihr Quadrat.
d) Um welche Zahl muss jeder Faktor des Produkts $8 \cdot 11$ vergrößert werden, damit das Produkt um 120 größer wird?

4

Das Produkt zweier Zahlen ergibt 500, ihre Summe 45. Bestimme die Zahlen.

Produkt: $x \cdot y = 500$
Summe: $x + y = 45$
         $y = 45 - 4$

Gleichung: $x \cdot (45 - x) = 500$

a) Löse die Gleichung.
b) Die Differenz zweier Zahlen ist 5, das Produkt der Zahlen beträgt 150. Wie heißen die Zahlen?

Aus der Geometrie

1 a) Von einem Quadrat mit der Seitenlänge a wird eine Seite um 4 cm verlängert, die andere Seite um 2 cm verkürzt. Der Flächeninhalt des so entstandenen Rechtecks beträgt 72 cm².

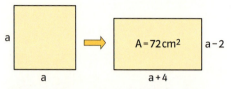

Stelle zunächst eine Gleichung auf, mit der du die Länge einer Quadratseite berechnen kannst. Löse anschließend die Gleichung.

b) Wird eine Seite eines Quadrats um 6 cm und die benachbarte Seite um 8 cm verkürzt, so beträgt der Flächeninhalt des so entstandenen Rechtecks 1680 cm².

> Viele Anwendungsaufgaben könnt ihr in Partnerarbeit lösen. Hinweise zur Partnerarbeit findet ihr auf der Seite 10.

2 a) Werden die Seiten eines Quadrats jeweils um 8 cm verlängert, so beträgt der Flächeninhalt des neuen Quadrats das 2,25fache des ursprünglichen Quadrats. Wie lang ist eine Seite des ursprünglichen Quadrats?

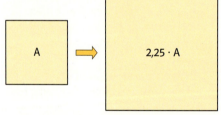

b) Verkürzt du eine Seite eines Quadrats um 6 cm und die benachbarte Seite um 8 cm, so ist der Flächeninhalt nur noch halb so groß.

3 Das Rechteck wird wie abgebildet vergrößert. Sein Flächeninhalt wächst dadurch um 3300 m².

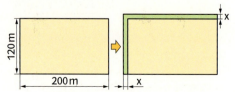

Berechne die Seitenlängen des vergrößerten Rechtecks.

4 Von dem Rechteck wird wie abgebildet ein gleich breiter Streifen abgetrennt. Sein Flächeninhalt verringert sich dadurch um 213 m².

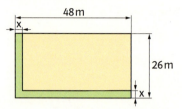

Berechne jeweils die Länge und die Breite des verkleinerten Rechtecks. Überlege auch, welche Lösung für diesen Sachverhalt infrage kommt.

Für die folgende Aufgabe brauchst du den Satz des Pythagoras.

Fertige zu jeder Aufgabe eine Skizze an.

5 a) In einem rechtwinkligen Dreieck sind beide Katheten zusammen 68 cm lang. Die Länge der Hypotenuse beträgt 52 cm. Wie lang ist jede Kathete?

b) Die Hypotenuse eines rechtwinkligen Dreiecks ist um 14 cm länger als die eine Kathete und um 7 cm länger als die andere Kathete. Berechne die Seitenlängen des Dreiecks.

6 Das Volumen eines Quaders beträgt 3750 cm³. Die Grundfläche ist um 10 cm länger als breit. Die Höhe des Körpers beträgt 10 cm.

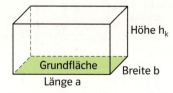

Berechne jeweils die Länge und die Breite der Grundfläche.

Sachaufgaben

1 Der Bremsweg eines Lastwagens auf trockenem Asphalt wird durch die Funktion mit der Gleichung $y = 0{,}011x^2$ modelliert.

Nach einer Vollbremsung des Fahrzeugs wird eine 35 m lange Bremsspur gemessen. Bestimme anhand des Graphen die Geschwindigkeit des Lastwagens unmittelbar vor dem Bremsen. Überprüfe dein Ergebnis durch eine Rechnung.

2 Der Bogen der abgebildeten Brücke lässt sich durch eine Parabel beschreiben. Sie hat die Funktionsgleichung $y = -0{,}08x^2 + 6{,}48$ (x in m, y in m).

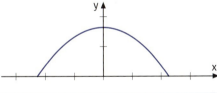

Berechne die Spannweite der Brücke.

3 Leni will im Schwimmbad vom 10-m-Brett ins Becken springen. Die Funktion mit der Gleichung $y = -5x^2 + 10$ gibt näherungsweise den Zusammenhang zwischen der Fallhöhe (y in m) und der Fallzeit (x in s) an.
Wie viele Sekunden vergehen, bis Leni das Wasser berührt? Runde dein Ergebnis auf zwei Stellen nach dem Komma.

4 Die Flugbahn eines Golfballs wird näherungsweise durch die Parabel mit der Gleichung $y = -0{,}0025x^2 + 0{,}5x$ beschrieben.

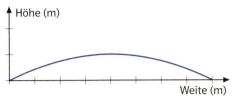

Überprüfe die Aussage.

5 Die Flugbahn des eingeworfenen Fußballs kann durch die quadratische Funktion mit der Funktionsgleichung $y = -0{,}08x^2 + x + 2$ modelliert werden. Hierbei wird davon ausgegangen, dass der Spieler im Ursprung des Koordinatensystems steht.

Erreicht der eingeworfene Ball einen sechzehn Meter entfernt stehenden Spieler? Begründe deine Antwort.

6 Der Graph der quadratischen Funktion mit der Funktionsgleichung $y = -0{,}3x^2 + 9x$ beschreibt die Flugbahn einer Feuerwerksrakete.

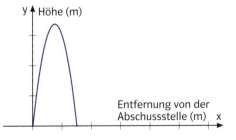

a) In welcher Entfernung von der Abschussstelle trifft sie wieder auf den Erdboden?
b) Berechne den höchsten Punkt der Flugbahn. Beschreibe deinen Lösungsweg.

Der Ball ist mindestens 200 m weit geflogen!

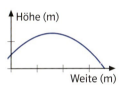

Vernetzen: Grafisches Lösen quadratischer Gleichungen

1 Die in der Tabelle angegebenen quadratischen Gleichungen werden jeweils grafisch gelöst.

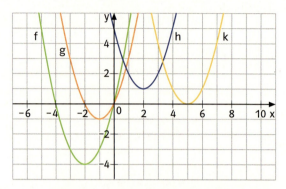

Ergänze anhand des Graphen die Tabelle. Mache anschließend die Probe.

Quadratische Gleichung	Funktionsgleichung	Nullstellen	Lösungen
$x^2 + 4x = 0$	f: $y = x^2 + 4x$	■	■
$x^2 + 2x = 0$	g: ■	■	■
$x^2 - 4x + 5 = 0$	h: ■	■	■
$x^2 - 10x + 25 = 0$	k: ■	■	■

2 Neben dem Nullstellenverfahren gibt es ein weiteres Verfahren, um quadratische Gleichungen grafisch zu lösen. In dem folgenden Beispiel wird die quadratische Gleichung $x^2 - 2x + 3 = 0$ so umgeformt, dass auf der linken Seite nur der quadratische Term x^2 steht. Der Term x^2 wird als Funktionsterm einer quadratischen Funktion, der Term $2x + 3$ als Funktionsterm einer linearen Funktion betrachtet.

Dieses Verfahren wird auch Schnittstellenverfahren genannt.

> Quadratische Gleichung: $x^2 - 2x - 3 = 0$
> $x^2 - 2x - 3 = 0 \quad | +2x \; | +3$
> $x^2 = 2x + 3$
>
> Quadratische Funktion: f: $y = x^2$
>
> Lineare Funktion: g: $y = 2x + 3$

a) Zeichne den Graphen der Funktion f und den Graphen der Funktion g.
b) Erläutere, warum die x-Koordinaten der Schnittpunkte der beiden Graphen die Lösungen der Gleichung $x^2 - 2x - 3 = 0$ sind. Mache die Probe.

3 Bestimme grafisch die Lösungen der Gleichung.
Forme dazu die Gleichung zunächst so um, dass du auf einer Seite der Gleichung den quadratischen Term x^2 und auf der anderen Seite einen linearen Term erhältst.
a) $x^2 + 6x + 8 = 0$ b) $x^2 + 0{,}5x - 1{,}5 = 0$
c) $x^2 + x - 6 = 0$ d) $2x^2 + 12x = -10$
e) $4x^2 - 12x = -5$ f) $4{,}2x^2 + 2{,}1x = 12{,}6$

4 In der Abbildung wird eine quadratische Gleichung mithilfe des Schnittstellenverfahrens aus Aufgabe 2) grafisch gelöst.
a) Notiere, wenn möglich, anhand der Abbildung die Lösungen der quadratischen Gleichung.
b) Gib auch die quadratische Gleichung in der Normalform an. Beschreibe deinen Lösungsweg.
c) Mache die Probe. Setze dazu die Lösungen in die Gleichung ein.

I
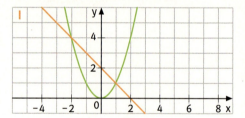

II
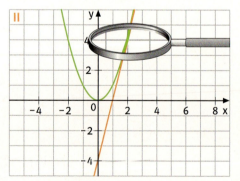

III
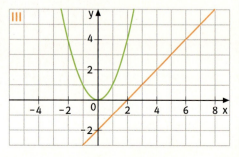

Mathematische Reise

Quadratische Gleichungen bei Al-Khwarizmi

Vom arabischen Wort für Ergänzen „al-gabr" entstand der Begriff „Algebra".

Muhammad Ibn Musa al-Khwarizmi (geboren ca. 780, gestorben ca. 850) Mathematiker, Astronom, Geograph

Bereits die Babylonier (um 2000 v. Chr.), die Griechen (um 300 v. Chr.), die Chinesen (um 300 v. Chr.) und die Inder (700 n. Chr.) beschäftigten sich mit quadratischen Gleichungen. In seinem Werk „Ein kurz gefasstes Buch über die Rechenverfahren durch Ergänzen und Ausgleichen" untersucht und löst Al-Khwarizmi Gleichungen, die sich aus Quadraten, Wurzeln und Zahlen zusammensetzen.

Das folgende Beispiel zeigt, wie Al-Khwarizmi eine quadratische Gleichung löst.

Mit „Wurzel" ist die „Wurzel des Quadrats" gemeint, also „x".

„Dirhems" war die damalige Währungseinheit. Der Begriff steht gleichwertig für „Zahlen".

Erster Fall einer quadratischen Gleichung:
Wurzeln und Quadrate sind gleich Zahlen;

zum Beispiel:
„ein Quadrat, und zehn Wurzeln desselben, ergeben neununddreißig Dirhems;"
das heißt, wie groß muss das Quadrat sein, welches, wenn es um zehn seiner eigenen Wurzeln ergänzt wird, neununddreißig ergibt?

Die Lösung ist dies:
„du halbierst die Anzahl der Wurzeln, was in dem vorliegenden Beispiel fünf liefert. Dies multiplizierst du mit sich selbst; das Produkt ist fünfundzwanzig. Addiere dies zu neununddreißig, die Summe ist vierundsechzig. Nun nimm die Wurzel von diesem, welche acht ist, und subtrahiere davon die Hälfte der Anzahl der Wurzeln, was fünf ist; der Rest ist drei. Dies ist die Wurzel des Quadrats, nach welcher du gesucht hast; das Quadrat selbst ist neun."

Lies den Text aufmerksam durch. Notiere die Aufgabe und die einzelnen Schritte des Lösungswegs in unserer heutigen algebraischen Schreibweise.

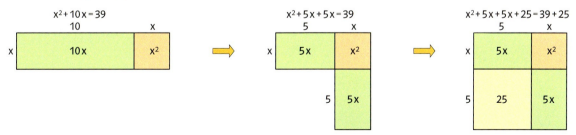

Erläutere anhand der Abbildungen die geometrische Begründung, die Al-Khwarizmi für sein Lösungsverfahren gibt.

Lernkontrolle 1

1 Bestimme die Lösungsmenge.
a) $x^2 - 196 = 0$ b) $5x^2 - 720 = 0$
c) $x^2 - 7{,}5x = 0$ d) $14x^2 = 84x$

2 Löse die Gleichung.
a) $x^2 + 7x - 18 = 0$ b) $x^2 - 8x - 9 = 0$
c) $x^2 + x - 12 = 0$ d) $4x^2 + 12x - 40 = 0$

3 Bestimme die Lösungsmenge.
a) $x^2 + x = 0{,}75$ b) $3x^2 + 3x = 2{,}25$
c) $4x^2 - 40x = -84$ d) $2{,}5x^2 - 7{,}5x = 25$

4 Bestimme grafisch die Lösungsmenge der Gleichung.
a) $(x - 4)^2 - 4 = 0$ b) $(x + 3)^2 - 1 = 0$

5 Überprüfe mithilfe des Satzes von Viëta, ob die Lösungsmenge richtig angegeben ist.
a) $x^2 + 9x - 22 = 0$ $L = \{2; -11\}$
b) $x^2 - 8x + 15 = 0$ $L = \{-5; -3\}$
c) $x^2 - 5{,}5x - 20 = 0$ $L = \{8; -2{,}5\}$

6 Gib die zur Lösungsmenge gehörende quadratische Gleichung in Normalform an.
a) $L = \{4; 3\}$ b) $L = \{-3; -3\}$ c) $L = \{10; -6\}$

7 Wie heißt die Zahl?
a) Addierst du zum Quadrat einer Zahl die Zahl selbst, so erhältst du 182.
b) Das Produkt aus einer Zahl und ihrem Nachfolger ergibt 306.

8 Der Flächeninhalt eines Rechtecks beträgt 782 cm². Die Länge des Rechtecks ist um 11 cm größer als seine Breite. Berechne die Länge und die Breite des Rechtecks.

9 Von einem Quadrat mit der Seitenlänge a wird eine Seite um 6 cm verlängert, die andere Seite um 3 cm verkürzt. Der Flächeninhalt des so entstandenen Rechtecks beträgt 136 cm². Berechne die Seitenlänge a.

Wiederholung

1 Bestimme den Flächeninhalt der Figur. Entnimm die dafür notwendigen Längen der Zeichnung.

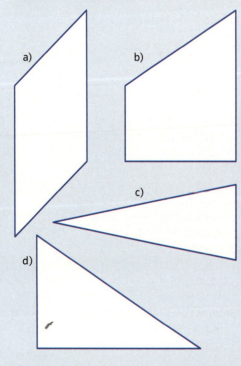

2 Zeichne eine Raute mit den Eckpunkten A(-5|1), B(1|-2), C(7|1) und D(1|4) in ein Koordinatensystem (Einheit 1 cm). Bestimme den Flächeninhalt der Figur.

3 Berechne den Umfang und den Flächeninhalt des Kreises. Runde dein Ergebnis auf zwei Stellen nach dem Komma.
a) r = 4,80 m   b) d = 12,50 m

4 Das rechteckige Grundstück wird wie abgebildet durch einen Weg in zwei Teilflächen zerlegt. Wie viele Quadratmeter Fläche entfallen auf den Weg?

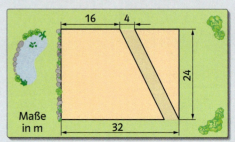

Lernkontrolle 2

1 Bestimme die Lösungsmenge.
a) $2x^2 - 9x + 9 = x^2 - 3x + 16$
b) $5x^2 + 16x + 10 = x^2 + 4x + 17$
c) $(x + 2)(5x + 4) = -6x + 179 + x^2$

2 Bestimme grafisch die Lösungsmenge der Gleichung. Mache die Probe.
a) $x^2 + 2x - 3 = 0$ b) $x^2 - 6x + 8 = 0$

3 Bestimme x_2 und p beziehungsweise q.
a) $x^2 + px - 63 = 0$; $x_1 = 7$
b) $x^2 + 20x + q = 0$; $x_1 = 9$

+ **4** Bestimme zunächst die Definitionsmenge der Bruchgleichung, danach die Lösungsmenge.
a) $2x = 12 - \frac{10}{x}$ b) $0,5x - 0,5 = \frac{24}{x+1}$

5 Die Flugbahn eines Balls wird mit der Gleichung $y = -0,025x^2 + 0,6x + 1,8$ modelliert (x in m, y in m). Bestimme die Entfernung von der Abwurfstelle bis zum Auftreffen des Balls auf den Erdboden.

+ **6** Vergrößerst du in dem Produkt $14 \cdot 18$ jeden Faktor um dieselbe Zahl, so wird der Wert des Produkts 480. Berechne die Zahl mithilfe einer Gleichung.

+ **7** In einem rechtwinkligen Dreieck sind beide Katheten zusammen 94 cm lang. Die Länge der Hypotenuse beträgt 74 cm. Wie lang ist jede Kathete?

+ **8** Von einem Rechteck wird wie abgebildet ein gleich breiter Streifen abgetrennt. Sein Flächeninhalt verringert sich dadurch um 1790 m².

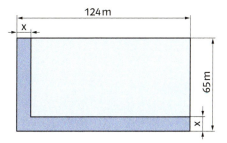

Berechne jeweils die Länge und die Breite des verkleinerten Rechtecks.

Wiederholung

1 Zeichne ein Vieleck mit den angegebenen Eckpunkten in ein Koordinatensystem (Einheit 1 cm).
Berechne den Flächeninhalt der Figur.
a) A(-5|-4), B(0|-4), C(3|-1), D(3|3), E(-2|3), F(-2|-1)
b) A(-5|-3), B(5|-3), C(3|0), D(3|1), E(-3|4), F(-3|0)

2 Ein Quadratmeter des abgebildeten Aluminiumblechs wiegt 13,5 kg. Bestimme die Masse des Blechs in Kilogramm.

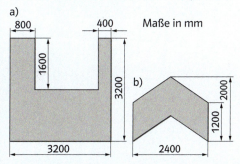
Maße in mm

3 a) Der Umfang eines Kreises beträgt 15 m.
Berechne den Flächeninhalt des Kreises.
b) Der Flächeninhalt eines Kreises beträgt 1257,64 m². Bestimme seinen Umfang.

4 Berechne den Flächeninhalt A_s und die zugehörige Bogenlänge b des Kreisausschnitts mit r = 24 m und $\alpha = 75°$.

5 Aus einem Baumstamm (d = 180 cm) soll ein quadratischer Balken mit der größtmöglichen Querschnittsfläche geschnitten werden. Berechne den Flächeninhalt dieser quadratischen Fläche.

6 Aus einem quadratischen Blechstück (a = 12 cm) soll ein möglichst großer 3 cm breiter Kreisring ausgeschnitten werden. Wie viel Quadratzentimeter Blech bleiben als Verschnitt übrig?

Runde, wenn notwendig, deine Ergebnisse jeweils auf zwei Nachkommastellen.

Von der Entstehung des Schachspiels berichtet eine alte Legende. Der weise Sissa ibn Dahir habe dieses Spiel zur Unterhaltung für einen indischen König erfunden.

Der König war von dem interessanten Spiel so begeistert, dass er dem Erfinder einen Wunsch erfüllen wollte. Sissa ibn Dahir wünschte sich ein Weizenkorn für das erste Feld des Schachbretts, zwei für das zweite, vier für das dritte, acht für das vierte und so weiter, für jedes Feld doppelt so viele Körner wie für das vorige, bis zum 64. Feld.

Der König hielt diesen Wunsch für bescheiden, doch bald musste er einsehen, dass er ihn nicht erfüllen konnte.

3 Potenzen und Potenzfunktionen

Warum ist Sissa ibn Dahirs Wunsch unerfüllbar?

Die Weizenkornlegende

3 20 Weizenkörner wiegen ungefähr ein Gramm, 200 000 Weizenkörner wiegen ein Kilogramm, 20 Millionen Weizenkörner eine Tonne.

1 a) Gib die Anzahl der Körner auf dem ersten (zweiten, dritten, vierten, fünften) Feld des Schachbretts an. Wie kannst du die Anzahl der Körner auf einem Feld des Schachbretts berechnen?
b) Wie viele Körner liegen auf dem zehnten (zwölften, fünfzehnten) Feld des Schachbretts?
c) Auf welchem Feld des Schachbretts liegen 524 288 Körner (16 777 216 Körner)?

a) Wie schwer sind die Weizenkörner, die auf dem 16. Feld (22. Feld) liegen?
b) Auf welchen Schachfeldern wiegen die Körner mehr als 50 Kilogramm (mehr als eine Tonne)?
c) Im Jahr 2008 wurden in allen Ländern der Erde zusammen 690 Millionen Tonnen Weizen geerntet. Das ergibt insgesamt 13 800 000 000 000 000 Weizenkörner.
Vergleiche mit der Anzahl der Weizenkörner auf dem 64. Feld des Schachbretts.

2 a) Der Taschenrechner gibt die Anzahl der Körner auf dem vierzigsten Feld mit $5{,}497558139 \cdot 10^{11}$ an. Erkläre diese Schreibweise.

Auf dem 41. Feld liegen mehr als eine Billion Körner.

b) Überprüfe Lauras Behauptung.
c) Gib die Anzahl der Körner an, die auf dem 64. Feld des Schachbretts liegen müssten.

Auf dem vierten Feld liegt ein Korn mehr als auf den ersten drei Feldern zusammen.

Auf dem sechsten Feld liegt ein Korn mehr als auf den ersten fünf Feldern zusammen.

4 a) Überprüfe Pauls Behauptungen.
b) Wie viele Weizenkörner liegen insgesamt auf den ersten neun (elf, zwanzig) Feldern?
c) Wie viele Weizenkörner liegen auf dem ganzen Schachbrett?

Potenzgesetze

> Ein Produkt aus gleichen Faktoren kann als Potenz geschrieben werden.
>
> Für alle $a \in \mathbb{R}$ und $n \in \mathbb{N}$ $(n > 0)$ gilt:
>
> $\underbrace{a \cdot a \cdot a \cdot \ldots \cdot a}_{n \text{ Faktoren}} = a^n$
>
> a heißt Basis, n heißt Exponent, a^n heißt Potenz.
>
> $5 \cdot 5 \cdot 5 \cdot 5 = 5^4$ (Lies: 5 hoch 4)
>
> $\left(\frac{2}{7}\right) \cdot \left(\frac{2}{7}\right) \cdot \left(\frac{2}{7}\right) = \left(\frac{2}{7}\right)^3$
>
> $p \cdot p \cdot p \cdot p \cdot p = p^5$

1 Fasse gleiche Faktoren zu Potenzen zusammen. Ordne die Variablen alphabetisch.

> $a \cdot b \cdot b \cdot a \cdot a \cdot a \cdot b = a^4 b^3$
> $3 \cdot x \cdot x \cdot 3 \cdot x \cdot x \cdot x = 3^2 \cdot x^5 = 9x^5$

a) $x \cdot y \cdot x \cdot x \cdot y \cdot y \cdot y$
   $u \cdot u \cdot u \cdot v \cdot v \cdot u$
   $q \cdot p \cdot q \cdot q \cdot p \cdot p \cdot p \cdot q \cdot q$

b) $3 \cdot 3 \cdot x \cdot x \cdot x \cdot 3 \cdot x \cdot x \cdot x$
   $r \cdot r \cdot s \cdot 2 \cdot s \cdot 2 \cdot r \cdot s \cdot r \cdot 2$
   $2 \cdot 2 \cdot u \cdot u \cdot u \cdot u \cdot 2 \cdot u$

2 Berechne.

a) 3^5 b) 2^{10} c) 6^3 d) 1^{23}
   2^8 4^3 9^3 23^1
   10^5 3^6 5^4 0^{23}

e) $\left(\frac{1}{4}\right)^3$ f) $\left(\frac{1}{10}\right)^6$ g) $\left(\frac{3}{4}\right)^3$ h) $0{,}2^3$
   $\left(\frac{1}{5}\right)^3$ $\left(\frac{1}{2}\right)^5$ $\left(\frac{2}{5}\right)^4$ $0{,}3^4$
   $\left(\frac{1}{3}\right)^4$ $\left(\frac{1}{7}\right)^2$ $\left(\frac{3}{10}\right)^5$ $0{,}1^5$

> $(-3)^1 = -3$
> $(-3)^2 = (-3) \cdot (-3) = +9$
> $(-3)^3 = (-3) \cdot (-3) \cdot (-3) = -27$
> $(-3)^4 = (-3) \cdot (-3) \cdot (-3) \cdot (-3) = +81$

3 Berechne. Achte auf das Vorzeichen.
a) $(-4)^3$ b) $(-5)^4$ c) $(-9)^2$ d) $(-1)^{12}$
   $(-6)^3$ $(-4)^4$ $(-8)^3$ $(-1)^{11}$

4 In den Beispielen werden zwei Potenzen mit gleicher Basis multipliziert (dividiert).

> $a^3 \cdot a^4 = a \cdot a \cdot a \cdot a \cdot a \cdot a \cdot a = a^{3+4} = a^7$
>
> $\dfrac{b^5}{b^2} = \dfrac{b \cdot b \cdot b \cdot \cancel{b} \cdot \cancel{b}}{\cancel{b} \cdot \cancel{b}} = b^{5-2} = b^3$

a) Erkläre, wie du den Exponenten des Produkts (des Quotienten) bestimmen kannst.
b) Berechne ebenso: $x^4 \cdot x^2$ und $\dfrac{y^6}{y^2}$.

> **Multiplikation und Division von Potenzen**
>
> Für alle $a \in \mathbb{R}$ $(a \neq 0)$ und alle $m, n \in \mathbb{N}$ $(m > n > 0)$ gilt:
>
> $a^m \cdot a^n = a^{m+n}$
>
> $\dfrac{a^m}{a^n} = a^{m-n}$
>
> Potenzen mit gleicher Basis werden multipliziert, indem die Exponenten addiert werden.
>
> Potenzen mit gleicher Basis werden dividiert, indem die Exponenten subtrahiert werden.
>
> Die Basis wird beibehalten.

5 Gib als eine Potenz an.

> $x^5 \cdot x^3 = x^{5+3} = x^8$ $\dfrac{x^5}{x^3} = x^{5-3} = x^2$

a) $x^2 \cdot x^5$ b) $a^2 \cdot a^5 \cdot a^3$ c) $u^7 : u^3$
   $y^5 \cdot y^4$ $b^4 \cdot b^3 \cdot b^7$ $v^4 : v^2$
   $z^6 \cdot z^3$ $c^6 \cdot c^8 \cdot c^2$ $w^9 : w^6$

d) $\dfrac{x^6}{x^2}$ e) $\dfrac{u^{11}}{u^2}$ f) $\dfrac{a^5 \cdot a^4}{a^3}$

   $\dfrac{a^8}{a^5}$ $\dfrac{v^7}{v^4}$ $\dfrac{b^8 \cdot b^6}{b^5}$

   $\dfrac{t^7}{t^3}$ $\dfrac{w^{10}}{w^8}$ $\dfrac{c^{11} \cdot c^4}{c^9}$

g) $\dfrac{a^7}{a^3 \cdot a^2}$ h) $\dfrac{x^3 \cdot x^9}{x^2 \cdot x^4}$ i) $\dfrac{u^{15} \cdot u^2}{u^8 \cdot u^7}$

   $\dfrac{b^{12}}{b^5 \cdot b^3}$ $\dfrac{y^{10} \cdot y^2}{y^3 \cdot y^4}$ $\dfrac{v^9 \cdot v^{12}}{v^5 \cdot v}$

   $\dfrac{c^{10}}{c^7 \cdot c}$ $\dfrac{z^8 \cdot z^{11}}{z^7 \cdot z^{12}}$ $\dfrac{v^{20} \cdot v}{v^{10} \cdot v^{11}}$

Potenzgesetze

6 In den Beispielen wird ein Produkt (ein Bruch) potenziert.

$$(a \cdot b)^4 = (a \cdot b) \cdot (a \cdot b) \cdot (a \cdot b) \cdot (a \cdot b)$$
$$= a \cdot b \cdot a \cdot b \cdot a \cdot b \cdot a \cdot b$$
$$= a \cdot a \cdot a \cdot a \cdot b \cdot b \cdot b \cdot b$$
$$= a^4 \cdot b^4$$

$$\left(\frac{a}{b}\right)^6 = \frac{a}{b} \cdot \frac{a}{b} \cdot \frac{a}{b} \cdot \frac{a}{b} \cdot \frac{a}{b} \cdot \frac{a}{b}$$
$$= \frac{a \cdot a \cdot a \cdot a \cdot a \cdot a}{b \cdot b \cdot b \cdot b \cdot b \cdot b}$$
$$= \frac{a^6}{b^6}$$

a) Erkläre jeweils die Umformung.
b) Forme ebenso um: $(x \cdot y)^4$ und $\left(\frac{x}{y}\right)^5$

Potenzieren von Produkten und Quotienten

Für alle $a, b \in \mathbb{R}$ ($b \neq 0$) und alle $n \in \mathbb{N}$ ($n > 0$) gilt:

$(a \cdot b)^n = a^n \cdot b^n$

$\left(\frac{a}{b}\right)^n = \frac{a^n}{b^n}$

Ein Produkt wird mit einer natürlichen Zahl potenziert, indem jeder Faktor mit der natürlichen Zahl potenziert wird.

Ein Bruch wird mit einer natürlichen Zahl potenziert, indem Zähler und Nenner mit der natürlichen Zahl

---

7 Gib ohne Klammern an.

$(xy)^4 = x^4 \cdot y^4$

$\left(\frac{x}{3}\right)^4 = \frac{x^4}{3^4} = \frac{x^4}{81}$

$(2a)^3 = 2^3 \cdot a^3 = 8a^3$

a) $(xy)^4$ b) $(abc)^3$ c) $(3a)^3$
   $(uv)^6$ $(rst)^8$ $(2b)^5$
   $(pq)^9$ $(xyz)^5$ $(5t)^7$

d) $\left(\frac{x}{y}\right)^9$ e) $\left(\frac{x}{2}\right)^4$ f) $\left(\frac{a \cdot b}{c}\right)^7$

$\left(\frac{r}{s}\right)^{11}$ $\left(\frac{z}{3}\right)^3$ $\left(\frac{2v}{w}\right)^3$

$\left(\frac{d}{e}\right)^4$ $\left(\frac{5}{t}\right)^2$ $\left(\frac{p}{2q}\right)^4$

---

8 In dem Beispiel wird die Potenz a^5 mit dem Exponenten 3 potenziert.

$(a^5)^3$
$= (a^5) \cdot (a^5) \cdot (a^5)$
$= a^5 \cdot a^5 \cdot a^5$
$= a^{5+5+5}$
$= a^{15}$

$(a^5)^3$
$= (a \cdot a \cdot a \cdot a \cdot a)^3$
$= a^3 \cdot a^3 \cdot a^3 \cdot a^3 \cdot a^3$
$= a^{3+3+3+3+3}$
$= a^{15}$

a) Erkläre die beiden Umformungen. Welches Potenzgesetz wird jeweils benutzt?
b) Berechne $(x^4)^3$.
c) Wie kannst du den Exponenten im Ergebnis ohne Umformung bestimmen?

Potenzieren von Potenzen

Für alle $a \in \mathbb{R}$ und alle $m, n \in \mathbb{N}$ ($m, n > 0$) gilt:

$(a^m)^n = a^{m \cdot n}$

Eine Potenz wird potenziert, indem die Exponenten multipliziert werden. Die Basis wird beibehalten.

---

9 Gib ohne Klammern an.

$(a^5)^4 = a^{5 \cdot 4} = a^{20}$

$\left(\frac{a^4}{b^2}\right)^3 = \frac{a^{4 \cdot 3}}{b^{2 \cdot 3}} = \frac{a^{12}}{b^6}$

a) $(x^3)^4$ b) $(r^m)^n$ c) $(a^5)^k$
   $(y^2)^5$ $(s^u)^v$ $(b^3)^m$
   $(z^7)^9$ $(t^r)^s$ $(c^n)^2$

d) $\left(\frac{a^4}{b^3}\right)^2$ e) $\left(\frac{u^7}{v^3}\right)^8$ f) $\left(\frac{a^n}{b^m}\right)^k$

$\left(\frac{c^5}{d^2}\right)^6$ $\left(\frac{r^9}{s^4}\right)^3$ $\left(\frac{u^p}{v^q}\right)^n$

$\left(\frac{p^4}{q^2}\right)^2$ $\left(\frac{x^4}{y^3}\right)^7$ $\left(\frac{s^k}{t^r}\right)^m$

---

10 Forme wie im Beispiel um.

$(5a^4)^3 = 5^3 \cdot a^{12} = 125a^{12}$

a) $(3x^2)^3$ b) $(11y^3)^2$ c) $(10a^4)^5$
   $(2z^3)^5$ $(4u^5)^3$ $(6b^2)^3$

d) $(7w^4)^2$ e) $(2v^8)^6$ f) $(7c^5)^2$
   $(5p^4)^4$ $(3u^5)^4$ $(2r^7)^5$

Potenzen mit ganzzahligen Exponenten

1 Im Beispiel wird der Term $\frac{a^5}{a^7}$ auf zwei verschiedene Arten vereinfacht.

$$\frac{a^5}{a^7} = \frac{\cancel{a} \cdot \cancel{a} \cdot \cancel{a} \cdot \cancel{a} \cdot \cancel{a}}{\cancel{a} \cdot \cancel{a} \cdot \cancel{a} \cdot \cancel{a} \cdot \cancel{a} \cdot a \cdot a} = \frac{1}{a \cdot a} = \frac{1}{a^2}$$

$$\frac{a^5}{a^7} = a^{5-7} = a^{-2}$$

a) Erläutere anhand des Beispiels, warum es sinnvoll ist zu vereinbaren:

$$a^{-2} = \frac{1}{a^2}$$

b) Forme den Term $\frac{b^3}{b^5}$ $\left(\frac{x}{x^4}\right)$ auf zwei verschiedene Arten um.

2 Im Beispiel wird der Term $\frac{a^4}{a^4}$ auf zwei verschiedene Arten vereinfacht.

$$\frac{a^4}{a^4} = \frac{a \cdot a \cdot a \cdot a}{a \cdot a \cdot a \cdot a} = \frac{1}{1} = 1$$

$$\frac{a^4}{a^4} = a^{4-4} = a^0$$

a) Erläutere anhand des Beispiels, warum es sinnvoll ist zu vereinbaren:

$$a^0 = 1$$

b) Forme den Term $\frac{b^5}{b^5}$ auf zwei verschiedene Arten um.

Für alle $a \in \mathbb{R}$ ($a \neq 0$) und alle $n \in \mathbb{N}$ gilt:

$$a^{-n} = \frac{1}{a^n} \qquad a^0 = 1$$

3 Gib die Brüche als Potenzen mit negativen Exponenten an.

$$\frac{1}{a^5} = a^{-5} \qquad \frac{1}{25} = \frac{1}{5^2} = 5^{-2}$$

a) $\frac{1}{b^3}$ b) $\frac{1}{c^9}$ c) $\frac{1}{7^2}$ d) $\frac{1}{5^4}$

$\frac{1}{y^7}$ $\frac{1}{d^{11}}$ $\frac{1}{6^3}$ $\frac{1}{10^7}$

e) $\frac{1}{x}$ f) $\frac{1}{11}$ g) $\frac{1}{100}$ h) $\frac{1}{25}$

$\frac{1}{z}$ $\frac{1}{41}$ $\frac{1}{1000}$ $\frac{1}{36}$

4 Schreibe als Bruch und berechne.

$$6^{-2} = \frac{1}{6^2} = \frac{1}{36}$$

a) 7^{-2} b) 4^{-3} c) 2^{-8} d) 19^{-1}
12^{-2} 2^{-3} 4^{-5} 71^{-1}
4^{-3} 6^{-3} 10^{-6} 1^{-11}
8^{-3} 5^{-4} 3^{-6} 1^{-20}

Für Potenzen mit negativen Zahlen als Exponenten ...

... gelten dieselben Gesetze ...

wie für Potenzen mit natürlichen Zahlen als Exponenten.

5 Gib als Potenz an. Beachte die Rechenregeln für negative Zahlen.

$$a^{-4} \cdot a^{-5} = a^{(-4)+(-5)} = a^{-4-5} = a^{-9}$$

$$b^{-5} : b^{-7} = b^{(-5)-(-7)} = b^{-5+7} = b^2$$

$$(c^{-6})^{-2} = c^{(-6) \cdot (-2)} = c^{12}$$

a) $x^{-7} \cdot x^{-3}$ b) $u^4 \cdot u^{-8}$ c) $a^{-11} \cdot a^9$
$y^{-8} \cdot y^{-19}$ $v^9 \cdot v^{-5}$ $b^{-4} \cdot b^{-7}$
$z^9 \cdot z^{-4}$ $w^{-8} \cdot w^3$ $c^{-1} \cdot c^{-9}$

d) $r^5 : r^{-3}$ e) $p^{-4} : p^{-8}$ f) $a^{-7} \cdot a^9$
$s^{-3} : s^{-8}$ $q^{-6} : q^{-6}$ $k^{-11} : k^2$
$t^{-2} : t^7$ $z^4 : z^{-11}$ $e^{-1} : e^{-3}$

g) $(x^5)^{-3}$ h) $(a^{-4})^{-5}$ i) $(u^{-7})^9$
$(y^{-3})^{-9}$ $(b^{-4})^{-4}$ $(v^{-10})^2$
$(z^{-2})^4$ $(c^3)^{-11}$ $(w^{-1})^{-1}$

6 Vereinfache den Term.

$$\frac{x^3 \cdot x^{-5}}{x^{-4}} = \frac{x^{3-5}}{x^{-4}} = \frac{x^{-2}}{x^{-4}} = x^{-2-(-4)} = x^{-2+4} = x^2$$

a) $\frac{x^{-5}}{x^{-2}}$ b) $\frac{a^7 \cdot a^{-2}}{a^{-6}}$ c) $\frac{u^{-9}}{u^4 \cdot u^{-1}}$

$\frac{y^6}{y^{-5}}$ $\frac{b^{-1} \cdot b^{-3}}{b^{-2}}$ $\frac{v^5}{v^{-7} \cdot v^{-5}}$

$\frac{z^4}{z^{-8}}$ $\frac{c^{11} \cdot c^{-4}}{c^{-7}}$ $\frac{w^3}{w^2 \cdot w^{-2}}$

Potenzen der Form $a^{\frac{1}{n}}$

Ich muss die dritte Wurzel ziehen.

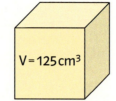
$V = 125\,cm^3$

1 a) Bestimme die Kantenlänge des abgebildeten Würfels. Erläutere, wie du die Maßzahl bestimmst hast.
b) Das Volumen eines Würfels beträgt 216 cm³ (64 cm³, 27 000 cm³, 1 m³, 0,125 cm³). Gib die Kantenlänge an.

Die dritte Wurzel aus 64 ist die positive Zahl, die als dritte Potenz 64 ergibt.

$\sqrt[3]{64} = 4$, denn $4^3 = 4 \cdot 4 \cdot 4 = 64$

Lies: Dritte Wurzel aus 64 ist gleich 4.

Die vierte Wurzel aus 625 ist die positive Zahl, die als vierte Potenz 625 ergibt.

$\sqrt[4]{625} = 5$, denn $5^4 = 5 \cdot 5 \cdot 5 \cdot 5 = 625$

Lies: Vierte Wurzel aus 625 ist gleich 5.

Das Wurzelziehen heißt auch Radizieren.

2 Berechne die Wurzeln.

a) $\sqrt[3]{27}$ b) $\sqrt[3]{512}$ c) $\sqrt[4]{16}$
   $\sqrt[3]{125}$ $\sqrt[3]{1000}$ $\sqrt[4]{81}$
   $\sqrt[3]{343}$ $\sqrt[3]{8000}$ $\sqrt[4]{256}$

d) $\sqrt[5]{32}$ e) $\sqrt[4]{10\,000}$ f) $\sqrt[7]{1}$
   $\sqrt[5]{1024}$ $\sqrt[5]{100\,000}$ $\sqrt[9]{1}$
   $\sqrt[6]{729}$ $\sqrt[6]{1\,000\,000}$ $\sqrt[11]{1}$

g) $\sqrt[3]{1331}$ h) $\sqrt[3]{0{,}125}$ i) $\sqrt[2]{64}$
   $\sqrt[4]{1296}$ $\sqrt[4]{0{,}0625}$ $\sqrt[3]{64}$
   $\sqrt[5]{4096}$ $\sqrt[5]{0{,}00001}$ $\sqrt[6]{64}$

---

3 a) Potenziere 5 (7, 10) mit 3 und ziehe aus dem Ergebnis die dritte Wurzel.
b) Ziehe die dritte Wurzel aus 216 (27, 8000) und potenziere das Ergebnis mit 3.

4 a) Potenziere 3 (4, 10) mit 5 und ziehe aus dem Ergebnis die fünfte Wurzel.
b) Ziehe die fünfte Wurzel aus 32 (7776, 3125) und potenziere das Ergebnis mit 5.

Das Radizieren ist die Umkehrung des Potenzierens ...

... und das Potenzieren ist die Umkehrung des Radizierens.

5 Bestimme mit dem Taschenrechner Näherungswerte für die Wurzeln. Runde auf zwei Stellen nach dem Komma.

$\sqrt[4]{500} = \square$

Tastenfolge: 4 $\sqrt{}$ 500 =

Anzeige: 4.728708045

$\sqrt[4]{500} \approx 4{,}73$

a) $\sqrt[4]{867}$ b) $\sqrt[6]{2145}$ c) $\sqrt[8]{19\,345}$
   $\sqrt[5]{891}$ $\sqrt[7]{4599}$ $\sqrt[9]{15\,000}$

$\sqrt[n]{a}$ ist die nichtnegative Zahl, die mit n potenziert a ergibt.

a heißt Radikand, n heißt Wurzelexponent.
($a \in \mathbb{R}, a \geq 0, n \in \mathbb{N}\ \ n > 1$)

Aus negativen Zahlen ziehen wir keine Wurzel.

Das Wurzelziehen ist die Umkehrung des Potenzierens.

$\sqrt[n]{a^n} = a$ $\qquad$ $(\sqrt[n]{a})^n = a$

Potenzen der Form $a^{\frac{1}{n}}$

6 a) In den Beispielen wird das Potenzgesetz $a^m \cdot a^n = a^{m+n}$ auf Potenzen angewendet, deren Exponenten Brüche sind.

$(9^{\frac{1}{2}})^2 = 9^{\frac{1}{2}} \cdot 9^{\frac{1}{2}} = 9^{\frac{1}{2}+\frac{1}{2}} = 9^1 = 9$

$(\sqrt{9})^2 = \sqrt{9} \cdot \sqrt{9} = 3 \cdot 3 = 9$

$(8^{\frac{1}{3}})^3 = 8^{\frac{1}{3}} \cdot 8^{\frac{1}{3}} \cdot 8^{\frac{1}{3}} = 8^{\frac{1}{3}+\frac{1}{3}+\frac{1}{3}} = 8^1 = 8$

$(\sqrt[3]{8})^3 = \sqrt[3]{8} \cdot \sqrt[3]{8} \cdot \sqrt[3]{8} = 2 \cdot 2 \cdot 2 = 8$

Die Beispiele zeigen, dass es sinnvoll ist zu vereinbaren:
$9^{\frac{1}{2}} = \sqrt{9}$ und $8^{\frac{1}{3}} = \sqrt[3]{8}$
Zeige ebenso: $16^{\frac{1}{4}} = \sqrt[4]{16}$

b) Im Beispiel wird das Potenzgesetz $(a^m)^n = a^{m \cdot n}$ auf die Potenz $64^{\frac{1}{3}}$ angewendet.

$(64^{\frac{1}{3}})^3 = 64^{\frac{1}{3} \cdot 3} = 64^1 = 64$

$(\sqrt[3]{64})^3 = \sqrt[3]{64} \cdot \sqrt[3]{64} \cdot \sqrt[3]{64} = 4 \cdot 4 \cdot 4 = 64$

Begründe mithilfe des Beispiels, dass die Vereinbarung $64^{\frac{1}{3}} = \sqrt[3]{64}$ sinnvoll ist.
Zeige ebenso: $125^{\frac{1}{3}} = \sqrt[3]{125}$

Für alle $a \in \mathbb{R}$ ($a \geq 0$) und alle $n \in \mathbb{N}$ ($n > 1$) gilt: $a^{\frac{1}{n}} = \sqrt[n]{a}$

7 Gib als Potenz mit einem Bruch als Exponenten an.

$\sqrt[3]{a} = a^{\frac{1}{3}}$ $\sqrt[k]{p} = p^{\frac{1}{k}}$

a) $\sqrt[4]{b}$ b) $\sqrt[7]{u}$ c) $\sqrt[n]{r}$ d) $\sqrt[k]{7}$
$\sqrt[5]{w}$ $\sqrt[3]{y}$ $\sqrt[r]{n}$ $\sqrt[n]{2}$

8 Schreibe als Wurzel und berechne.

$49^{\frac{1}{2}} = \sqrt{49} = 7$ $64^{\frac{1}{3}} = \sqrt[3]{64} = 4$

a) $25^{\frac{1}{2}}$ b) $27^{\frac{1}{3}}$ c) $32^{\frac{1}{5}}$ d) $1{,}69^{\frac{1}{2}}$
$144^{\frac{1}{2}}$ $216^{\frac{1}{3}}$ $625^{\frac{1}{4}}$ $0{,}001^{\frac{1}{3}}$
$225^{\frac{1}{2}}$ $512^{\frac{1}{3}}$ $64^{\frac{1}{6}}$ $0{,}008^{\frac{1}{3}}$
$36^{\frac{1}{2}}$ $81^{\frac{1}{4}}$ $256^{\frac{1}{4}}$ $0{,}0001^{\frac{1}{4}}$

9 Erläutere, wie mithilfe der Potenzgesetze Regeln für das Rechnen mit Wurzeln hergeleitet werden.

$\sqrt[n]{a} \cdot \sqrt[n]{b} = a^{\frac{1}{n}} \cdot b^{\frac{1}{n}} = (a \cdot b)^{\frac{1}{n}} = \sqrt[n]{a \cdot b}$

$\sqrt[n]{a} \cdot \sqrt[n]{b} = \sqrt[n]{a \cdot b}$

$\dfrac{\sqrt[n]{a}}{\sqrt[n]{b}} = \dfrac{a^{\frac{1}{n}}}{b^{\frac{1}{n}}} = \left(\dfrac{a}{b}\right)^{\frac{1}{n}} = \sqrt[n]{\dfrac{a}{b}}$

$\dfrac{\sqrt[n]{a}}{\sqrt[n]{b}} = \sqrt[n]{\dfrac{a}{b}}$

$\sqrt[m]{\sqrt[n]{a}} = (a^{\frac{1}{n}})^{\frac{1}{m}} = a^{\frac{1}{n \cdot m}} = \sqrt[n \cdot m]{a}$

$\sqrt[m]{\sqrt[n]{a}} = \sqrt[n \cdot m]{a}$

10 Fasse zu einer Wurzel zusammen und berechne.

$\sqrt[3]{2} \cdot \sqrt[3]{108} = \sqrt[3]{2 \cdot 108} = \sqrt[3]{216} = 6$

$\sqrt[5]{192} : \sqrt[5]{6} = \sqrt[5]{192 : 6} = \sqrt[5]{32} = 2$

$\sqrt[3]{\sqrt{729}} = \sqrt[3]{27} = 3$

a) $\sqrt[3]{5} \cdot \sqrt[3]{25}$ b) $\sqrt[5]{160} : \sqrt[5]{5}$ c) $\sqrt{\sqrt[3]{64}}$
$\sqrt[3]{4} \cdot \sqrt[3]{250}$ $\sqrt[4]{192} : \sqrt[4]{3}$ $\sqrt{\sqrt[3]{81}}$
$\sqrt[3]{12} \cdot \sqrt[3]{18}$ $\sqrt[4]{405} : \sqrt[4]{5}$ $\sqrt[5]{\sqrt{1}}$

d) $\sqrt[4]{200} \cdot \sqrt[4]{50}$ e) $\sqrt[7]{32\,000} \cdot \sqrt[7]{40\,000}$
$\sqrt[5]{400} \cdot \sqrt[5]{250}$ $\sqrt[5]{12\,800} \cdot \sqrt[5]{8000}$
$\sqrt[7]{6400} : \sqrt[7]{50}$ $\sqrt[6]{364\,500} : \sqrt[6]{500}$

11 Ziehe aus den Brüchen die Wurzel.

$\sqrt[3]{\dfrac{27}{512}} = \dfrac{\sqrt[3]{27}}{\sqrt[3]{512}} = \dfrac{3}{8}$

a) $\sqrt[3]{\dfrac{1}{216}}$ b) $\sqrt[4]{\dfrac{16}{81}}$ c) $\sqrt[5]{\dfrac{32}{2435}}$ d) $\sqrt[4]{\dfrac{256}{625}}$

Das Produkt oder den Quotienten von zwei Wurzeln mit gleichen Wurzelexponenten kannst du zu einer Wurzel zusammenfassen.

Steht unter der Wurzel ein Bruch, so kannst du aus Zähler und Nenner die Wurzel ziehen und dann dividieren.

Potenzfunktionen untersuchen

1 f: $f(x) = x^2$ g: $g(x) = x^4$
   h: $h(x) = x^6$ k: $k(x) = x^8$

2 f: $f(x) = x^3$ g: $g(x) = x^5$
   h: $h(x) = x^7$ k: $k(x) = x^9$

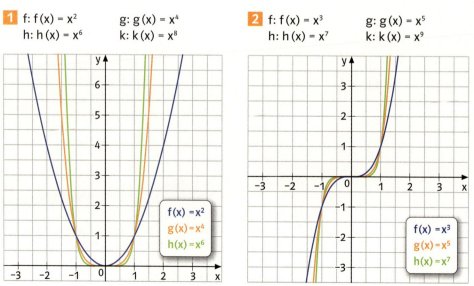

Potenzfunktionen untersuchen

3 f: $f(x) = x^{-2}$ g: $g(x) = x^{-4}$
h: $h(x) = x^{-6}$ k: $k(x) = x^{-8}$

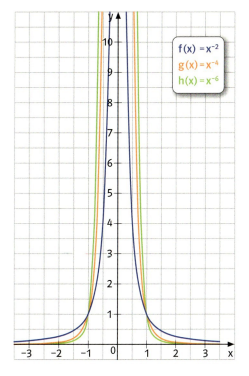

4 f: $f(x) = x^{-1}$ g: $g(x) = x^{-3}$
h: $h(x) = x^{-5}$ k: $k(x) = x^{-7}$

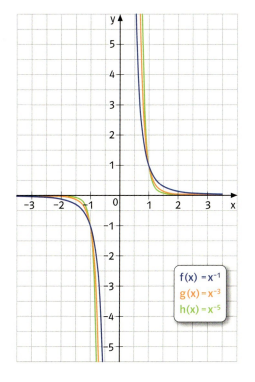

5 a) Für welche Exponenten n ist der Graph der Potenzfunktion $f(x) = x^n$ symmetrisch zur y-Achse (zum Ursprung des Koordinatensystems)?
b) Für welche n verläuft er durch den Punkt P (1 | 1), (Q (–1 | –1), (S (0 | 0)?
c) Für welche n steigt der Graph (fällt der Graph) für alle $x \in \mathbb{R}$?

6 a) Vervollständige die Wertetabelle für die Funktion f mit der Gleichung $f(x) = x^4$.

x	1,5	1	0,5	0,2	0,1
y					

b) Zeichne ein Koordinatensystem auf Karopapier. Wähle als Einheit auf beiden Achsen ein Zentimeter.
Erläutere, warum du einige Wertepaare nicht als Punkte in das Koordinatensystem eintragen kannst.

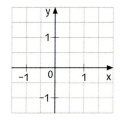

c) Zeichne den Graphen von f mithilfe eines Funktionenplotters. Wähle auf beiden Achsen dieselbe Skalierung. Beschreibe den Verlauf des Graphen in der Umgebung des Koordinatenursprungs.

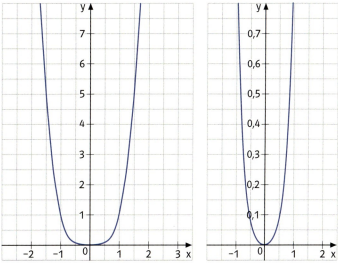

d) Verändere die Skalierung der Achsen. Dabei soll eine Einheit auf der x-Achse 0,1 Einheiten (0,01 Einheiten) auf der y-Achse entsprechen. Beschreibe den Verlauf des Graphen in der Umgebung des Koordinatenursprungs.

Grundwissen: Potenzen

Ein Produkt aus gleichen Faktoren kann als Potenz geschrieben werden.

Für alle $a \in \mathbb{R}$ und $n \in \mathbb{N}$ $(n > 0)$ gilt:

$\underbrace{a \cdot a \cdot a \cdot \ldots \cdot a}_{n \text{ Faktoren}} = a^n$

a heißt Basis, n heißt Exponent, a^n heißt Potenz.

$5 \cdot 5 \cdot 5 \cdot 5 \cdot 5 \cdot 5 \cdot 5 = 5^7$

$\left(\frac{3}{7}\right) \cdot \left(\frac{3}{7}\right) \cdot \left(\frac{3}{7}\right) \cdot \left(\frac{3}{7}\right) = \left(\frac{3}{7}\right)^4$

$x \cdot x \cdot x \cdot x \cdot x \cdot x \cdot x \cdot x = x^8$

Für alle $a \in \mathbb{R}$ gilt:

$a^0 = 1 \qquad a^1 = a$

$23^0 = 1 \qquad 23^1 = 23$

$p^0 = 1 \qquad p^1 = p$

Für alle $a \in \mathbb{R}$ $(a \neq 0)$ und $n \in \mathbb{N}$ gilt:

$a^{-n} = \frac{1}{a^n} = \frac{1}{\underbrace{a \cdot a \cdot \ldots \cdot a}_{n \text{ Faktoren}}}$

$6^{-3} = \frac{1}{6^3} = \frac{1}{216}$

$a^{-4} = \frac{1}{a^4}$

Für alle $a \in \mathbb{R}$ $(a \geq 0)$, $n \in \mathbb{N}$, $(n > 1)$ ist $\sqrt[n]{a}$ die nichtnegative Zahl, die mit n potenziert a ergibt.

a heißt Radikand, n heißt Wurzelexponent.

Aus negativen Zahlen ziehen wir keine Wurzel.

$\sqrt[3]{125} = 5$, denn $5^3 = 125$

$\sqrt[4]{81} = 3$, denn $3^4 = 81$

$\sqrt[5]{32} = 2$, denn $2^5 = 32$

Für alle $a \in \mathbb{R}$ $(a \geq 0)$ und $n \in \mathbb{N}$ $(n > 1)$ gilt: $a^{\frac{1}{n}} = \sqrt[n]{a}$

$8^{\frac{1}{3}} = \sqrt[3]{8} = 2$

$a^{\frac{1}{5}} = \sqrt[5]{a}$

Für alle $a, b \in \mathbb{R}$ $(a \geq 0, b > 0)$, $m, n \in \mathbb{Z}$ gilt:

$a^m \cdot a^n = a^{m+n}$

$\frac{a^m}{a^n} = a^{m-n}$

$(a \cdot b)^n = a^n \cdot b^n$

$\left(\frac{a}{b}\right)^n = \frac{a^n}{b^n}$

$(a^m)^n = a^{m \cdot n}$

$x^5 \cdot x^7 = x^{5+7} = x^{12}$

$\frac{y^9}{y^6} = y^{9-6} = y^3$

$(u \cdot v)^7 = u^7 \cdot v^7$

$\left(\frac{r}{s}\right)^4 = \frac{r^4}{s^4}$

$(z^3)^{-5} = z^{3 \cdot (-5)} = z^{-15}$

Grundwissen: Potenzfunktionen

f: **f(x) = x^n**   (n ∈ ℕ, n > 0, n **gerade**)

Die Definitionsmenge ist ℝ.

Der Graph ist symmetrisch zur y-Achse.

Er verläuft durch P(1|1), Q(-1|1), S(0|0).

S ist der Scheitelpunkt.

Für x ≤ 0 fällt der Graph, für x ≥ 0 steigt er.
Die Wertemenge ist ℝ$_+$.

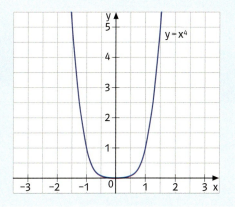

f: **f(x) = x^n**   (n ∈ ℕ, n > 0, n **ungerade**)

Die Definitionsmenge ist ℝ.

Der Graph ist symmetrisch zum Ursprung des Koordinatensystems.

Er verläuft durch P(1|1), Q(-1|-1), S(0|0).

Der Graph steigt für alle x ∈ ℝ.
Die Wertemenge ist ℝ.

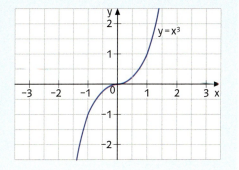

f: **f(x) = x^{-n}**   (n ∈ ℕ, n > 0, n **gerade**)

Die Definitionsmenge ist ℝ \ {0}.

Der Graph ist symmetrisch zur y-Achse.

Er verläuft durch P(1|1) und Q(-1|1).

Für x < 0 steigt der Graph, für x > 0 fällt er.

Die Wertemenge ist die Menge aller positiven reellen Zahlen.

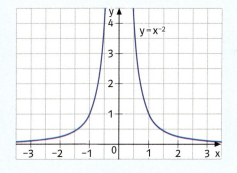

f: **f(x) = x^{-n}**   (n ∈ ℕ, n > 0, n **ungerade**)

Die Definitionsmenge ist ℝ \ {0}.

Der Graph ist punktsymmetrisch zum Ursprung des Koordinatensystems.

Er verläuft durch P(1|1) und Q(-1|-1).
Der Graph fällt für alle x ∈ ℝ.

Die Wertemenge ist ℝ \ {0}.

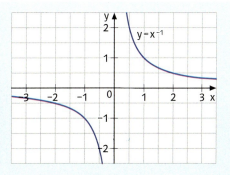

Üben und Vertiefen

1 Vereinfache zunächst den Term mithilfe eines Potenzgesetzes. Bestimme dann den Wert der Potenz ohne Taschenrechner.

$$8^7 : 8^5 = 8^2 = 64$$

$$2^8 \cdot 5^8 = (2 \cdot 5)^8 = 10^8 = 100\,000\,000$$

$$30^3 : 6^3 = (30 : 6)^3 = 5^3 = 125$$

a) $23^7 : 23^6$
   $9^6 : 9^4$

b) $1^6 \cdot 1^3 \cdot 1^4 \cdot 1^2$
   $10^2 \cdot 10^4 \cdot 10^3$

c) $5^5 \cdot 2^5$
   $2^2 \cdot 50^2$

d) $0,5^7 \cdot 2^7$
   $0,25^6 \cdot 4^6$

e) $(-7)^8 : (-7)^6$
   $(-11)^9 : (-11)^8$

f) $(-1)^4 \cdot (-1)^{12}$
   $(-1)^7 \cdot (-1)^2$

g) $1,25^3 \cdot 4^3$
   $1,5^3 \cdot 2^3$

h) $0,2^8 \cdot 5^8$
   $2,5^4 \cdot 4^4$

i) $6^{12} : 6^9$
   $15^8 : 15^6$

k) $(-2)^9 : (-2)^5$
   $(-3)^8 : (-3)^5$

l) $14^5 : 7^5$
   $92^2 : 23^2$

m) $50^4 : 5^4$
   $120^4 : 40^4$

2 Schreibe mit einem einzigen Exponenten.

$$(a^7 : a^3)^3 = (a^4)^3 = a^{12}$$

$$(a^2 \cdot b^2 \cdot c^2)^3 = a^6 \cdot b^6 \cdot c^6 = (a \cdot b \cdot c)^6$$

a) $(x^5 \cdot x^2)^3$
   $(y^5 \cdot y^6)^2$

b) $(p^6 \cdot p^3)^3$
   $(q^2 \cdot q^{11})^4$

c) $(p^5 \cdot q^5)^2$
   $(x^2 \cdot y^2)^5$

d) $(a^4 \cdot b^4)^3$
   $(r^5 \cdot s^5)^2$

e) $(a^8 \cdot b^8 \cdot c^8)^2$
   $(r^5 \cdot s^5 \cdot t^5)^5$

f) $(v^9 : w^9)^4$
   $(s^{11} : t^{11})^3$

g) $\left(\dfrac{a^4 \cdot a^5}{a^2}\right)^2$
   $\left(\dfrac{b^7 \cdot b^4}{b^2}\right)^4$

h) $\left(\dfrac{x^2 \cdot x^5}{x^3}\right)^3$
   $\left(\dfrac{y^5 \cdot y^8}{y^9}\right)^5$

i) $\left(\dfrac{r^4 \cdot s^4}{t^4}\right)^2$
   $\left(\dfrac{u^3 \cdot v^3}{w^3}\right)^5$

k) $\left(\dfrac{a^7 \cdot b^7}{c^7}\right)^2$
   $\left(\dfrac{k^4 \cdot l^4}{m^4}\right)^4$

Summen und Differenzen von Potenzen mit gleicher Basis und gleichem Exponenten kannst du zusammenfassen.

$9a^3 + 5a^3 + a^3 - 3a^3$
$= (9 + 5 + 1 - 3)\, a^3$
$= 12a^3$

$4a^4 - 7b^5 + 5a^4 + 2b^5$
$= 4a^4 + 5a^4 - 7b^5 + 2b^5$
$= (4 + 5)\, a^4 + (-7 + 2)\, b^5$
$= 9a^4 - 5b^5$

3 Fasse zusammen.

a) $7x^3 + 2x^3$
   $11y^4 - 5y^4$
   $12t^5 + 6t^5$

b) $15p^4 - 7p^3$
   $8a^{11} + 5a^{11}$
   $7w^3 - 9w^3$

c) $3w^4 + 5w^4 - 7w^4 + 11w^4 - 8w^4$
   $17u^2 - 4u^2 - 7u^2 - u^2 + 11u^2 + 3u^2$
   $r^7 + 8r^7 - 3r^7 - 2r^7 - r^7 + 9r^7 + 2r^7$

d) $5p^3 + 7q^5 + 3q^5 - 5p^3 - p^3 + 7q^5$
   $u^4 + 9v^8 - 4v^8 + 11u^4 - 5u^4 - 2u^4 + v^8$
   $3s^2 + 6t^7 + 9s^2 - 5t^7 - t^7 + 2s^2 - 5s^2 - t^7$

e) $5a^4 + 7a^9 - 5a^9 - 3a^4 + a^4 - a^9 + 8a^9$
   $x^3 + 9y^3 + 2z^3 - 3y^3 + 4x^3 + 6z^3 - y^3$
   $3t^2 - 7t^3 + 2t^7 - 5t^7 + 3r^2 + 4t^3 - t^7 - 2t^3$

4 Multipliziere die Klammern aus.

$$5a^3(3a^2 - 7b^2) = 15a^5 - 35a^3b^2$$

a) $3a^4(a^2 - b^3)$
   $2a^5(a^3 - b^4)$
   $6u^2(v^3 + u^3)$

b) $8t^3(2r^2 - 3t^3)$
   $2r^2(5s^5 - 2r^4)$
   $5w^6(3v^5 + 4w^3)$

5 Vereinfache den Term mithilfe der binomischen Formeln.

$(a^3 + b^5)^2$
$= (a^3)^2 + 2a^3b^5 + (b^5)^2$
$= a^6 + 2a^3b^5 + b^{10}$

$(a^2 + b^2)(a^2 - b^4)$
$= (a^2)^2 - (b^4)^2$
$= a^4 - b^8$

a) $(a^3 + b^4)^2$
   $(r^2 + s^5)^2$
   $(x + y^4)^2$

b) $(a^3 + b^5)(a^3 - b^5)$
   $(p^4 - q)(p^4 + q)$
   $(t^7 + t^3)(t^7 - t^3)$

Üben und Vertiefen

6 Vereinfache zunächst mithilfe der Potenzgesetze und berechne dann den Wert der Potenz ohne Taschenrechner.
a) $19^5 : 19^4$ b) $2^3 \cdot 5^3$ c) $16^7 : 8^7$
   $11^7 : 11^5$ $25^4 \cdot 4^4$ $20^3 : 5^3$
   $2^{15} : 2^{11}$ $4^3 \cdot 50^3$ $60^4 : 6^4$

d) $8^5 \cdot 8^{-4}$ e) $15^{-2} : 15^{-4}$ f) $1^{10} \cdot 1^{11}$
   $5^9 \cdot 5^{-6}$ $11^{-6} : 11^{-7}$ $(-1)^4 \cdot (-1)^3$
   $2^8 \cdot 2^{-7}$ $2^{-4} : 2^{-3}$ $(-1)^6 \cdot (-1)^8$

g) $2^{-5} \cdot 5^{-5}$ h) $6^{-2} : 3^{-2}$ i) $1^{-1} : 1^{-6}$
   $0{,}5^{-6} \cdot 2^{-6}$ $7^{-3} : 21^{-3}$ $10^{-2} : 10^{-5}$
   $0{,}25^{-3} \cdot 4^{-3}$ $4^{-4} : 40^{-4}$ $1^{-1} : (-1)^{-1}$

7 Berechne und vergleiche.
a) 4^3 -3^4 3^{-4} -4^3 $(-3)^4$ $(-3)^{-4}$
   $(-4)^3$ 4^{-3} $(-4)^{-3}$ -3^{-4} -4^{-3} 3^4

b) 5^{-2} -5^2 5^2 $(-5)^2$ 2^{-5} $(-2)^{-5}$
   -5^{-2} -2^5 2^5 -2^5 $(-2)^{-5}$ $(-2)^5$

8 Schreibe mit einem einzigen Exponenten.

$(a^7 \cdot a^2 \cdot a^4)^2 = (a^{13})^2 = a^{26}$

$(x^{-4} \cdot y^{-4} \cdot z^{-4})^{-2} = ((x \cdot y \cdot z)^{-4})^{-2} = (x \cdot y \cdot z)^{+8}$

$((b^{-5})^8)^{-2} = b^{(-5) \cdot 8 \cdot (-2)} = b^{80}$

a) $(x^{11} \cdot x^3 \cdot x^6)^2$ b) $(u \cdot u^{-3} \cdot u^{-2})^{-4}$
   $(y^{-3} \cdot y^5 \cdot y^{-1})^3$ $(r^6 \cdot r^6 \cdot r^6)^2$
   $(z^{-1} \cdot z^{-3} \cdot z^{-4})^{-2}$ $(t^{-2} \cdot t^{-2} \cdot t^{-2})^{-1}$

c) $(a^{-2} \cdot b^{-2} \cdot c^{-2})^{-3}$ d) $((w^2)^4)^2$
   $(r^{-5} \cdot s^{-5} \cdot t^{-5})^4$ $((p^{-2})^3)^{-1}$
   $(p^7 \cdot q^7 \cdot r^7)^{-4}$ $((v^{-3})^{-4})^{-2}$

9 Berechne.
a) $\sqrt[4]{125} \cdot \sqrt[4]{80}$ b) $\sqrt[5]{486} : \sqrt[5]{2}$ c) $\sqrt[3]{\sqrt[3]{64}}$
   $\sqrt[3]{864} \cdot \sqrt[3]{4}$ $\sqrt[6]{320} : \sqrt[6]{5}$ $\sqrt[3]{\sqrt[3]{512}}$
   $\sqrt[4]{200} \cdot \sqrt[4]{50}$ $\sqrt[4]{128} : \sqrt[4]{8}$ $\sqrt{\sqrt{625}}$

d) $\sqrt[6]{400} \cdot \sqrt[6]{2500}$ e) $\sqrt[4]{12\,800} : \sqrt[4]{50}$
   $\sqrt[7]{64\,000} \cdot \sqrt[7]{20\,000}$ $\sqrt[9]{15\,360} : \sqrt[9]{30}$
   $\sqrt[5]{2700} : \sqrt[5]{9000}$ $\sqrt[8]{25\,600} : \sqrt[8]{100}$

10 Ordne jedem Graphen die entsprechende Funktionsgleichung zu. Begründe deine Entscheidung.

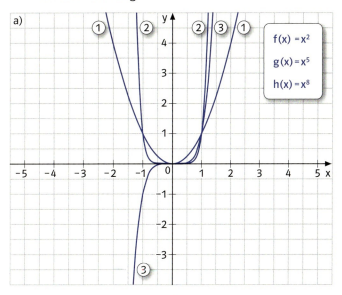

a) $f(x) = x^2$, $g(x) = x^5$, $h(x) = x^8$

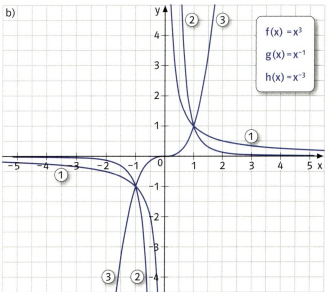

b) $f(x) = x^3$, $g(x) = x^{-1}$, $h(x) = x^{-3}$

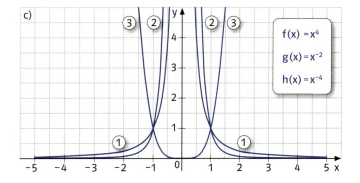

c) $f(x) = x^4$, $g(x) = x^{-2}$, $h(x) = x^{-4}$

Wurzelfunktionen

Aus negativen Zahlen können wir keine Wurzeln ziehen.

1 Dem Flächeninhalt x eines Quadrats wird die Seitenlänge zugeordnet.
a) Begründe, dass diese Zuordnung eine Funktion ist.
b) Gib die Funktionsgleichung an.
c) Zeichne den Graphen der Funktion in ein Koordinatensystem. Beschreibe den Verlauf des Graphen.

2 Dem Volumen x eines Würfels wird die Kantenlänge y zugeordnet.
a) Vervollständige die Tabelle.

x (m³)	12	10	8	6	4	2
y (m)	■	■	■	■	■	■

x (m³)	1	0,8	0,6	0,4	0,2	0
y (m)	■	■	■	■	■	■

b) Begründe, dass die Zuordnung eine Funktion ist. Gib die Funktionsgleichung in Wurzelschreibweise und in Potenzschreibweise an.
d) Zeichne den Graphen in ein Koordinatensystem. Beschreibe den Verlauf des Graphen.

3 Mithilfe eines Funktionenplotters sind die Graphen der Funktionen f und g in dasselbe Koordinatensystem gezeichnet worden.
f: f(x) = $\sqrt{x}$ g: g(x) = $\sqrt[4]{x}$

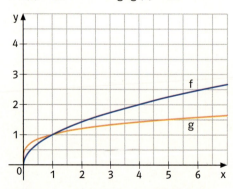

a) Beschreibe jeweils das Steigungsverhalten der Graphen der beiden Funktionen. Welche Punkte haben sie gemeinsam? Welche Wertemenge haben sie?
b) Wie verläuft der Graph der Funktion h mit h(x) = $\sqrt[3]{x}$ in demselben Koordinatensystem?

4 Zeichne die Graphen der Funktionen f, g und h in dasselbe Koordinatensystem.
f: f(x) = $\sqrt{x}$ g: g(x) = $\sqrt{x+3}$
h: h(x) = $\sqrt{x-2}$

a) Gib jeweils die Definitionsmenge der drei Funktionen an.
b) Vergleiche den Graphen von f jeweils mit dem Graphen von g und von h.
c) Gib die Definitionsmenge der Funktion k mit der Gleichung k(x) = $\sqrt{x-5}$ an. Beschreibe, wie der Graph von k in demselben Koordinatensystem verläuft.

5 Bestimme die Definitionsmenge der Funktion f und zeichne den Graphen.
a) f: f(x) = $\sqrt{x-4}$
b) f: f(x) = $\sqrt{2x}$
c) f: f(x) = $\sqrt{2x-6}$
d) f: f(x) = $\sqrt{2x+4}$

Eine Funktion f mit der Funktionsgleichung

f: f(x) = $x^{\frac{1}{n}}$ oder   f(x) = $\sqrt[n]{x}$

n ∈ ℕ,   n > 1

heißt **Wurzelfunktion**.

Die Definitionsmenge einer Wurzelfunktion ist die Menge aller nichtnegativen reellen Zahlen.
D = ℝ₊

f: f(x) = $x^{\frac{1}{2}}$ oder   f(x) = $\sqrt{x}$
g: g(x) = $x^{\frac{1}{3}}$ oder   g(x) = $\sqrt[3]{x}$
h: h(x) = $x^{\frac{1}{5}}$ oder   h(x) = $\sqrt[5]{x}$

Vernetzen: Umkehrfunktionen

1 a) Vervollständige die Wertetabellen für die Funktionen f mit der Gleichung $f(x) = x^2$ und g mit der Gleichung $g(x) = \sqrt{x}$ und vergleiche sie. Was stellst du fest?

x	0	0,5	1	1,5	2	2,5	3
f(x)							

x	0	0,25	1	2,25	4	6,25	9
g(x)							

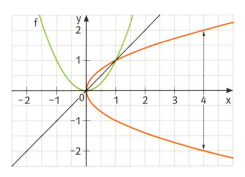

b) Erläutere, warum g als Umkehrfunktion von f und f als Umkehrfunktion von g bezeichnet wird.

c) In der Abbildung siehst du den I. Quadranten des Koordinatensystems. Dargestellt sind die Graphen der Funktionen f und g sowie die Winkelhalbierende mit der Gleichung y = x.

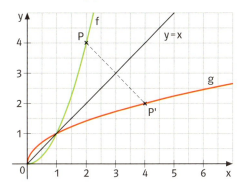

Beschreibe die Lage der Punkte P und P'.

d) Spiegele die Punkte Q (2,5 | 6,25), R (0,5 | 0,25) und S (1,5 | 2,25) an der Geraden y = x. Wo liegen die Bildpunkte Q', R' und S'? Gib ihre Koordinaten an.

2 a) Begründe, dass die Funktion g mit der Gleichung $g(x) = \sqrt[3]{x}$ die Umkehrfunktion der Funktion f mit der Gleichung $f(x) = x^3$ ist.

b) Zeichne den I. Quadranten des Koordinatensystems und stelle die Graphen der Funktionen f und g sowie die Winkelhalbierende mit der Gleichung y = x dar. Wähle verschiedene Punkte auf dem Graphen von f (auf dem Graphen von g) und spiegele sie an der Winkelhalbierenden. Wo liegt jeweils der Bildpunkt?

3 Im Koordinatensystem siehst du den Graphen der Funktion f mit der Gleichung $f(x) = x^2$ und rot eingezeichnet das Bild bei einer Spiegelung an der Winkelhalbierenden mit der Gleichung y = x.

Die rot eingezeichnete Kurve ist nicht der Graph einer Funktion, denn dem x-Wert x = 4 sind zwei verschiedene y-Werte zugeordnet: $y_1 = 2$ und $y_2 = -2$. Bei einer Funktion muss aber jedem x-Wert eindeutig genau ein y-Wert zugeordnet sein.

a) Welche y-Werte sind dem x-Wert x = 9 (x = 1, x = 2,25) zugeordnet?

b) Begründe: Wenn die Definitionsmenge der Funktion f auf die Menge $\mathbb{R}_+$ eingeschränkt wird, ist die Umkehrung von f eine Funktion.

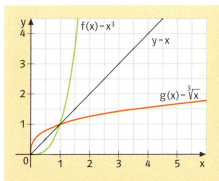

Für $x \in \mathbb{R}_+$ und $n \in \mathbb{N}, n > 1$ gilt:

Die Funktion g mit $g(x) = \sqrt[n]{x}$ ist die **Umkehrfunktion** der Funktion f mit $f(x) = x^n$ und umgekehrt.

Die Graphen von f und g liegen symmetrisch zur Winkelhalbierenden des I. Quadranten.

Lernkontrolle 1

1 Fasse gleiche Faktoren zu Potenzen zusammen. Ordne die Variablen alphabetisch.
a) a · a · b · b · b · b · a · a · b
b) v · v · u · v · v · v · u · v · v

2 Berechne.
a) 2^5
   3^4
b) 2^{10}
   4^3
c) 6^3
   1^{17}
d) $\left(\frac{1}{4}\right)^4$
   $\left(\frac{1}{5}\right)^3$
e) $\left(\frac{1}{10}\right)^6$
   $\left(\frac{1}{2}\right)^8$
f) $0{,}2^4$
   $0{,}1^7$

3 Gib als eine Potenz an.
a) $a^2 \cdot a^7$
   $b^3 \cdot b^4$
b) $u^4 \cdot u^2 \cdot u^5$
   $v^2 \cdot v \cdot v^3$
c) $x^7 : x^3$
   $y^9 : y^6$

4 Gib die Brüche als Potenzen mit negativen Exponenten an.
a) $\frac{1}{a^3}$
   $\frac{1}{x^6}$
b) $\frac{1}{z^9}$
   $\frac{1}{b}$
c) $\frac{1}{7^2}$
   $\frac{1}{2^3}$

5 Schreibe als Bruch und berechne.
a) 5^{-2}
   11^{-2}
b) 4^{-3}
   2^{-5}
c) 8^{-3}
   3^{-4}

6 Schreibe als Wurzel und berechne.
a) $121^{\frac{1}{2}}$
   $225^{\frac{1}{2}}$
b) $64^{\frac{1}{3}}$
   $125^{\frac{1}{3}}$
c) $625^{\frac{1}{4}}$
   $32^{\frac{1}{5}}$

7 Ordne jedem Graphen die entsprechende Funktionsgleichung zu. Begründe deine Entscheidung.

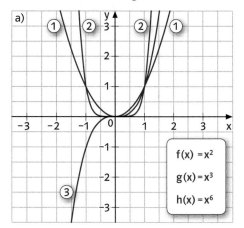

a) $f(x) = x^2$
   $g(x) = x^3$
   $h(x) = x^6$

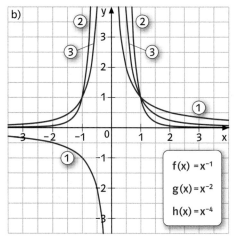

b) $f(x) = x^{-1}$
   $g(x) = x^{-2}$
   $h(x) = x^{-4}$

Wiederholung

1
a) Berechne 4 % von 150 cm.
b) Wie viel Prozent sind 6 g von 300 g?
c) 5 % entsprechen 12 cm. Bestimme den Grundwert.
d) Berechne 24 % von 125 kg.
e) Wie viel Prozent sind 36 m von 75 m?
f) 16 % entsprechen 48 €. Bestimme den Grundwert.
g) Wie viel Prozent sind 8075 m² von 9500 m²?
h) 46 % entsprechen 575 cm. Bestimme den Grundwert.
i) Berechne 85 % von 8220 €.

Beiträge des Arbeitnehmers zur Sozialversicherung (Anteil vom Bruttolohn)	
Rentenversicherung	9,95 %
Krankenversicherung	7,9 %
Pflegeversicherung	1,225 %
Arbeitslosenversicherung	1,4 %

2 Lisa arbeitet im ersten Berufsjahr als Bäckereifachverkäuferin. Sie verdient 1560 € im Monat.
Berechne die Beiträge zur Sozialversicherung.

Lernkontrolle 2

1 Gib als eine Potenz an.

a) $\dfrac{a^7}{a^3}$ b) $\dfrac{x^9}{x^2 \cdot x^5}$ c) $\dfrac{u^{10} \cdot u^3}{u^8 \cdot u^2}$

$\dfrac{b^{12}}{b^5}$ $\dfrac{y^{11} \cdot y^2}{y^4}$ $\dfrac{v^8 \cdot v^7}{v^{10} \cdot v}$

2 Gib ohne Klammern an.

a) $(xyz)^3$ b) $(4p)^3$ c) $(a^3)^5$
$(rst)^8$ $(2q)^5$ $(b^2)^7$

d) $\left(\dfrac{x}{y}\right)^7$ e) $\left(\dfrac{a \cdot b}{c}\right)^7$ f) $\left(\dfrac{a^4}{b^3}\right)^2$

$\left(\dfrac{z}{2}\right)^4$ $\left(\dfrac{3v}{w}\right)^3$ $\left(\dfrac{p^5}{q^3}\right)^3$

3 Gib als Potenz an. Beachte die Rechenregeln für negative Zahlen.

a) $x^{-8} \cdot x^{-2}$ b) $u^{-4} : u^{-8}$ c) $(a^{-4})^{-6}$
$y^{-4} \cdot y^{-11}$ $v^{-9} : v^{-5}$ $(b^{-5})^9$

4 Schreibe als Wurzel und berechne.

a) $216^{\frac{1}{3}}$ b) $256^{\frac{1}{4}}$ c) $0{,}125^{\frac{1}{3}}$
$512^{\frac{1}{3}}$ $243^{\frac{1}{5}}$ $1{,}44^{\frac{1}{2}}$

5 Fasse zu einer Wurzel zusammen und berechne.

a) $\sqrt[3]{12} \cdot \sqrt[3]{18}$ b) $\sqrt[5]{96} : \sqrt[5]{3}$

$\sqrt[3]{2} \cdot \sqrt[3]{500}$ $\sqrt[4]{162} : \sqrt[4]{2}$

c) $\sqrt[4]{1280} : \sqrt[4]{5}$ h) $\sqrt{\sqrt{81}}$

$\sqrt[6]{192} : \sqrt[6]{3}$ $\sqrt{\sqrt[4]{256}}$

6 Ordne jedem Graphen die entsprechende Funktionsgleichung zu. Begründe deine Entscheidung.

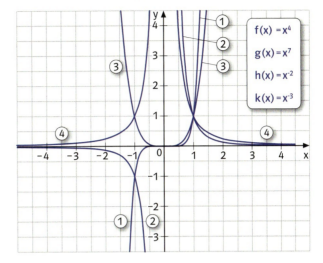

$f(x) = x^4$
$g(x) = x^7$
$h(x) = x^{-2}$
$k(x) = x^{-3}$

7 Für welche der angegebenen Potenzfunktionen gilt:
a) Der Graph ist symmetrisch zur y-Achse.
b) Der Graph ist symmetrisch zum Ursprung des Koordinatensystems.
c) Der Graph verläuft durch $P(-1\,|\,-1)$.
d) Der Graph verläuft durch den Ursprung des Koordinatensystems.
e) Der Graph steigt für alle $x \in \mathbb{R}$.
f) Der Graph fällt für alle $x \in \mathbb{R}$.

$f(x) = x^6$
$g(x) = x^7$
$h(x) = x^8$
$k(x) = x^{-4}$
$l(x) = x^{-5}$
$m(x) = x^{-6}$

Wiederholung

1 Frau Schmidhuber verdiente bisher 2850 €. Ihr Gehalt wird zunächst um 2,4 % und ein Jahr später noch einmal um 2,5 % erhöht.
Wie viel Euro wird Frau Schmidhuber in einem Jahr verdienen?

2 Frau Kruppa hat zu Beginn des Jahres eine Gehaltserhöhung von 1,6 % erhalten. Sie verdient jetzt 3302 €. Wie viel Euro verdiente sie im vergangenen Jahr?

3 Die Beiträge zur Haftpflichtversicherung wurden zu Beginn des Jahres um 4 % gesenkt. Frau Köhler zahlt jetzt 104,16 €. Wie hoch war der Beitrag im vergangenen Jahr?

4 Um wie viel Prozent ist der Preis der Schuhe reduziert worden?

~~96,80 €~~

72,60 €

Die Anzahl der Menschen, die auf der Erde leben, wächst täglich. Im Jahr 2011 wurde die Zahl von sieben Milliarden Menschen überschritten, 1999 waren es erst sechs Milliarden. In nur zwölf Jahren hat die Erdbevölkerung um eine Milliarde Menschen zugenommen.
Damit alle Menschen auf der Erde ausreichend ernährt werden können, ist es notwendig, dass das Bevölkerungswachstum verringert wird.

4 Exponentialfunktionen

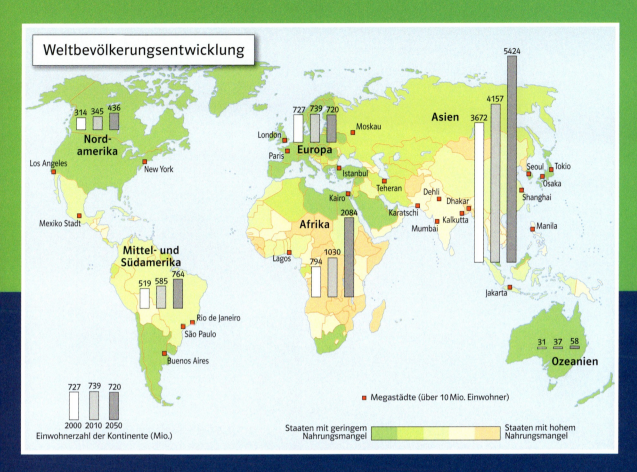

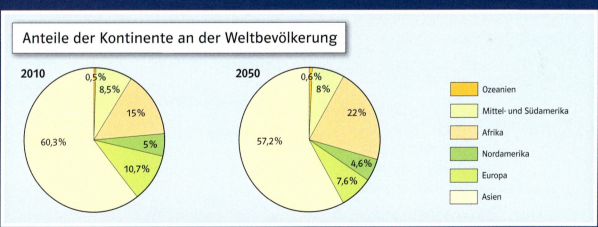

Erläutere das Bevölkerungswachstum in den einzelnen Kontinenten. Vergleiche für jeden Kontinent die Bevölkerungsentwicklung und die Ernährungssituation der Menschen.

Bevölkerungswachstum

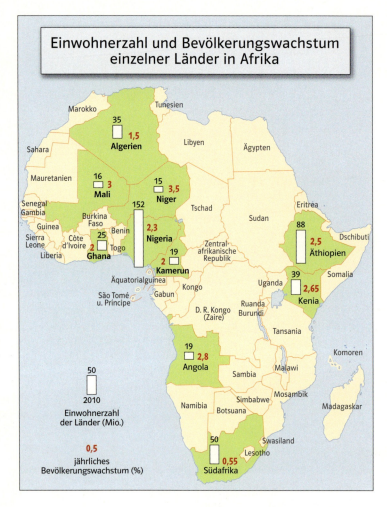

3 Erläutere Philipps und Jessicas Überlegungen.

Die Gleichung $y = 35 \cdot 1{,}015^x$ beschreibt die Bevölkerungsentwicklung in Algerien.

Dann bezeichnet x die Anzahl der Jahre nach 2010 und y die Einwohnerzahl in Millionen.

1 Äthiopien ist eins der bevölkerungsreichsten und ärmsten Länder Afrikas. Berechne die Einwohnerzahl Äthiopiens im Jahr 2011 (2012, 2013).

2 Mithilfe des Wachstumsfaktors haben Philipp und Jessica die Einwohnerzahl Algeriens für die nächsten Jahre berechnet.

Jahr	Einwohnerzahl Algeriens in Millionen	
2010	35	
2011	35 · 1,015	= 35 · 1,015 ≈ 35,5
2012	35 · 1,015 · 1,015	= 35 · 1,015^2 ≈ 36,1
2013	35 · 1,015 · 1,015 · 1,015	= 35 · 1,015^3 ≈ 36,6
2014	35 · 1,015 · 1,015 · 1,015 · 1,105	= 35 · 1,015^4 ≈ 37,1

Erkläre ihre Rechnung.

4 a) Gib für Mali, Ghana, Kenia, Nigeria und Südafrika jeweils eine Gleichung an, die das Bevölkerungswachstum dieses Landes beschreibt.
b) Berechne mithilfe der Gleichung, wie viele Menschen voraussichtlich im Jahr 2020 in jedem Land leben.

5 a) Kim hat ausgerechnet, dass sich die Einwohnerzahl Angolas in 25 Jahren verdoppelt.
Gib eine Gleichung an, die die Bevölkerungsentwicklung in Angola beschreibt und überprüfe Kims Rechnung.
b) Bestimme für Niger und Kamerun jeweils eine Gleichung, die das Bevölkerungswachstum beschreibt.
Berechne mithilfe des Taschenrechners, nach wie vielen Jahren sich die Einwohnerzahl jedes der beiden Staaten verdoppelt hat.
c) Vergleiche jeweils die Prozentsätze des jährlichen Wachstums und die Verdopplungszeiten der Bevölkerungszahl für Angola, Niger und Kamerun. Was stellst du fest?

Bevölkerungswachstum

Multipliziert man den Prozentsatz für das jährliche Wachstum und die Verdopplungszeit, so erhält man immer ungefähr 70.

6 a) Gib für jeden Staat an, nach wie vielen Jahren sich die Einwohnerzahl verdoppelt hat.

	jährliches Bevölkerungswachstum
Libyen	2 %
Australien	1 %
Somalia	2,8 %
Iran	1,4 %
Kasachstan	0,7 %

b) Wenn die Bevölkerung Tansanias weiter so wächst wie heute, wird sich die Einwohnerzahl in 28 Jahren verdoppelt haben. Wie groß ist das jährliche Bevölkerungswachstum?

7 a) Im Jahr 2010 hatte Ungarn zehn Millionen Einwohner. Die Einwohnerzahl verringert sich jährlich um 0,3 %. Begründe, dass die Gleichung
y = 10 · 0,997^x die Bevölkerungsentwicklung in Ungarn beschreibt.
b) Im Jahr 2010 hatte Russland 140 Millionen Einwohner. Die Einwohnerzahl verringert sich jährlich um 0,5 %. Gib eine Gleichung an, die die Bevölkerungsentwicklung in Russland beschreibt.

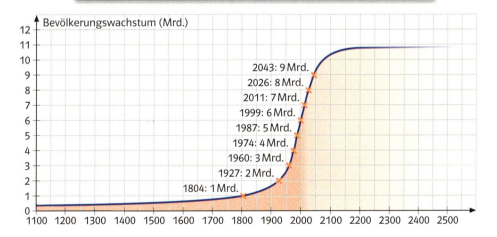

Bevölkerungszahl der Erde im Laufe der Geschichte

1804: 1 Mrd.
1927: 2 Mrd.
1960: 3 Mrd.
1974: 4 Mrd.
1987: 5 Mrd.
1999: 6 Mrd.
2011: 7 Mrd.
2026: 8 Mrd.
2043: 9 Mrd.

8 In der Graphik siehst du, wie die Bevölkerungszahl der Erde im Laufe der Geschichte gestiegen ist und wie sie sich nach Ansicht der Fachleute weiterentwickeln wird.
a) Beschreibe den Verlauf des Graphen. Vergleiche die Entwicklung der Bevölkerung bis zum Jahr 1800 mit der Entwicklung danach.
b) Warum setzt der starke Anstieg der Bevölkerungszahl erst in der Mitte des 20. Jahrhunderts ein?
c) Begründe, dass der Anstieg der Bevölkerungszahl um das Jahr 2000 am größten war.
d) Welche Gründe sprechen dafür, dass der Anstieg der Bevölkerungszahl im 22. Jahrhundert deutlich abnimmt?

Funktionsgleichung y = a^x

1 Im Koordinatensystem siehst du einen Ausschnitt des Graphen der Funktion f mit der Gleichung $f(x) = 2^x$ und der Definitionsmenge $D = \mathbb{R}$.

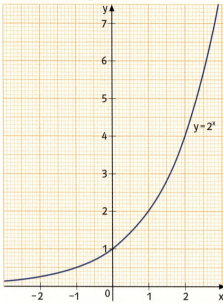

Beachte die Hinweise auf Seite 22.

a) Lege eine Wertetabelle mit x-Werten zwischen −3 und 3 an (Schrittweite 0,5) und zeichne den Graphen der Funktion in ein Koordinatensystem.
b) Gib die Wertemenge der Funktion an.
c) In welchem Punkt schneidet der Graph die y-Achse?
d) Wie verläuft der Graph, wenn die x-Werte immer größer werden?
e) Wie verläuft der Graph, wenn die x-Werte immer kleiner werden?
f) Warum hat der Graph keinen Schnittpunkt mit der x-Achse?
g) Beschreibe die Steigung des Graphen.

2 Im Koordinatensystem ist ein Ausschnitt des Graphen der Funktion f mit der Gleichung $f(x) = \left(\frac{1}{2}\right)^x$ und der Definitionsmenge $D = \mathbb{R}$ dargestellt.
a) Lege eine Wertetabelle mit x-Werten zwischen −2 und 2 an (Schrittweite 0,5) und zeichne den Graphen der Funktion in ein Koordinatensystem.
b) Welche Wertemenge hat die Funktion?
c) Wo schneidet der Graph die y-Achse?
d) Wie verläuft der Graph, wenn die x-Werte immer kleiner werden?
e) Wie verläuft der Graph, wenn die x-Werte immer größer werden?
f) Warum schneidet der Graph die x-Achse nicht?
g) Beschreibe die Steigung des Graphen.

3 Bestimme mehrere Funktionswerte der Funktion f mit der Gleichung $f(x) = 1^x$, indem du für x nacheinander verschiedene reelle Zahlen einsetzt.
Was stellst du fest?
Wie verläuft der Graph der Funktion f?

4 Beschreibe für jede Funktion den Verlauf ihres Graphen.
f: $y = 3,5^x$ g: $y = \left(\frac{2}{3}\right)^x$
h: $y = \left(\frac{3}{2}\right)^x$ k: $y = 0,7^x$

In der Funktionsgleichung tritt die Variable x im Exponenten auf.

Daher sprechen wir von einer Exponentialfunktion.

Funktionsgleichung y = aˣ

Eine Funktion f mit der Gleichung
f(x) = aˣ   a > 0
heißt Exponentialfunktion.

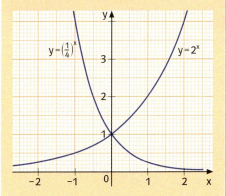

Die Definitionsmenge ist ℝ.
Für a ≠ 1 ist die Wertemenge die Menge aller positiven reellen Zahlen.
Der Graph schneidet die y-Achse in P(0|1).

Für a > 1 steigt der Graph,
für a < 1 fällt er.

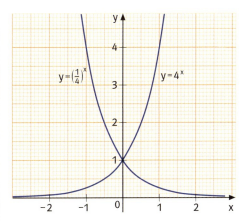

5 f: y = 1,5ˣ   g: y = 2ˣ
   h: y = 2,5ˣ   k: y = 4ˣ

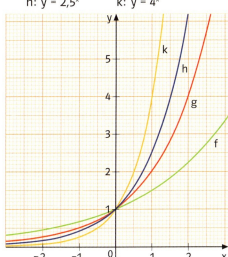

a) Zeichne mithilfe eines Funktionenplotters die Graphen der Exponentialfunktionen f, g, h und k in dasselbe Koordinatensystem.
b) Wie verändert sich der Graph der Exponentialfunktion f mit der Gleichung f(x) = aˣ, wenn a immer größer wird?

6 a) Stelle die Graphen der Exponentialfunktionen f mit der Gleichung f(x) = 4ˣ und g mit der Gleichung g(x) = $\left(\frac{1}{4}\right)^x$ mithilfe eines Funktionenplotters in demselben Koordinatensystem dar.
b) Vergleiche beide Graphen. Beschreibe ihre Lage zueinander.
c) Zeichne die Graphen der Funktionen h mit der Gleichung h(x) = 2ˣ und k mit der Gleichung k(x) = 2⁻ˣ in dasselbe Koordinatensystem. Was fällt dir auf? Gib die Funktionsgleichung von k mithilfe eines Bruches an.

7 a) Der Graph der Funktion f mit der Gleichung f(x) = 3ˣ (der Funktion g mit der Gleichung g(x) = 10ˣ, der Funktion h mit der Gleichung h(x) = $\left(\frac{1}{5}\right)^x$) wird an der y-Achse gespiegelt. Das Spiegelbild ist der Graph einer anderen Exponentialfunktion. Gib deren Gleichung an.
b) Gib die Gleichungen von zwei weiteren Exponentialfunktionen an, deren Graphen durch Spiegelung an der y-Achse auseinander hervorgehen.

8 Der Graph der Exponentialfunktion f mit der Gleichung f(x) = 2ˣ soll in ein Koordinatensystem gezeichnet werden. Auf beiden Achsen entspricht eine Einheit einem Zentimeter.
Der Strich eines gespitzten Bleistifts ist 0,2 mm breit.
Wie weit nach links kannst du den Graphen der Funktion im Koordinatensystem zeichnen, ohne die x-Achse zu berühren?

Funktionsgleichung y = k · a^x

1 Im Koordinatensystem ist jeweils ein Ausschnitt des Graphen der Funktionen
f: y = 2^x und g: y = 3 · 2^x dargestellt.

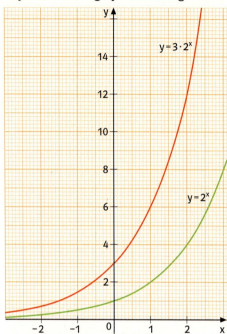

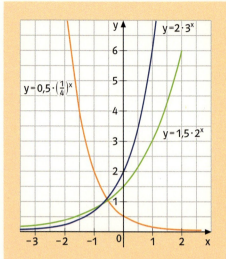

Der Graph der Exponentialfunktion f mit der Gleichung
f(x) = k · a^x   k, a ∈ ℝ, a > 0, k ≠ 0
schneidet die y-Achse im Punkt (0 | k).

a) Lege für beide Funktionen eine Wertetabelle mit x-Werten zwischen –3 und 3 an. Vergleiche die Funktionswerte. Was stellst du fest?
b) Wo schneidet der Graph der Funktion g die y-Achse?
Wie kannst du die y-Koordinate des Schnittpunkts unmittelbar aus der Funktionsgleichung von g ablesen?
c) In welchem Punkt schneidet der Graph der Funktion h mit der Funktionsgleichung h(x) = 4 · 2^x (der Funktion k mit der Gleichung k(x) = 2,5 · 2^x) die y-Achse?

2 Beschreibe jeweils den Verlauf des Graphen der Funktion.
f: $y = 3 \cdot \left(\frac{1}{2}\right)^x$ g: $y = 1{,}5 \cdot \left(\frac{1}{2}\right)^x$

3 Gib für jede Funktion an, wo der Graph die y-Achse schneidet.
a) f: y = 4 · 2^x   g: y = 1,5 · 0,5^x
   h: y = 6 · 3^x   k: y = 0,5 · 1,5^x

b) f: y = 0,1 · 10^x   g: $y = 4 \cdot \left(\frac{1}{4}\right)^x$

   h: y = 2 · 0,2^x   k: $y = \frac{3}{4} \cdot \left(\frac{3}{2}\right)^x$

4 a) Zeichne mithilfe eines Funktionenplotters die Graphen der Funktionen f, g, h und k in ein Koordinatensystem.
f: y = 2^x   g: y = –2^x
h: y = 2 · 1,5^x   k: y = –2 · 1,5^x

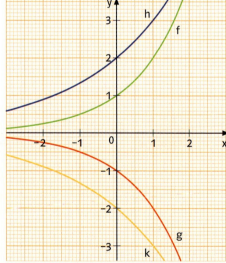

b) Wie verläuft der Graph der Exponentialfunktion f mit der Gleichung f(x) = k · a^x, wenn k positiv (negativ) ist?
c) Wie verändert sich der Graph der Funktion f mit der Gleichung f(x) = k · a^x, wenn k immer größer (immer kleiner) wird?

Logarithmen

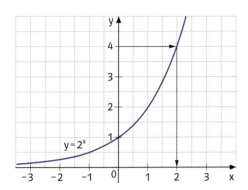

Der Logarithmus von b zur Basis a ($\log_a b$) ist der Exponent, mit dem die Basis a potenziert werden muss, um b zu erhalten. (a, b > 0)
Die Zahl b heißt Numerus.

$\log_2 32 = 5$, denn $2^5 = 32$

$\log_3 81 = 4$, denn $3^4 = 81$

$\log_5 \frac{1}{25} = -2$, denn $5^{-2} = \frac{1}{25}$

1 a) Zu den in der Wertetabelle angegebenen y-Werten der Funktion f mit der Gleichung $f(x) = 2^x$ kannst du die zugehörenden x-Werte am Graphen ablesen. Gib die fehlenden x-Werte an.

x	2				
y	4	2	1	0,5	0,25

b) Vervollständige die Wertetabelle der Funktion g und der Funktion h.
g: $g(x) = 5^x$

x					
y	125	25	5	$\frac{1}{5}$	$\frac{1}{25}$

h: $h(x) = 10^x$

x					
y	10 000	100	10	0,1	0,01

Wenn ich zum Funktionswert einer Exponentialfunktion den x-Wert bestimme, verwende ich den Logarithmus.

Der Logarithmus von 8 zur Basis 2 ist die Zahl, mit der man 2 potenzieren muss, um 8 zu erhalten.

$\log_2 8 = 3$, denn $2^3 = 8$

Lies: Der Logarithmus von 8 zur Basis 2 ist gleich 3.

2 Bestimme den Logarithmus.
a) $\log_2 4$
$\log_2 16$
b) $\log_3 9$
$\log_3 81$
c) $\log_4 64$
$\log_5 125$

3 Der Gleichung $\boxed{\log_5 125 = 3}$ entspricht in Potenzschreibweise die Gleichung $\boxed{5^3 = 125}$.

a) Gib jeweils die zugehörige Gleichung in Potenzschreibweise an.
$\log_6 216 = 3 \qquad \log_5 0{,}125 = -3 \qquad \log_a u = v$
$\log_{11} 121 = 2 \qquad \log_7 0{,}49 = -2 \qquad \log_b x = y$

b) Gib jeweils die zugehörige Gleichung in Logarithmenschreibweise an.
$2^9 = 512 \qquad 10^{-3} = 0{,}001 \qquad a^x = b$
$7^4 = 2401 \qquad 2^{-4} = 0{,}0625 \qquad u^r = w$

4 Bestimme den Logarithmus.
a) $\log_2 128$ b) $\log_8 64$ c) $\log_3 243$
$\log_2 256$ $\log_{12} 144$ $\log_4 256$
$\log_2 1024$ $\log_{14} 196$ $\log_8 512$

d) $\log_{10} 10\,000$ e) $\log_{20} 8000$
$\log_{10} 1\,000\,000$ $\log_{30} 27\,000$
$\log_{10} 100\,000$ $\log_{50} 125\,000$

f) $\log_5 \frac{1}{625}$ g) $\log_{11} \frac{1}{121}$ h) $\log_{10} \frac{1}{100}$

$\log_3 \frac{1}{81}$ $\log_7 \frac{1}{343}$ $\log_{10} \frac{1}{1000}$

$\log_{13} \frac{1}{169}$ $\log_6 \frac{1}{216}$ $\log_{10} \frac{1}{10\,000}$

i) $\log_5 1$ k) $\log_2 \sqrt{2}$ l) $\log_2 \frac{1}{\sqrt{2}}$

$\log_7 1$ $\log_2 \sqrt{32}$ $\log_3 \frac{1}{\sqrt{8}}$

$\log_{11} 1$ $\log_2 \sqrt[3]{2}$ $\log_2 \frac{1}{\sqrt[3]{2}}$

$\log_5 625 = 4$, denn $5^4 = 625$

$\log_3 \frac{1}{27} = -3$, denn $3^{-3} = \frac{1}{27}$

$\log_3 \sqrt{3} = \frac{1}{2}$, denn $3^{\frac{1}{2}} = \sqrt{3}$

5 Bestimme x.
a) $\log_2 x = 6$ b) $\log_x 81 = 2$
$\log_3 x = 5$ $\log_x 64 = 3$
$\log_{10} x = -5$ $\log_x 0{,}125 = -3$

Logarithmen

6 a) Für das Rechnen mit Logarithmen gilt: $\log_a(x \cdot y) = \log_a x + \log_a y$
Erkläre die Herleitung dieser Gleichung.

> Wir setzen: $\log_a x = u$ und $\log_a y = v$
> Dann gilt: $a^u = x$ und $a^v = y$
> $x \cdot y = a^u \cdot a^v$
> $x \cdot y = a^{u+v}$
> $\log_a(x \cdot y) = u + v$
> $\log_a(x \cdot y) = \log_a x + \log_a y$

b) Begründe ebenso:
$\log_a\left(\dfrac{x}{y}\right) = \log_a x - \log_a y$

c) Für das Rechnen mit Logarithmen gilt:
$\log_a x^z = z \cdot \log_a x$
Erkläre die Herleitung dieser Gleichung.

> Wir setzen: $\log_a x = u$
> Dann gilt: $a^u = x$
> $x^z = (a^u)^z = a^{u \cdot z} = a^{z \cdot u}$
> $\log_a x^z = z \cdot u$
> $\log_a x^z = z \cdot \log_a x$

Für das Rechnen mit Logarithmen gelten folgende Gesetze:
$$\log_a(x \cdot y) = \log_a x + \log_a y$$
$$\log_a\left(\dfrac{x}{y}\right) = \log_a x - \log_a y$$
$$\log_a x^z = z \cdot \log_a x$$

7 Berechne den Logarithmus.

$\log_3(81 \cdot 27) = \log_3 81 + \log_3 27 = 4 + 3 = 7$

a) $\log_2(16 \cdot 64)$
$\log_3(81 \cdot 243)$
$\log_6(216 \cdot 36)$

b) $\log_5(625 \cdot 25)$
$\log_7(49 \cdot 343)$
$\log_2(128 \cdot 32)$

c) $\log_2 32^4$
$\log_3 81^5$
$\log_5 25^7$

d) $\log_2(\sqrt{2} \cdot 32)$
$\log_3\left(\dfrac{1}{27} \cdot 243\right)$
$\log_5\left(\dfrac{1}{125} \cdot \sqrt{625}\right)$

8 Berechne wie im Beispiel.

$\log_6 4 + \log_6 9$
$= \log_6(4 \cdot 9)$
$= \log_6 36 = 2$

a) $\log_4 32 + \log_4 8$
$\log_9 27 + \log_9 3$
$\log_{10} 4 + \log_{10} 25$

b) $\log_5 750 - \log_5 6$
$\log_7 245 - \log_7 5$
$\log_2 32 - \log_2 8$

9 Die meisten Logarithmen sind irrationale Zahlen. Mithilfe des Taschenrechners kannst du Näherungswerte für diese Logarithmen bestimmen. Benutze dazu die 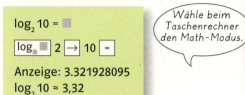-Taste.

$\log_2 10 = \square$

$\boxed{\log_\square}\ 2 \to 10\ =$

Anzeige: 3.321928095
$\log_2 10 \approx 3{,}32$

Wähle beim Taschenrechner den Math-Modus.

Berechne den Logarithmus. Runde auf zwei Stellen nach dem Komma.
a) $\log_2 7$ b) $\log_3 10$ c) $\log_5 11$ d) $\log_7 3$

10 Logarithmen zur Basis 10 heißen **Zehnerlogarithmen**. Für diese Logarithmen vereinbaren wir eine besondere Schreibweise. $\log_{10} b = \lg b$ ($b \in \mathbb{R}$, $b > 0$).
Mithilfe der $\boxed{\log}$-Taste deines Taschenrechners kannst du Näherungswerte für Zehnerlogarithmen bestimmen.
Runde auf zwei Stellen nach dem Komma.
a) $\lg 2$ b) $\lg 34$ c) $\lg 0{,}3$ d) $\lg 121$

11 Gleichungen, bei denen die Variable x im Exponenten auftritt, heißen **Exponentialgleichungen**.

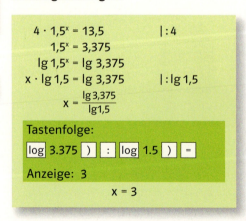

Löse die Gleichungen wie im Beispiel.
a) $2{,}5 \cdot 4^x = 2560$
$5 \cdot 0{,}5^x = 1{,}25$
$0{,}25 \cdot 2^x = 128$
c) $8 \cdot 1{,}5^x = 27$
$100 \cdot 5^x = 0{,}16$
$2 \cdot 0{,}25^x = 4$

b) $2{,}5 \cdot 4^x = 5$
$100 \cdot 5^x = 0{,}8$
$64 \cdot 2^x = 1$
d) $51{,}2 = 5 \cdot 3{,}2^x$
$2{,}56 = 100 \cdot 2{,}5^x$
$1 = 8 \cdot 4^x$

Grundwissen: Exponentialfunktionen

Eine Funktion f mit der Gleichung

$f(x) = a^x$ $(a > 0)$
heißt Exponentialfunktion.

Die Definitionsmenge ist $\mathbb{R}$.

Für $a \neq 1$ ist die Wertemenge die Menge aller positiven reellen Zahlen.

Der Graph schneidet die y-Achse in $P(0 \mid 1)$.

Für $a > 1$ steigt der Graph, für $a < 1$ fällt er.

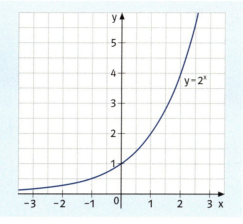

Der Graph der Exponentialfunktion f mit der Gleichung

$f(x) = k \cdot a^x$ $\quad k, a \in \mathbb{R}, a > 0, k \neq 0$

schneidet die y-Achse im Punkt $(0 \mid k)$.

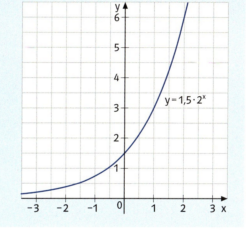

Um zum Funktionswert einer Exponentialfunktion den entsprechenden x-Wert zu bestimmen, wird der Logarithmus verwendet.

$f: y = 3^x$

Für $y = 81$ gilt: $x = \log_3 81 = 4$

Der Logarithmus von b zur Basis a ($\log_a b$) ist der Exponent, mit dem die Basis a potenziert werden muss, um b zu erhalten. $(a, b > 0)$

Die Zahl b heißt Numerus.

$\log_2 16 = 4, \quad$ denn $2^4 = 16$

$\log_3 243 = 5,$ denn $3^5 = 243$

$\log_4 \frac{1}{64} = -3,$ denn $4^{-3} = \frac{1}{64}$

$\log_a (x \cdot y) = \log_a x + \log_a y$

$\log_a \left(\frac{x}{y}\right) = \log_a x - \log_a y$

$\log_a x^z = z \cdot \log_a x$

$\log_3 (81 \cdot 9) = \log_3 81 + \log_3 9 = 4 + 2 = 6$

$\log_2 \left(\frac{512}{8}\right) = \log_2 512 - \log_2 8 = 9 - 3 = 6$

$\log_5 25^4 = 4 \cdot \log_5 25 = 4 \cdot 2 = 8$

Üben und Vertiefen

1 Ordne jeder Funktion den entsprechenden Graphen zu.

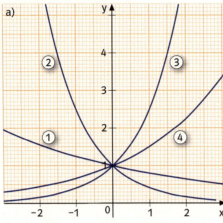

a)
f: $y = 2{,}5^x$ g: $y = 0{,}4^x$
h: $y = 1{,}5^x$ k: $y = 0{,}8^x$

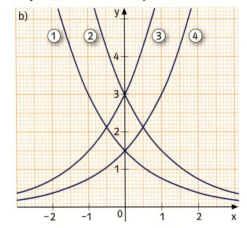

b)
f: $y = 1{,}5 \cdot 2^x$ g: $y = 3 \cdot 2^x$
h: $y = 1{,}5 \cdot 0{,}5^x$ k: $y = 3 \cdot 0{,}5^x$

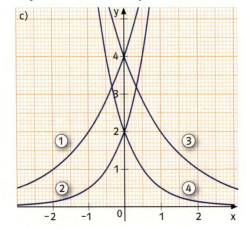

c)
f: $y = 4 \cdot 2^x$ g: $y = 4 \cdot \left(\frac{1}{2}\right)^x$
h: $y = 2 \cdot 4^x$ k: $y = 2 \cdot \left(\frac{1}{4}\right)^x$

2 Prüfe, ob die Punkte P und Q auf dem Graphen der Funktion f liegen.
a) $f(x) = 0{,}25 \cdot 4^x$
   P(5 | 64)   Q(3 | 32)
b) $f(x) = 0{,}01 \cdot 5^x$
   P$\left(4 \mid \frac{25}{4}\right)$ Q$\left(-3 \mid \frac{1}{800}\right)$
c) $f(x) = 40 \cdot 2^x$
   P(−5 | 1,25)   Q(−2 | 10)
d) $f(x) = 50 \cdot 0{,}2^x$
   P(−2 | 12)   Q(2 | 2)
e) $f(x) = -2 \cdot 3^x$
   P(2 | −18)   Q(−2 | −0,4)
f) $f(x) = -0{,}2 \cdot 0{,}5^x$
   P(−2 | 0,8)   Q(3 | −0,025)

Die Funktion f hat eine Funktionsgleichung der Form $y = k \cdot a^x$. Ihr Graph verläuft durch den Punkt P(−2 | 0,2) und schneidet die y-Achse im Punkt Q(0 | 1,8).

So kannst du ihre Funktionsgleichung bestimmen:

1. Setze für k die y-Koordinate von Q ein.
$$y = k \cdot a^x$$
$$y = 1{,}8\, a^x$$

2. Setze die Koordinaten von P(−2 | 0,2) in die Funktionsgleichung ein.
$$0{,}2 = 1{,}8 \cdot a^{-2}$$

3. Forme die Gleichung um.
$$0{,}2 = 1{,}8 \cdot \tfrac{1}{a^2} \quad | \cdot a^2$$
$$0{,}2\, a^2 = 1{,}8 \quad | : 0{,}2$$
$$a^2 = 9$$
$$a = 3$$

4. Gib die Funktionsgleichung an.
$$y = 1{,}8 \cdot 3^x$$

---

3 Bestimme die Gleichung der Exponentialfunktion, deren Graph durch den Punkt P verläuft und die y-Achse im Punkt Q schneidet.
a) P(3 | 40)   Q(0 | 5)
b) P(−1 | 0,4)   Q(0 | 2)
c) P(−2 | 12)   Q(0 | 3)
d) P(2 | 0,02)   Q(0 | 0,5)
e) P(3 | 24)   Q(0 | 3)
f) P(2 | 100)   Q(0 | 4)

Sachaufgaben

1 Auf der Oberfläche eines 50 000 m² großen Sees sind 200 m² mit Algen bedeckt.
Durch das Wachstum der Algen verdoppelt sich die von ihnen bedeckte Fläche in einer Woche.
a) Wie viel Quadratmeter der Oberfläche des Sees bedecken die Algen nach einer Woche? Wie viele Quadratmeter sind es nach zwei (drei, vier) Wochen? Vervollständige die Tabelle.

Zeit (Wochen)	x	1	2	3	4
Flächeninhalt (m²)	y	▪	▪	▪	▪

b) Gib die Gleichung einer Exponentialfunktion an, die die Zuordnung „Zeit (Wochen) → Inhalt der von Algen bedeckten Fläche (m²)" beschreibt.

2 Der Holzbestand einer Waldfläche beträgt 20 000 Festmeter (Fm). Forstwirtin Gerke muss die Zunahme des Holzbestandes berechnen. Unter normalen Wachstumsbedingungen nimmt der Bestand jährlich um 3,5 % zu.

> Bestand nach einem Jahr:
> 20 000 Fm · 1,035 = 20 700 Fm
>
> Bestand nach zwei Jahren:
> 20 000 Fm · 1,035² = 21 424,5 Fm

a) Begründe, dass die Exponentialfunktion f mit der Gleichung $f(x) = 20\,000 \cdot 1{,}035^x$ die Zuordnung „Zeit (a) → Holzbestand (Fm)" beschreibt.
b) Wie viel Festmeter beträgt der Holzbestand nach 5 (8, 12, 15) Jahren?

3 In einer Petrischale befindet sich eine Kultur mit 40 Kolibakterien. Nach 30 Minuten werden 110 Bakterien gezählt.

> Zeit (min): x
> Anzahl der Bakterien: f(x)
>
> Funktionsgleichung: $f(x) = k \cdot a^x$
>
> Gegeben: $f(0) = 40$, $f(30) = 110$
> Gesucht: k, a
>
> Setze x = 0 und f(0) = 40 in $f(x) = k \cdot a^x$ ein und bestimme k.
> $f(x) = k \cdot a^x$
> $40 = k \cdot a^x$
> $40 = k \cdot a^0$
> $40 = k$
>
> Setze x = 30 und f(x) = 110 in $f(x) = 40 \cdot a^x$ ein und bestimme a.
> $f(x) = 40 \cdot a^x$
> $110 = 40 \cdot a^{30}$ | : 40
> $2{,}75 = a^{30}$
> $\sqrt[30]{2{,}75} = a$
> $1{,}034295 \approx a$
>
> Funktionsgleichung:
> $f(x) = 40 \cdot 1{,}034295^x$
>
> Probe: $f(30) = 40 \cdot 1{,}034295^{30} = 110$

a) Erläutere, dass die Exponentialfunktion f mit der Gleichung
$f(x) = 40 \cdot 1{,}034295^x$ die Zuordnung „Zeit (min) → Anzahl der Bakterien" beschreibt.
b) Bestimme die Anzahl der Bakterien nach 15 (45, 60, 120, 180) Minuten.

4 In einer Bakterienkultur werden zunächst 200 Bakterien gezählt, nach 15 Minuten sind es 300 Bakterien.
a) Bestimme die Gleichung der Exponentialfunktion, die das Bakterienwachstum modelliert.
b) Berechne die Anzahl der Bakterien nach 30 Minuten (einer Stunde, zwei Stunden).
c) Aus wie vielen Bakterien bestand die Kultur 10 Minuten (20 Minuten, eine Stunde) vor der ersten Zählung? Bestimme die Anzahl, indem du in die Funktionsgleichung für x negative Zahlen einsetzt.

Sachaufgaben

5 Der Luftdruck der Atmosphäre beträgt in Meereshöhe durchschnittlich 1013,25 hPa (Hektopascal) und nimmt mit zunehmender Höhe über dem Meeresspiegel ab.
Mithilfe der barometrischen Höhenformel kann der Luftdruck berechnet werden:
$p = 1013{,}25 \cdot 0{,}999875^h$
Setzt du für h die Höhe über dem Meeresspiegel (gemessen in Metern) ein, so erhältst du für p den Luftdruck in dieser Höhe (gemessen in Hektopascal).

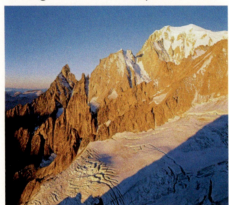

a) Die Zugspitze (2962 m) ist der höchste Berg Deutschlands, der Mont Blanc (4807 m) der höchste Berg Europas. Berechne jeweils den Luftdruck auf dem Gipfel dieser Berge.
b) Der Mount Everest ist mit 8848 m der höchste Berg der Erde. Begründe, dass der Luftdruck auf seinem Gipfel nur ein Drittel des Luftdrucks auf Meereshöhe beträgt.

6 Ein Körper mit einer Temperatur von 300 °C wird zum Abkühlen in einen Raum mit einer konstanten Temperatur von 0 °C gebracht. Nach einer Stunde beträgt die Temperatur jeweils die Hälfte des Wertes, den sie zu Beginn der Stunde hatte.
a) Die Zuordnung „Zeit (h) → Temperatur (°C)" kann durch eine Exponentialfunktion beschrieben werden. Gib ihre Gleichung an.
b) Welche Temperatur hat der Körper nach Ablauf von drei (vier, fünf, zehn) Stunden?

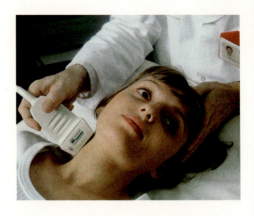

7 Bei einer Untersuchung der Schilddrüse verabreicht der Arzt einem Patienten 12 mg radioaktives Technetium 99, dessen Verbreitung im Körper mit Strahlenmessgeräten verfolgt werden kann. In jeder Stunde zerfallen 11% dieses Mittels.
a) Beschreibe den Abbau des Technetiums mithilfe einer Exponentialfunktion. Bestimme dazu zunächst den Wachstumsfaktor.

Zu einer Abnahme um p% gehört der Wachstumsfaktor $1 - \frac{p}{100}$.

b) Wie viel Milligramm des Mittels enthält der Körper des Patienten nach 2 (4, 6, 12, 24, 48) Stunden?

+ 8 Gegen die beim radioaktiven Zerfall auftretenden gefährlichen Gammastrahlen schützt man sich durch Bleiplatten. Eine drei Zentimeter dicke Bleiplatte verringert die Intensität der Gammastrahlen auf ein Viertel.
a) Beschreibe die Abnahme der Intensität der Gammastrahlen mithilfe einer Exponentialfunktion.
b) Begründe, dass eine 5 cm dicke Bleiplatte die Gammastrahlen auf ein Zehntel ihrer ursprünglichen Intensität verringert.
c) Auf wie viel Prozent des ursprünglichen Wertes sinkt die Intensität bei einer 1,5 cm (3,5 cm, 10 cm) dicken Bleiplatte?

Sachaufgaben

9 Modelliere die Bevölkerungsentwicklung für jedes Land mithilfe einer Exponentialfunktion.
Gib jeweils an, um wie viel Prozent die Bevölkerung jährlich gewachsen ist.

Land	Einwohnerzahl (Mio)	
	2000	2010
Chile	15	17
Mexiko	97	112
Argentinien	37	40

10 a) Das Bevölkerungswachstum im Kongo beträgt 3 % pro Jahr. Im Jahr 2010 gab es dort 72 Millionen Einwohner. Begründe, dass die Einwohnerzahl spätestens im Jahr 2021 mehr als 100 Millionen betragen wird, wenn sich das Bevölkerungswachstum nicht ändert.

> Jahre nach 2010: x
> Einwohnerzahl in Millionen: $f(x)$
>
> Funktionsgleichung: $f(x) = 72 \cdot 1{,}03^x$
>
> Setze $f(x) = 100$ und bestimme x:
> $100 = 72 \cdot 1{,}03^x \quad |:72$
> $1{,}38 = 1{,}03^x$
> $\lg 1{,}38 = \lg 1{,}03^x$
> $\lg 1{,}38 = x \cdot \lg 1{,}03 \quad |:\lg 1{,}03$
> $\frac{\lg 1{,}38}{\lg 1{,}03} = x$
> $x \approx 11{,}1$

b) Berechne jeweils, in welchem Jahr die Bevölkerungszahl mehr als 100 Millionen Menschen betragen wird.

	Einwohnerzahl im Jahr 2010 (Mio.)	jährliches Wachstum
Philippinen	93	1,7 %
Vietnam	88	1,3 %
Türkei	78	1,25 %

11 Im Jahr 2010 lebte in Afrika eine Milliarde Menschen. Experten schätzen, dass die Einwohnerzahl im Jahr 2050 doppelt so groß ist.
Berechne den Prozentsatz für das durchschnittliche jährliche Wachstum.

12 Tuberkulose ist eine durch Bakterien verursachte Lungenkrankheit, an der früher zahlreiche Menschen starben. In der ersten Hälfte des 20. Jahrhunderts verringerte sich diese Zahl auf Grund verbesserter Hygiene.

Jahr	1900	1920	1940	1960
Todesfälle an Tuberkulose je 10 000 Einwohner in Deutschland	25	18	13	2

a) Stelle mithilfe der Angaben für die Jahre 1900 und 1920 die Gleichung einer Exponentialfunktion f auf, die die Anzahl der Todesfälle an Tuberkulose modelliert.
b) Prüfe, ob die Angabe für das Jahr 1940 mit dem Funktionswert von f übereinstimmt.
c) Vergleiche die Angabe für das Jahr 1960 mit dem Funktionswert von f. Kommentiere das Ergebnis.

> 1942 wurde das Penicillin entdeckt. Seitdem werden in der Medizin Antibiotika eingesetzt.

13 Die Atmosphäre enthält eine geringe Menge von radioaktivem Kohlenstoff (C-14). Da alle Lebewesen durch ihren Stoffwechsel ständig Kohlenstoff mit der Atmosphäre austauschen, findet sich in jedem lebenden Organismus derselbe C-14-Anteil. Stirbt ein Organismus, so sinkt der C-14-Anteil nach 5370 Jahren auf die Hälfte.
Am 19. September 1991 entdeckten Wanderer in den Ötztaler Alpen einen Leichnam. Bei der Mumie „Ötzi" wurden noch 53 % des ursprünglichen C-14-Anteils ermittelt.
Bestimme Ötzis Todesjahr mithilfe einer Exponentialfunktion.

Zinseszinsen

1 Frau Müller hat ein Guthaben (Kapital) von 16 000 € für vier Jahre angelegt. Der Zinssatz beträgt 5 % pro Jahr. Nach Ablauf eines Jahrs werden die Zinsen, die in diesem Jahr angefallen sind, dem Konto gutgeschrieben und im folgenden Jahr zusammen mit dem Guthaben verzinst. Diese Zinsen heißen **Zinseszinsen**. Berechne mithilfe des Zinsfaktors, wie groß das Guthaben ist, über das Frau Müller nach vier Jahren verfügen kann.

Dem Zinssatz 5 % entspricht der Zinsfaktor 1,05.

3 Im Beispiel wird mithilfe der Zinseszinsformel der Zinssatz bestimmt.

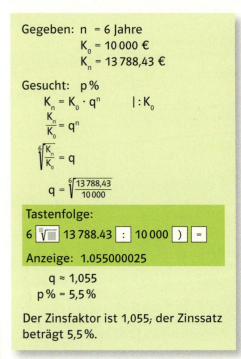

Gegeben: $n = 6$ Jahre
$K_0 = 10\,000$ €
$K_n = 13\,788{,}43$ €

Gesucht: $p\%$
$K_n = K_0 \cdot q^n \quad | : K_0$
$\dfrac{K_n}{K_0} = q^n$
$\sqrt[6]{\dfrac{K_n}{K_0}} = q$
$q = \sqrt[6]{\dfrac{13\,788{,}43}{10\,000}}$

Tastenfolge:
6 $\sqrt[x]{\square}$ 13 788.43 : 10 000) =

Anzeige: 1.055000025

$q \approx 1{,}055$
$p\% = 5{,}5\%$

Der Zinsfaktor ist 1,055; der Zinssatz beträgt 5,5 %.

K_0	Anfangskapital
n	Laufzeit in Jahren
K_n	Kapital nach n Jahren
$p\%$	Zinssatz
$q = 1 + \dfrac{p}{100}$	Zinsfaktor

Zinseszinsformel: $K_n = K_0 \cdot q^n$

Gegeben: $K_0 = 25\,600$ € $\quad n = 4$ Jahre
$p = 2{,}5\%$ $\quad q = 1{,}025$

Gesucht: K_4

$K_4 = 25\,600 \cdot 1{,}025^4$ € $= 28\,257{,}61$ €

2 Bestimme das Guthaben am Ende der Laufzeit.

	Kapital	Zinssatz	Laufzeit
a)	500 €	3 %	4 Jahre
b)	2000 €	4,5 %	5 Jahre
c)	1200 €	5,25 %	8 Jahre
d)	8000 €	6,5 %	10 Jahre
e)	15 000 €	5,75 %	5 Jahre
f)	25 000 €	$3\tfrac{1}{8}\%$	6 Jahre

Bestimme wie im Beispiel den Zinssatz.
a) Herr Espeter hat 5000 € für zwei Jahre angelegt. Am Ende der Laufzeit erhält er 5512,50 €.
b) Im Jahr 2011 hat Frau Mai 8000 € angelegt, drei Jahre später hat sie ein Guthaben von 9129,33 €.
c) Frau Kruppa hat 10 000 € angelegt. Nach vier Jahren beträgt das Guthaben einschließlich Zinseszinsen 13 604,89 €.
d) Herr Seippel hat ein Guthaben von 18 880,61 €. Sechs Jahre zuvor hatte er 13 500 € angelegt.
e) Für ein Guthaben von 16 000 € fallen nach zwei Jahren 728,10 € Zinsen und Zinseszinsen an.
f) Herr Eggenwirth legt 15 000 € an. Nach elf Jahren hat sich sein Guthaben verdoppelt.
g) Am 1.4.1995 hat Frau Then ein Guthaben von 30 000 DM auf einem Konto angelegt. Die jährlichen Zinsen werden jeweils im folgenden Jahr zusammen mit dem Guthaben verzinst. Am 1.4.2015 beträgt der Kontostand 53 042,15 €. (1 DM = 0,51129 €)

Zinseszinsen

4 a) Herr Montanus hat ein Guthaben für sechs Jahre zu einem Zinssatz von 5,25 % angelegt. Am Ende der Laufzeit erhält er 16 991,93 €. Berechne sein Anfangskapital.
b) Herr Haas legt eine Erbschaft zu einem Zinssatz von 4,2 % an. Nach Ablauf von vier Jahren verfügt er einschließlich Zinseszinsen über 37 724,27 €.
Wie viel Euro hatte Herr Haas geerbt?

5 Im Beispiel wird mithilfe der Zinseszinsformel die Laufzeit bestimmt.

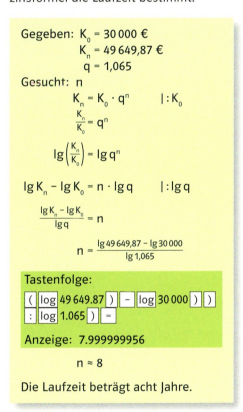

Gegeben: $K_0 = 30\,000$ €
$K_n = 49\,649,87$ €
$q = 1,065$
Gesucht: n

$K_n = K_0 \cdot q^n \quad | : K_0$

$\frac{K_n}{K_0} = q^n$

$\lg\left(\frac{K_n}{K_0}\right) = \lg q^n$

$\lg K_n - \lg K_0 = n \cdot \lg q \quad | : \lg q$

$\frac{\lg K_n - \lg K_0}{\lg q} = n$

$n = \frac{\lg 49\,649,87 - \lg 30\,000}{\lg 1,065}$

Tastenfolge:
(log 49 649.87) − log 30 000))
: log 1.065) =

Anzeige: 7.999999956

$n \approx 8$

Die Laufzeit beträgt acht Jahre.

Berechne die Laufzeit wie im Beispiel.

	Anfangskapital	Endkapital	Zinssatz
a)	250 €	289,82 €	3 %
b)	1500 €	1940,92 €	3,75 %
c)	3700 €	3944,41 €	3,25 %
d)	5000 €	5962,59 €	4,5 %
e)	10 000 €	19 216,70 €	6,75 %
f)	50 000 €	62 114,84 €	7,5 %

6 Nach wie vielen Jahren hat sich ein Kapital von 500 € (25 000 €), das zu einem Zinssatz von 5,5 % angelegt ist, verdoppelt?

7 a) Erkläre, dass du die Zeit, in der sich das Anfangskapital verdoppelt, mithilfe der Formel $n = \frac{\lg 2}{\lg q}$ bestimmen kannst.

Anfangskapital: K_0
Endkapital: $K_n = 2 \cdot K_0$

$2 K_0 = K_0 \cdot q^n \quad | : K_0$
$2 = q^n$
$\lg 2 = \lg q^n$
$\lg 2 = n \cdot \lg q \quad | : \lg q$
$\frac{\lg 2}{\lg q} = n$

b) Begründe, dass die Verdopplungszeit nur vom Zinssatz, aber nicht von der Höhe des Anfangskapitals abhängt.
c) Gib eine Formel an, mit der du die Zeit bestimmen kannst, in der sich das Anfangskapital verdreifacht.

8 Gib an, nach welcher Zeit sich ein Anfangskapital bei einem Zinssatz von 3 % (3,5 %; 5,25 %; 6,2 %) verdoppelt (verdreifacht) hat.

Bundesschatzbrief Typ B

| Laufzeit: | 7 Jahre |
| Auszahlung: | Guthaben mit Zinsen und Zinseszinsen nach 7 Jahren |

Zinsätze:						
1. Jahr	2. Jahr	3. Jahr	4. Jahr	5. Jahr	6. Jahr	7. Jahr
0,5 %	1 %	2 %	2,5 %	3 %	4 %	4 %

9 a) Frau Stöckling legt 10 000 € in Bundesschatzbriefen vom Typ B an. Wie hoch ist ihr Guthaben am Ende der Laufzeit?
b) Auch Frau Bartsch legt 10 000 € für sieben Jahre an. Der Zinssatz beträgt 2,2 % pro Jahr. Berechne ihr Guthaben nach sieben Jahren.
c) Zu welchem jährlichen Zinssatz müsste Frau Bartsch ihr Guthaben anlegen, um nach sieben Jahren genauso viel wie Frau Stöckling zu erhalten?

Vernetzen: Radioaktiver Zerfall

Die Atomkerne bestimmter chemischer Elemente sind so instabil, dass sie sich ohne äußere Einwirkung in Atomkerne anderer Elemente verwandeln. Dabei werden Energie und Strahlen frei. Dieser Vorgang heißt **radioaktiver Zerfall**. Welche einzelnen Atomkerne aus einer Menge radioaktiver Atome zerfallen, lässt sich nicht vorhersagen; der radioaktive Zerfall verläuft aber so, dass nach einer für jeden radioaktiven Stoff genau festgelegten Zeit gerade die Hälfte der Anfangsmenge zerfallen ist. Diese Zeit heißt **Halbwertszeit** dieses Stoffes.
Mathematisch kann radioaktiver Zerfall mithilfe von Exponentialfunktionen beschrieben werden.

Stoff	Halbwertszeit
Uran 234	250 000 Jahre
Radium 226	1600 Jahre
Plutonium 238	86 Jahre
Strontium 90	28 Jahre
Calcium 45	164 Tage
Polonium 210	138 Tage
Iridium 192	74 Tage
Ruthenium 103	40 Tage
Arsen 74	18 Tage
Radium 223	11 Tage

1 Im Beispiel wird die Gleichung einer Exponentialfunktion bestimmt, die den radioaktiven Zerfall von 20 mg Strontium 90 beschreibt.

Zeit (a): x
Masse zur Zeit x (mg): $f(x)$
Funktionsgleichung: $f(x) = k \cdot a^x$
Setze $f(0) = 20$ in $f(x) = k \cdot a^x$ ein:
$\quad 20 = k \cdot a^0$
$\quad 20 = k$

Setze $f(28) = 10$ in $f(x) = 20 \cdot a^x$ ein:
$\quad 10 = 20 \cdot a^{28} \quad |:20$
$\quad 0{,}5 = a^{28}$
$\quad \sqrt[28]{0{,}5} = a$
$\quad 0{,}975555 \approx a$

Funktionsgleichung:
$f(x) = 20 \cdot 0{,}975555^x$

a) Wie viel Milligramm Strontium 90 sind nach 10 (20, 50, 100) Jahren noch vorhanden?
b) Zu Beginn sind 500 mg Plutonium 238 vorhanden. Berechne die Masse, die nach 10 (50, 100) Jahren noch vorhanden ist.
c) Zu Beginn sind 1000 mg Uran 234 vorhanden. Wie viel Milligramm sind es nach 100 000 Jahren?

2 a) Zu Beginn sind 50 mg Strontium 90 vorhanden. Nach wie vielen Jahren sind es nur noch 10 mg?
b) Wie lange dauert es, bis eine bestimmte Masse Plutonium 238 auf ein Viertel (ein Achtel, ein Zehntel) der ursprünglichen Masse reduziert ist?

3 Der radioaktive Zerfall eines Stoffes kann mit der Formel $N(t) = N_0 \cdot 0{,}5^{\frac{t}{T}}$ beschrieben werden.
a) Erkläre die Herleitung dieser Formel.

Anzahl der Tage: t
Masse nach t Tagen (mg): $N(t)$
Anfangsmenge (mg): N_0
Halbwertszeit (d): T
Funktionsgleichung: $N(t) = N_0 \cdot a^t$
Es gilt: $N(t) = 0{,}5 \cdot N_0$

Setze $N(t) = 0{,}5 \cdot N_0$
in $N(t) = N_0 \cdot a^t$ ein:
$\quad 0{,}5 \cdot N_0 = N_0 \cdot a^T \quad |:N_0$
$\quad 0{,}5 = a^T$
$\quad \sqrt[T]{0{,}5} = a$
$\quad 0{,}5^{\frac{1}{T}} = a$

Funktionsgleichung:
$N(t) = N_0 \cdot (0{,}5^{\frac{1}{T}})^t$
$N(t) = N_0 \cdot 0{,}5^{\frac{t}{T}}$

b) Berechne mithilfe dieser Formel, welche Menge nach der angegebenen Zeit jeweils noch vorhanden ist.

Stoff	Masse	Zeit
Arsen 74	50 mg	10 Tage
Radium 223	120 mg	100 Tage
Iridium 192	150 mg	4 Wochen
Calcium 45	80 mg	1 Jahr

c) Nach wie vielen Tagen sind von 100 mg Polonium 210 (Ruthenium 103) noch 10 mg vorhanden?

Vernetzen: Bevölkerungswachstum

1 a) Um wie viele Menschen wächst die Bevölkerung Afrikas in den nächsten vierzig Jahren durchschnittlich pro Jahr?
b) Gib für den gleichen Zeitraum die durchschnittliche jährliche Bevölkerungsabnahme in Europa an.

2 Beide Zeitungen berichten, dass die Weltbevölkerung im Jahr 2011 die Grenze von sieben Milliarden Menschen überschreitet.
Erläutere für jeden Artikel, wie sich diese Behauptung aus den übrigen Angaben ergibt.

3 a) Aus dem Artikel der Neuen Zeitung geht hervor, dass die Weltbevölkerung in einer Minute um 150 Menschen und in einem Jahr um 80 Millionen Menschen wächst. Überprüfe, ob beide Angaben miteinander übereinstimmen.
b) Prüfe, ob sich aus den Angaben des Allgemeinen Tagblatts ein Wachstum der Weltbevölkerung von 80 Millionen Menschen im Jahr 2011 ergibt.

4 a) Gib für Indien und China jeweils die Gleichung einer Exponentialfunktion an, die das Bevölkerungswachstum beschreibt.
b) In welchem Jahr wird Indien zum bevölkerungsreichsten Land der Erde?

5 a) Bestimme mithilfe der Angaben des Allgemeinen Tagblatts die Gleichung der Exponentialfunktion f, die das Wachstum der Weltbevölkerung beschreibt.
b) Wie lautet die Gleichung der Wachstumsfunktion g, die sich aus den Angaben der Neuen Zeitung ergibt?
c) Vergleiche beide Funktionen. Welche Funktion modelliert den Sachverhalt angemessener?

6 Beide Zeitungsartikel sagen für das Jahr 2050 eine Weltbevölkerung von mehr als neun Milliarden Menschen voraus. Prüfe diese Prognose sowohl auf Grund der Angaben der Neuen Zeitung wie auch der des Allgemeinen Tagblatts.

Jede Minute 150 Menschen mehr

Die Anzahl der Menschen auf der Erde nimmt immer mehr zu, jährlich um 80 Millionen Menschen. Die aktuelle Statistik der UNO weist eine Weltbevölkerung von 6,93 Milliarden Menschen aus. Im nächsten Jahr wird die Grenze von sieben Milliarden überschritten werden. 2050 sollen es nach Schätzungen von Experten über neun Milliarden Menschen sein. Der Zuwachs verteilt sich aber ganz unterschiedlich auf die verschiedenen Kontinente. Schätzungen zufolge wird sich die Bevölkerung Afrikas von etwas mehr als einer Milliarde Menschen im Jahr 2010 auf zwei Milliarden im Jahr 2050 fast verdoppeln.
Für Europa rechnen Experten mit einem Rückgang der Bevölkerung innerhalb der nächsten vierzig Jahre, die Zahl der Einwohner sinkt von zurzeit 739 Millionen auf 720 Millionen.

aus: Neue Zeitung vom 3.1.2011

Bald sieben Milliarden Menschen

In weniger als zwölf Jahren hat die Weltbevölkerung um eine Milliarde Menschen zugenommen. Am 11. Juli 1999 wurden sechs Milliarden Menschen gezählt, im Laufe dieses Jahres wird die Grenze von sieben Milliarden erreicht werden.
Heute leben insgesamt 6,93 Milliarden Menschen auf der Erde, jährlich wächst die Anzahl der Menschen um 1,2 %. Die Prognosen der Bevölkerungswissenschaftler sagen für das Jahr 2050 eine Weltbevölkerung von über neun Milliarden Menschen voraus.
In absehbarer Zeit wird Indien (1,18 Milliarden Einwohner) die Volksrepublik China (1,34 Milliarden Einwohner) als bevölkerungsreichstes Land der Erde ablösen. In Indien wächst die Bevölkerung deutlich schneller (1,5 % pro Jahr), während in China die Ein-Kind-Politik Wirkung zeigt, die jährliche Wachstumsrate ging auf 0,6 % zurück.

aus: Allgemeines Tagblatt vom 3.1.2011

Lernkontrolle 1

1 Ordne jeder Funktion den entsprechenden Graphen zu.
f: $y = 2^x$ g: $y = 1{,}5 \cdot 2^x$
h: $y = 0{,}4^x$ k: $y = 2 \cdot 0{,}5^x$

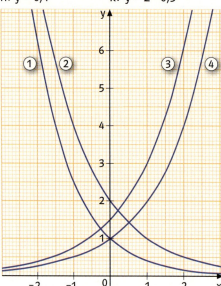

2 Prüfe, ob die Punkte P und Q auf dem Graphen der Funktion f liegen.
a) f: $f(x) = 4^x$
P($-3 \mid 0{,}015625$)   Q($7 \mid 16148$)
b) f: $f(x) = 5 \cdot 0{,}4^x$
P($4 \mid 0{,}12$)   Q($-2 \mid 31{,}25$)

3 Zu Beginn werden 300 Exemplare des Bacillus subtilis festgestellt. Diese Bakterienart verdreifacht ihre Anzahl in einer Stunde.
a) Bestimme die Gleichung der Funktion f „Zeit (h) → Anzahl der Bakterien".
b) Gib die Anzahl der Bakterien nach 2 h (5 h, 30 min, 15 min) an.
c) Nach wie vielen Stunden beträgt die Anzahl der Bakterien 218 700?

4 Radium 223 ist eine radioaktive Substanz. Täglich zerfallen 6 % der Masse. Zu Beginn sind 20 mg vorhanden.
a) Bestimme die Gleichung der Funktion „Zeit (d) → Masse des Radiums (mg)".
b) Gib die Masse des Radiums nach zwei Tagen (fünf Tagen, zwölf Stunden) an.
c) Nach wie vielen Tagen sind nur noch 10 mg vorhanden?

5 a) Frau Sünnen hat 7500 € für vier Jahre angelegt. Der Zinssatz beträgt 2,8 %. Berechne das Guthaben einschließlich Zinsen und Zinseszinsen am Ende der Laufzeit.
b) Herr Leise hat 16 000 € für drei Jahre angelegt. Am Ende der Laufzeit verfügt er über 17 230,25 €. Bestimme den Zinssatz.

Wiederholung

1 Bestimme im abgebildeten Dreieck die Lage des rechten Winkels. Formuliere dann für das Dreieck den Satz des Pythagoras als Gleichung.

a)   b)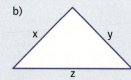

2 In der Tabelle findest du die Seitenlängen a, b und c des Dreiecks ABC. Überprüfe mithilfe des Satzes von Pythagoras, ob das Dreieck rechtwinklig ist.

	a)	b)	c)
a	42 cm	34 cm	51 cm
b	40 cm	22 cm	45 cm
c	58 cm	40 cm	24 cm

3 Berechne im Dreieck ABC ($\gamma = 90°$) die fehlende Seitenlänge.
a) a = 4,5 cm, b = 2,8 cm
b) c = 7,3 cm, a = 5,5 cm

4 Ein Rechteck ist 7,7 cm lang und 3,6 cm breit.
Berechne die Länge der Diagonalen.

5 Berechne für das abgebildete Gebäude die Länge eines Dachsparrens.

Lernkontrolle 2

- Wo schneidet der Graph die y-Achse?
- Steigt der Graph oder fällt er?
- Wie verläuft der Graph, wenn die x-Werte immer größer werden?
- Wie verläuft der Graph, wenn die x-Werte immer kleiner werden?

1 f: $y = 10^x$ g: $y = 1{,}5 \cdot 2^x$
   h: $y = 3 \cdot 0{,}5^x$ k: $y = -2 \cdot 3^x$
Beschreibe die Graphen der angegebenen Funktionen. Beantworte dazu für jede Funktion die Fragen an der Pinnwand.

2 Die Funktion f hat eine Funktionsgleichung der Form $y = k \cdot a^x$. Ihr Graph verläuft durch die Punkte $P(-6\,|\,6{,}4)$ und $Q(0\,|\,0{,}1)$.
Bestimme die Funktionsgleichung von f.

3 Bestimme jeweils den Logarithmus.
a) $\log_2 64$ b) $\log_{10} 10\,000$
   $\log_3 243$ $\log_{20} 8000$
   $\log_5 625$ $\log_{50} 125\,000$

c) $\log_2 \frac{1}{128}$ d) $\log_3 \sqrt{3}$

   $\log_3 \frac{1}{81}$ $\log_5 \sqrt[3]{5}$

   $\log_6 \frac{1}{216}$ $\log_3 \frac{1}{\sqrt{3}}$

4 Löse die Gleichung.
a) $3 \cdot 2^x = 96$ b) $0{,}1 \cdot 3^x = 218{,}7$
c) $50 \cdot 0{,}2^x = 0{,}4$ d) $32 \cdot 2{,}5^x = 3125$

5 In einer Petrischale wird eine Kultur mit 60 Kolibakterien angelegt. Nach 20 Minuten werden 80 Bakterien gezählt.
a) Bestimme die Gleichung der Funktion f „Zeit (min) → Anzahl der Bakterien".
b) Gib die Anzahl der Bakterien nach 30 min (50 min, 1 h, 2 h) an.
c) Nach wie vielen Minuten sind 300 Bakterien vorhanden?

6 Im Jahr 2010 hatte Kolumbien 45 Millionen Einwohner. Die Bevölkerung wächst jährlich um 1,3 %.
a) Bestimme die Gleichung der Funktion f, die die Bevölkerungsentwicklung Kolumbiens beschreibt.
b) Wie viele Einwohner hat Kolumbien im Jahr 2050, wenn sich das Bevölkerungswachstum nicht ändert?
c) In welchem Jahr wird die Einwohnerzahl Kolumbiens die Grenze von 60 Millionen überschreiten?

7 Herr Busse legt 24 000 € zu einem Zinssatz von 3,2 % an. Am Ende der Laufzeit beträgt sein Guthaben einschließlich Zinsen und Zinseszinsen 28 093,75 €. Berechne die Laufzeit.

Wiederholung

1 Berechne die fehlende Seitenlänge im Dreieck ABC.
a) $a = 32$ cm, $b = 60$ cm, $\gamma = 90°$
b) $a = 29$ cm, $b = 21$ cm, $\alpha = 90°$
c) $a = 55$ cm, $b = 73$ cm, $\beta = 90°$

2 Berechne den Umfang des gleichschenkligen Trapezes.

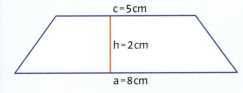

3 Eine 3,70 m lange Leiter lehnt an einer Hauswand. Das untere Ende der Leiter steht dabei 1,20 m von der Wand entfernt. In welcher Höhe liegt die Leiter an der Wand an?

4 In einem gleichschenkligen Dreieck ABC (a = b) ist $a = 25$ cm und $c = 14$ cm. Berechne den Flächeninhalt des Dreiecks.

5 Die Kantenlänge eines Würfels beträgt 4 cm. Bestimme die Länge der Raumdiagonalen $\overline{BH}$.

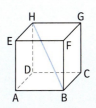

5 Wachstum

In den Diagrammen sind statistische Daten für die Bundesrepublik Deutschland grafisch dargestellt. Beschreibe die Graphen.

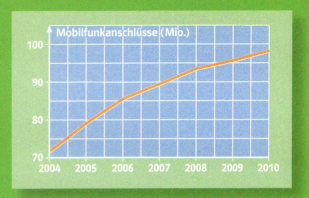
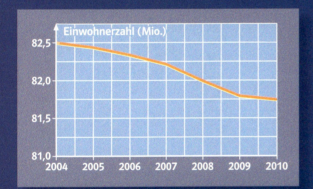

Lineares Wachstum

1 Morgens um 7 Uhr startet Herr Lüttke in Kiel und fährt mit seinem Wagen über die Autobahn nach Düsseldorf. Im Koordinatensystem kannst du die Entfernung ablesen, die er von Kiel aus zurückgelegt hat.

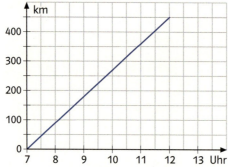

a) Beschreibe den Verlauf des Graphen.
b) Lies aus dem Koordinatensystem ab, wie weit Herr Lüttke um 8 Uhr (9 Uhr, 10 Uhr, 11 Uhr, 12 Uhr) von Kiel entfernt ist.
c) Erläutere, warum die Zunahme der Entfernung von Kiel als **lineares Wachstum** bezeichnet wird.
d) Vervollständige die Tabelle.

Zeitspanne	Zunahme der Entfernung (km)
von 7 Uhr bis 8 Uhr	■
von 8 Uhr bis 9 Uhr	■
von 9 Uhr bis 10 Uhr	■
von 10 Uhr bis 11 Uhr	■
von 11 Uhr bis 12 Uhr	■

Was stellst du fest?
e) Wann erreicht Herr Lüttke Düsseldorf?

2 Der Benzintank eines Autos enthält noch 8 Liter Benzin. Beim Tanken werden 0,5 Liter pro Sekunde in den Tank eingefüllt.
a) Vervollständige die Tabelle.

	Tankinhalt (ℓ)
vor dem Tanken	8
nach 1 Sekunde	■
nach 2 Sekunden	■
nach 10 Sekunden	■
nach 20 Sekunden	■
nach 30 Sekunden	■
nach 40 Sekunden	■
nach 60 Sekunden	■

Ich berechne den Tankinhalt mit der Gleichung $y = 8 + 0,5 \cdot x$.

Dann bezeichnet x die Zeit und y den Tankinhalt.

b) Begründe Antonias Behauptung.
c) Zeichne den Graphen der Zuordnung „Zeit (s) → Tankinhalt (ℓ)" in ein Koordinatensystem.
d) Wie viel Liter Benzin werden jeweils innerhalb von 10 Sekunden (5 Sekunden, 15 Sekunden) in den Tank eingefüllt?
e) Der Tank des Autos fasst 42 Liter. Wie lange dauert es, bis er ganz gefüllt ist?

3 Ein Schwimmbecken wird mit Wasser gefüllt. 4000 Liter Wasser sind bereits eingefüllt. Pro Minute kommen 100 Liter dazu.
a) Gib die Gleichung der Funktion „Zeit (min) → Inhalt des Schwimmbeckens (ℓ)" an.
b) Wie viel Liter Wasser befinden sich nach 10 Minuten (20 Minuten, einer Stunde) im Schwimmbecken?
c) Nach wie viel Minuten sind 10 000 Liter (30 000 Liter) Wasser eingefüllt?

Lineares Wachstum

5 Ein Airbus 340-200 fliegt in 12 Stunden von Frankfurt nach Rio de Janeiro. Vor dem Start werden 90 t Kerosin getankt. Die Maschine verbraucht 7 t Kerosin pro Flugstunde.
a) Wie viel Tonnen Kerosin enthalten die Tanks des Flugzeugs nach einer Stunde (nach zwei Stunden, nach zehn Stunden)?
b) Gib die Gleichung der Funktion f: „Zeit (h) → Tankinhalt (t)" an.
c) Nach wie vielen Stunden enthalten die Tanks des Flugzeugs noch 69 t (55 t) Kerosin?

Lineares Wachstum

Eine Größe nimmt linear zu, wenn sie in gleichen Zeitspannen um den gleichen Betrag zunimmt.
Eine Größe nimmt linear ab, wenn sie in gleichen Zeitspannen um den gleichen Betrag abnimmt.

Lineares Wachstum kann durch eine Funktion
f: $y = m \cdot x + k$ (m, k ∈ ℝ)
beschrieben werden.

Im Koordinatensystem kann lineare Zunahme bzw. Abnahme mithilfe einer Geraden dargestellt werden.

f: Zeit (h) → Entfernung (km)

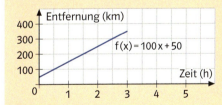

g: Zeit (h) → Tankinhalt (ℓ)

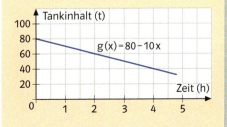

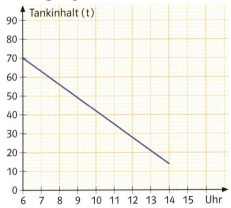

4 Um 6 Uhr morgens startet in Frankfurt ein Airbus 340-600 nach New York. Die Flugzeit beträgt 8 Stunden. Im Koordinatensystem kannst du den Tankinhalt des Flugzeugs ablesen.

a) Beschreibe den Verlauf des Graphen.
b) Wie viel Tonnen Kerosin sind beim Start in der Maschine?
c) Gib den Tankinhalt um 7 Uhr (8 Uhr, 9 Uhr, 10 Uhr) an.
d) Wie viel Tonnen Kerosin hat das Flugzeug in der Zeit von 6 Uhr bis 7 Uhr (von 7 Uhr bis 8 Uhr, von 8 Uhr bis 9 Uhr, von 13 Uhr bis 14 Uhr) verbraucht?
e) Warum spricht man von linearer Abnahme?
f) Begründe, dass die Funktion f: „Zeit (h) → Tankinhalt (t)" die Gleichung $f(x) = 70 - 7x$ hat.

Quadratisches Wachstum

1 Luisa arbeitet mit einem Graphikprogramm. Im Zoommodus verändert sie die Größe einer Zeichnung.

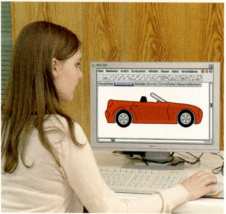

Vergrößerung in Prozent	100	150	200	250
Flächeninhalt der Figur (cm²)	8	18	32	50

Vergrößerung in Prozent	300	350	400	450
Flächeninhalt der Figur (cm²)	72	98	128	162

a) Begründe, dass die in der Wertetabelle angegebene Funktion f die Gleichung $f(x) = 0{,}0008\, x^2$ hat.
b) Bestimme den Flächeninhalt der Figur bei einer Verkleinerung auf 75 % (50 %, 25 %).
c) Erläutere, warum die Veränderung des Flächeninhalts als **quadratisches Wachstum** bezeichnet wird.

2 An einer Autobahnauffahrt wird die Zufahrt zur Autobahn durch eine Ampel geregelt. Bei Grün beschleunigt Herr Krins sein Auto und fährt auf die Autobahn.
Im Koordinatensystem kannst du die Strecke ablesen, die Herr Krins nach dem Start zurückgelegt hat.

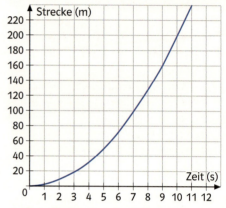

a) Vervollständige die Tabelle.

	nach					
	0 s	1 s	2 s	3 s	4 s	5 s
zurückgelegte Strecke (m)	0	2	8	18	32	50

	nach					
	6 s	7 s	8 s	9 s	10 s	11 s
zurückgelegte Strecke (m)	■	■	■	■	■	■

b) Begründe, dass die Funktion f: „Zeit (s) → zurückgelegte Strecke (m)" die Gleichung $f(x) = 2\,x^2$ hat.
c) Bestimme jeweils die Zunahme der Strecke.

	Zunahme der Strecke
in der ersten Sekunde	2 m ⎞ + 4
in der zweiten Sekunde	6 m ⎬ + 4
in der dritten Sekunde	■ ⎬ + 4
in der vierten Sekunde	■ ⎬ + 4
in der fünften Sekunde	■ ⎠ + ■

Was stellst du fest?
d) Gib die Zunahme der Strecke in der sechsten (siebten, achten, neunten, zehnten) Sekunde nach dem Start an.

Quadratisches Wachstum

3 Ein Wettbewerb im Skispringen wird auf einer 54 Meter langen Sprungschanze ausgetragen.
In der Tabelle ist angegeben, welche Strecke ein Skispringer nach einer (zwei, drei,... sechs) Sekunden auf dem Schanzentisch zurückgelegt hat.

Zeit (s)	0	1	2	3	4	5	6
zurückgelegte Strecke (m)	0	1,5	6	13,5	24	37,5	54

a) Begründe, dass die zurückgelegte Strecke quadratisch zunimmt.
b) Gib die Gleichung der Funktion „Zeit(s) → zurückgelegte Strecke (m)" an.
c) Welche Strecke hat der Skispringer nach 1,5 s (3,5 s; 5,5 s) zurückgelegt?

4 In einer 20 m hohen luftleeren Röhre werden Experimente zum freien Fall durchgeführt. Im Koordinatensystem ist die Entfernung einer fallenden Kugel vom Boden der Röhre dargestellt.

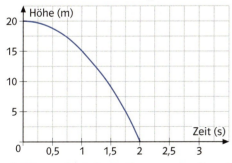

a) Wie groß ist die Entfernung der Kugel vom Boden nach einer Sekunde? Wann erreicht die Kugel den Boden der Röhre?
b) Begründe, dass die Funktion f: „Zeit (s) → Höhe der Kugel (m)" die Gleichung $f(x) = -5x^2 + 20$ hat.
c) Berechne die Höhe der Kugel nach 0,5 s (1,5 s).

5 Beim Anfahren beschleunigt Linda ihr Fahrrad gleichmäßig. Nach 10 Sekunden hat sie eine Strecke von 20 m zurückgelegt.
a) Gib die Gleichung der Funktion „Zeit (s) → zurückgelegte Strecke (m)" an.
b) Wie viel Meter hat Linda nach vier (sechs, acht) Sekunden zurückgelegt?

Quadratisches Wachstum

Eine Größe nimmt quadratisch zu, wenn ihre Zunahme in gleichen Zeitspannen um den gleichen Betrag zunimmt.

Eine Größe nimmt quadratisch ab, wenn ihre Abnahme in gleichen Zeitspannen um den gleichen Betrag abnimmt.

Quadratisches Wachstum kann durch eine Funktion
f: $y = a \cdot x^2 + k$ ($a, k \in \mathbb{R}, a \neq 0$)
beschrieben werden.

Im Koordinatensystem kann quadratisches Wachstum mithilfe einer Parabel dargestellt werden.

f: Zeit (s) → Strecke (m)

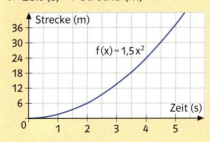

g: Zeit (s) → Höhe (m)

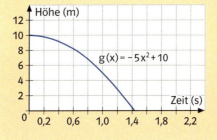

Exponentielles Wachstum

1 Wasserlinsen sind die am schnellsten wachsenden Pflanzen. Bei günstigen Bedingungen verdoppelt sich die von ihnen bedeckte Fläche an jedem Tag. Corinna beobachtet, dass ein Quadratmeter der Oberfläche eines Teiches von Wasserlinsen bedeckt ist.
a) Wie viel Quadratmeter der Oberfläche bedecken die Wasserlinsen einen Tag später?
Wie viel Quadratmeter sind es zwei (drei, vier, fünf) Tage nach Corinnas Beobachtung?
Vervollständige die Wertetabelle.

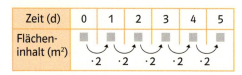

Zeit (d)	0	1	2	3	4	5
Flächeninhalt (m²)						

b) Stelle den Graphen der Funktion f: „Zeit (d) → Inhalt der von Wasserlinsen bedeckten Fläche (m²)" in einem Koordinatensystem dar.
c) Begründe, dass die Funktion f: „Zeit (d) → Inhalt der von Wasserlinsen bedeckten Fläche (m²)" die Gleichung $f(x) = 2^x$ hat.
d) Erläutere, warum die Zunahme der von Wasserlinsen bedeckten Fläche als **exponentielles Wachstum** bezeichnet wird.
e) Berechne mithilfe der Gleichung, wie viel Quadratmeter des Teiches sieben (acht, neun, zehn) Tage nach Corinnas erster Beobachtung der Wasserlinsen bedeckt sind.

2 Die Masse einer Bakterienkultur verdreifacht sich innerhalb einer Stunde. Zu Beginn der Beobachtung beträgt ihre Masse ein Gramm.
a) Wie groß ist die Masse nach einer Stunde? Gib die Masse der Bakterien nach zwei (drei, vier, fünf) Stunden an. Lege eine Wertetabelle an.
b) Bestimme die Gleichung der Funktion „Zeit (h) → Masse der Bakterien (g)".
c) Berechne mithilfe der Funktionsgleichung die Masse der Bakterien nach sechs (acht, zehn) Stunden.

3 Braunalgen wachsen sehr schnell. Ihre Höhe verdoppelt sich in einer Woche.
a) Eine Alge ist zu Beginn der Beobachtung drei Meter hoch.
Wie hoch ist sie eine Woche später? Welche Höhe erreicht sie nach zwei (drei, vier, fünf) Wochen?
b) Begründe: Wenn die Braunalge zu Beginn der Beobachtung drei Meter hoch ist, hat die Funktion „Zeit (Wochen) → Höhe der Braunalge (m)" die Gleichung $f(x) = 3 \cdot 2^x$.
c) Eine Braunalge ist zu Beginn der Beobachtung 1,50 m (3,50 m, 0,80 m) hoch. Gib die Gleichung der Funktion „Zeit (Wochen) → Höhe der Braunalge (m)" an.

4 Im Jahr 2010 hatten die USA 310 Millionen Einwohner. Die Bevölkerung wächst jährlich um 1 %.
Begründe, dass die Bevölkerungsentwicklung in den USA durch die Funktion f mit der Gleichung $f(x) = 310 \cdot 1{,}01^x$ modelliert werden kann.

Exponentielles Wachstum

5 Bestimme die Gleichung der Funktion „Zeit (h) → Anzahl der Bakterien".
a) Zu Beginn werden 300 Exemplare des Bacillus subtilis festgestellt.
Diese Bakterienart verdreifacht ihre Anzahl in einer Stunde.
b) Bei 37 °C ist die Anzahl von Bakterien der Art Escherichia coli nach einer Stunde achtmal so groß wie zuvor.
Zu Beginn sind 120 Bakterien vorhanden.
c) Zu Beginn werden 100 Milchsäurebakterien gezählt. In einer Stunde verdoppelt sich ihre Anzahl.
d) Zunächst werden 100 Exemplare des Choleraerregers beobachtet, eine Stunde später sind es 400.
e) In einer Petrischale wird eine Kultur mit 200 Kolibakterien angelegt.
Eine Stunde später werden 1000 Bakterien gezählt.

6 Ein Körper mit einer Temperatur von 160 °C wird zum Abkühlen in einen Raum mit einer konstanten Temperatur von 0 °C gebracht. Nach einer Stunde beträgt die Temperatur jeweils ein Viertel des Wertes, den sie zu Beginn der Stunde hatte.
a) Welche Temperatur hat der Körper nach einer Stunde, welche Temperatur hat er nach zwei (drei) Stunden?
b) Begründe, dass die Funktion „Zeit (h) → Temperatur des Körpers (°C)" die Gleichung $f(x) = 120 \cdot 0{,}25^x$ hat.
c) Erläutere, warum die Verringerung der Temperatur als exponentielle Abnahme bezeichnet wird.

7 Eine Braunalge ist zu Beginn der Beobachtung 2,50 m hoch. Ihre Höhe verdoppelt sich in einer Woche.

> Nach wie vielen Wochen ist die Alge 10 m hoch?
>
> f: Zeit → Höhe der Alge $f(x) = 2{,}5 \cdot 2^x$
>
> $$2{,}5 \cdot 2^x = 10 \qquad |:2{,}5$$
> $$2^x = 4$$
> $$\lg 2^x = \lg 4$$
> $$x \cdot \lg 2 = \lg 4$$
> $$x = \frac{\lg 4}{\lg 2} \qquad |:\lg 2$$
> $$x = 2$$
>
> Nach zwei Wochen ist die Alge 10 m hoch.

Nach wie vielen Wochen hat die Alge eine Höhe von 80 m erreicht?

> **Exponentielles Wachstum**
>
> Eine Größe nimmt exponentiell zu, wenn sie in gleichen Zeitspannen um den gleichen Faktor zunimmt.
> Eine Größe nimmt exponentiell ab, wenn sie in gleichen Zeitspannen um den gleichen Faktor abnimmt.
>
> Exponentielles Wachstum kann durch eine Funktion
> f: $y = k \cdot a^x$ (a, k ∈ ℝ, a > 0, k > 0)
> beschrieben werden.
>
> f: Zeit (h) → Höhe (m)
>
>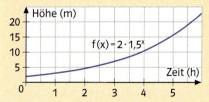
>
> g: Zeit (h) → Temperatur (°C)
>
>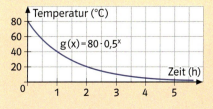

Lineares und exponentielles Wachstum vergleichen

1 Bei einer Quizshow werden in einer Fragerunde bis zu zehn Fragen gestellt. Wird eine Frage nicht oder falsch beantwortet, ist die Fragerunde beendet.
Zu Beginn muss der Teilnehmer oder die Teilnehmerin entscheiden, wie der Gewinn bestimmt werden soll.

> **1. Möglichkeit**
> 200 € für jede richtige Antwort.

> **2. Möglichkeit**
> 10 € für die erste richtige Antwort. Bei jeder weiteren richtigen Antwort wird der Gewinn verdoppelt.

a) Entscheide dich für eine der beiden Möglichkeiten.
b) Vervollständige die Tabelle.

	1. Möglichkeit	2. Möglichkeit
eine richtige Antwort	■	■
zwei richtige Antworten	■	■
drei richtige Antworten	■	■
…		
zehn richtige Antworten	■	■

c) Ein Kandidat beantwortet fünf (sieben, zehn) Fragen richtig. Bei welcher Möglichkeit ist sein Gewinn höher? Wie viele Fragen muss der Kandidat mindestens richtig beantworten, damit er bei der zweiten Möglichkeit den höheren Gewinn erhält?
d) Bei welcher Möglichkeit nimmt der Gewinn linear zu, bei welcher exponentiell?

2 In einem halben Jahr möchte Laura einen Motorroller kaufen. Ihr Großvater will sich an den Kosten beteiligen. Er schlägt ihr zwei verschiedene Möglichkeiten vor.

Du erhältst sofort 500 € und dann ein halbes Jahr lang jeden Monat 100 €…

… oder ich gebe dir jetzt 20 € und verdopple jeden Monat den vorhandenen Betrag.

a) Vervollständige die Tabelle.

	Guthaben 1. Möglichkeit	Guthaben 2. Möglichkeit
Startkapital	■	■
1. Monat	■	■
2. Monat	■	■
3. Monat	■	■
…		
6. Monat	■	■

Was stellst du fest?
b) Stelle für beide Möglichkeiten Lauras Guthaben als Graph im Koordinatensystem dar. Vergleiche beide Graphen.
c) Bei welcher Möglichkeit wächst Lauras Guthaben linear, bei welcher exponentiell?
d) Beschreibe Lauras Guthaben jeweils durch eine Funktionsgleichung. Dabei soll x die Anzahl der Monate und y das Guthaben bezeichnen.

Arbeiten mit dem Computer: Wachstum vergleichen

1 Celina vergleicht lineares und exponentielles Wachstum mithilfe eines Tabellenkalkulationsprogramms.
In Spalte C hat sie die x-Werte eingetragen, in Spalte D werden die Funktionswerte der linearen Funktion f mit der Gleichung $f(x) = m \cdot x + k$ und in Spalte E die Funktionswerte der Exponentialfunktion g mit der Gleichung $g(x) = k \cdot a^x$ berechnet.
Wenn sie die Werte für k, m und a in den Zellen B1, B2 und B3 verändert, erhält sie die Funktionswerte verschiedener Wachstumsfunktionen.

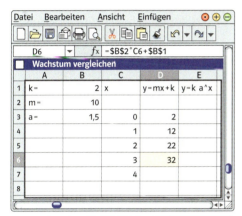

Vergleiche jeweils die Funktionswerte der Funktionen f und g. Stelle fest, für welche x-Werte der y-Wert der Exponentialfunktion größer als der y-Wert der linearen Funktion ist.
a) f: $f(x) = 10x + 2$ g: $g(x) = 2 \cdot 1{,}5^x$
b) f: $f(x) = 20x + 10$ g: $g(x) = 10 \cdot 1{,}1^x$
c) f: $f(x) = 50x + 50$ g: $g(x) = 50 \cdot 1{,}05^x$
d) f: $f(x) = 2x + 10$ g: $g(x) = 10 \cdot 1{,}01^x$

2 Verwende ein Tabellenkalkulationsprogramm zum Vergleich von linearem und quadratischem Wachstum.

	A	B	C	D	E
1	k=	5	x	y=mx+k	y=ax²+k
2	m=	3			
3	a=	1,5	0	5	5
4			1	8	6,5
5			2	11	11
6			3	14	18,5

Mithilfe des Tabellenkalkulationsprogramms kannst du die Funktionen auch grafisch darstellen.

Vergleiche jeweils die Werte der Funktionen f und g. Stelle fest, für welche x-Werte der y-Wert von g größer als der von f ist.
a) f: $f(x) = 3x + 5$ g: $g(x) = 1{,}5 \cdot x^2 + 5$
b) f: $f(x) = 5x$ g: $g(x) = 0{,}5 \cdot x^2$
c) f: $f(x) = 100x + 1$ g: $g(x) = 2 \cdot x^2 + 1$
d) f: $f(x) = 5x + 100$ g: $g(x) = 0{,}1 \cdot x^2 + 100$

3 Vergleiche quadratisches und exponentielles Wachstum mithilfe eines Tabellenkalkulationsprogramms.
a) f: $f(x) = 1{,}5 \cdot x^2 + 2$ g: $g(x) = 2 \cdot 1{,}5^x$
b) f: $f(x) = x^2 + 5$ g: $g(x) = 5 \cdot 1{,}5^x$
c) f: $f(x) = 5 \cdot x^2 + 10$ g: $g(x) = 10 \cdot 1{,}2^x$
d) f: $f(x) = 10 \cdot x^2 + 1$ g: $g(x) = 1{,}05^x$

Auf die Dauer übertrifft exponentielles Wachstum quadratisches Wachstum..

... und quadratisches Wachstum übertrifft lineares Wachstum.

Die Funktion f beschreibt ein lineares Wachstum, die Funktion g ein quadratisches Wachstum und die Funktion h ein exponentielles Wachstum.
Wenn x groß genug ist gilt:
$f(x) < g(x) < h(x)$

Modellieren: Wachstum

Ein 3500 m² großer Platz erhält ein neues Pflaster. 600 m² sind bereits fertig. Stündlich werden 30 m² zusätzlich gepflastert.

1. Welche Größen werden einander zugeordnet?
2. Handelt es sich um eine Zunahme oder Abnahme?
4. Wie nimmt die Größe in gleichen Zeitspannen zu?

Zeit (h) → gepflasterte Fläche (m²)
Die gepflasterte Fläche nimmt zu.

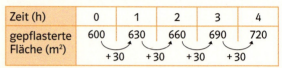

Die Größe nimmt um den gleichen Betrag zu.
Lineares Wachstum

4. Welches Modell beschreibt den Sachverhalt?
5. Wie lautet die Funktionsgleichung?
6. Beschreibt die Funktion den Sachverhalt?

$f(x) = 600 + 30x$
$f(4) = 600 + 30 \cdot 4 = 720$ ✓

Beim Anfahren beschleunigt Frau Ohm ihr Auto gleichmäßig. Nach einer Sekunde hat sie 1,50 m zurückgelegt, nach zwei Sekunden 6 m, nach drei Sekunden 13,50 m und nach vier Sekunden 24 m.

1. Welche Größen werden einander zugeordnet?
2. Handelt es sich um eine Zunahme oder Abnahme?
3. Wie nimmt die Größe in gleichen Zeitspannen zu?

Zeit (s) → zurückgelegte Strecke (m)
Die zurückgelegte Strecke nimmt zu.

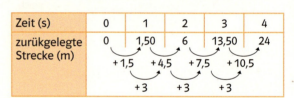

Die Zunahme der Größe wächst um den gleichen Betrag.
Quadratisches Wachstum

4. Welches Modell beschreibt den Sachverhalt?
5. Wie lautet die Funktionsgleichung?
6. Beschreibt die Funktion den Sachverhalt?

$f(x) = 1{,}5x^2$
$f(4) = 1{,}5 \cdot 4^2 = 24$ ✓

Die Masse einer Kultur von Milchsäurebakterien verdoppelt sich innerhalb einer Stunde. Zu Beginn der Beobachtung beträgt die Masse 0,5 g.

1. Welche Größen werden einander zugeordnet?
2. Handelt es sich um eine Zunahme oder Abnahme?
3. Wie nimmt die Größe in gleichen Zeitspannen zu?

Zeit (h) → Masse der Bakterien (mg)
Die Masse der Bakterien nimmt zu.

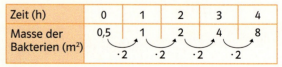

Die Größe nimmt um den gleichen Faktor zu.
Exponentielles Wachstum

4. Welches Modell beschreibt den Sachverhalt?
5. Wie lautet die Funktionsgleichung?
6. Beschreibt die Funktion den Sachverhalt?

$f(x) = 0{,}5 \cdot 2^x$
$f(4) = 0{,}5 \cdot 2^4 = 8$ ✓

Lineares, quadratisches und exponentielles Wachstum unterscheiden

1 Entscheide jeweils, mit welchem Modell das Wachstum beschrieben werden kann. Gib die Gleichung der Wachstumsfunktion an.

A Eine Baugrube ist bereits 100 m³ groß. Ein Bagger vergrößert sie stündlich um 30 m³.

B Auf einem Nährboden ist eine 8 cm² große Fläche mit Pilzen bewachsen. Die von Pilzen bewachsene Fläche verdoppelt sich täglich.

C Beim Anfahren beschleunigt Frau Bauer ihr Motorrad gleichmäßig. Nach einer Sekunde hat sie drei Meter zurückgelegt, nach zwei Sekunden zwölf Meter und nach drei Sekunden 27 Meter.

D Auf der Oberfläche eines 25 000 m² großen Sees sind 200 m² mit Algen bedeckt. Die von Algen bedeckte Fläche wächst täglich um 10 %.

E Für den Stromverbrauch bezahlt Familie Kreß eine Grundgebühr von 40 € jährlich sowie 17 Cent für jede Kilowattstunde Strom.

F Der Bremsweg eines Autos hängt von seiner Geschwindigkeit ab. Auf trockener Fahrbahn beträgt er bei einer Geschwindigkeit von 10 $\frac{km}{h}$ ein Meter, bei 20 $\frac{km}{h}$ vier Meter, bei 30 $\frac{km}{h}$ neun Meter und bei 40 $\frac{km}{h}$ sechzehn Meter.

G Frau Schmidt hat 10 000 € für fünf Jahre fest angelegt. Der Zinssatz beträgt 4,5 % pro Jahr. Die Zinsen eines Jahres werden im folgenden Jahr zusammen mit dem Guthaben verzinst.

H Eine Metallkugel rollt eine schiefe Ebene hinab. Nach einer Sekunde hat sie eine Strecke von 40 cm zurückgelegt, nach 1$\frac{1}{2}$ Sekunden eine Strecke von 90 cm und nach zwei Sekunden eine Strecke von 160 cm.

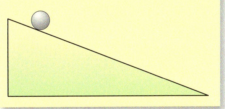

I Die Haare des Menschen bestehen aus verhornten Zellschichten der Haut. Sie sind tief in die Haut eingesenkt. Der unter der Hautoberfläche liegende Teil heißt Haarwurzel. Die Zellen am unteren Ende der Haarwurzel teilen sich fünfmal so schnell wie gewöhnliche Hautzellen. Daher wächst das menschliche Kopfhaar einen Zentimeter pro Monat.

Lineares, quadratisches und exponentielles Wachstum unterscheiden

Für ihr neues Auto hat Frau Brauser 24 000 € bezahlt. Das Auto verliert jährlich 20 % seines Wertes.

1. Welche Größen werden einander zugeordnet?
2. Handelt es sich um eine Zunahme oder Abnahme?
3. Wie nimmt die Größe in gleichen Zeitspannen ab?

Zeit (a) → Wert des Autos (€)
Der Wert des Autos nimmt ab.

Zeit (a)	0	1	2	3	4
Wert des Autos (€)	24 000	19 200	15 360	12 288	9830,40

·0,8   ·0,8   ·0,8   ·0,8

Die Größe nimmt um den gleichen Faktor ab.

4. Welches Modell beschreibt den Sachverhalt? — Exponentielles Wachstum
5. Wie lautet die Funktionsgleichung? — $f(x) = 24\,000 \cdot 0{,}8^x$
6. Beschreibt die Funktion den Sachverhalt? — $f(4) = 24\,000 \cdot 0{,}8^4 = 9830{,}40$

2 Entscheide jeweils, mit welchem Modell der dargestellte Sachverhalt beschrieben werden kann. Gib die Funktionsgleichung an.

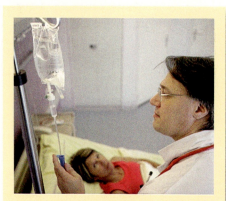

A Ein Patient muss durch Infusion künstlich ernährt werden. Dabei fließen unter anderem pro Minute zwei Milliliter einer sterilen Glucoselösung aus der Infusionsflasche in die Vene des Patienten.
Zu Beginn der Infusion enthält die Infusionsflasche 500 ml Glucoselösung.

B Heißer Kaffee wird in eine Kanne gefüllt.
Beim Einfüllen beträgt seine Temperatur 75 °C, nach einer Stunde sind es noch 60 °C, nach zwei Stunden 48 °C, nach drei Stunden 38,4 °C.

C Im Winter verbraucht Familie Kirchhoff durchschnittlich 16 Liter Heizöl pro Tag. Vor Beginn des Winters ist der Öltank mit 2000 Litern Heizöl gefüllt worden.

D Im Jahr 2010 hatte Rumänien 21 Millionen Einwohner. Die Einwohnerzahl sinkt um 0,5 % pro Jahr.

E Ein Schwimmbecken enthält 750 000 Liter Wasser.
Um es zu reinigen, wird das Wasser abgelassen. Dabei fließen pro Minute 1000 Liter Wasser ab.

F Osmium 191 ist eine radioaktive Substanz.
Zu Beginn der Beobachtung sind 80 mg vorhanden. Täglich zerfallen 4,6 % der vorhandenen Masse.

Lineares, quadratisches und exponentielles Wachstum unterscheiden

3 Bei den dargestellten Sachverhalten ist die Veränderung nicht von der Zeit abhängig. Entscheide dich für das passende Wachstumsmodell und gib die Funktionsgleichung an.

A In Meereshöhe beträgt die mittlere Temperatur auf der Erde 20 °C. Bei einer Zunahme der Höhe von 1000 m nimmt die mittlere Temperatur jeweils um 6,5 °C ab.

B Mithilfe eines Geometrieprogramms hat Aynur ein rechtwinkliges Dreieck mit einem Flächeninhalt von 0,5 cm² gezeichnet. Im Zoommodus vergrößert sie das Dreieck auf 200 %, 300 %, 400 %, … Dabei vergrößert sich der Flächeninhalt des Dreiecks.

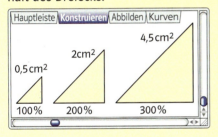

C Unter Wasser nimmt die Lichtintensität ab, je tiefer man taucht. Bei jedem Meter, den man sich von der Wasseroberfläche entfernt, wird sie um 15 % geringer.
An der Wasseroberfläche wird eine Lichtintensität von 10 000 Lux gemessen.

D Enes hat mithilfe eines Geometrieprogramms die abgebildete Figur gezeichnet. Sie hat einen Flächeninhalt von 10 cm². Enes verkleinert sie nacheinander auf 90 %, 80 %, 70 % … Dabei verringert sich der Flächeninhalt der Figur.

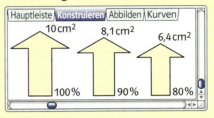

E Verbindet man die Mittelpunkte eines Quadrats, so entsteht ein zweites kleineres Quadrat, verbindet man dessen Seitenmitten, so entsteht ein drittes noch kleineres Quadrat.
Wird dieser Vorgang fortgesetzt, ergibt sich eine Folge von Quadraten, deren Flächeninhalt immer kleiner wird.
Das Anfangsquadrat hat einen Flächeninhalt von 10 cm².

F Ein Ball wird aus zwei Metern Höhe auf einen ebenen Boden geworfen. Er prallt mehrfach auf und springt wieder hoch.
Nach jedem Aufprall erreicht er 80 % der Höhe des vorangegangenen Sprungs.

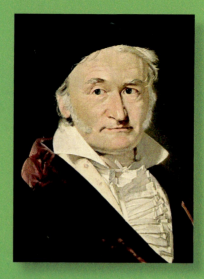

Carl Friedrich Gauß
1777 – 1855
Mathematiker,
Astronom,
Geodät,
Physiker

6 Trigonometrische Berechnungen

Seit Jahrhunderten versuchen die Menschen, die Lage wichtiger Punkte sowie die Größe von Längen und Flächen im Gelände möglichst genau zu ermitteln.

Zu Beginn des 19. Jahrhunderts wurden in ganz Europa verstärkt Landvermessungen vorgenommen.

Carl Friedrich Gauß begann 1820 mit der Vermessung des Königreiches Hannover. Informiere dich im Internet, mit welcher Genauigkeit er die damaligen Messungen durchführen konnte.

Die klassische Methode der Geodäsie (Lehre von der Erdvermessung) ist die **Triangulation.** Hierbei wird das zu vermessende Land von einem **Dreiecksnetz** überzogen.

Der Niederländer Snellius (1580–1626) führte die Trigonometrie in der Landvermessung ein.
Die Trigonometrie ist ein Teilgebiet der Mathematik. Sie ermöglicht, aus gegebenen Seitenlängen und Winkelgrößen die übrigen Stücke eines Dreiecks zu berechnen.

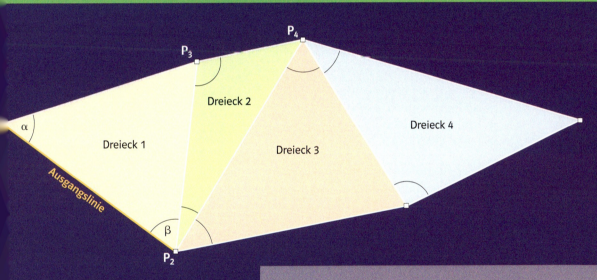

Triangulationsverfahren

1. Die Länge einer Strecke (Ausgangslinie $\overline{P_1P_2}$) zwischen zwei Geländepunkten wird bestimmt.

2. Mit einem Winkelmessgerät peilt der Landvermesser einen dritten Punkt (P_3) an.
   Anschließend wird jeweils die Größe der in der Abbildung mit α und β gekennzeichneten Winkel gemessen.

3. Aus der Länge der Ausgangslinie und den beiden Winkelgrößen können die fehlenden Seitenlängen des Dreiecks berechnet werden.

Beschreibe, wie dieses Verfahren fortgesetzt werden kann.

Sinus, Kosinus und Tangens eines Winkels

1 a) Die abgebildete Zahnradbahn startet in 1400 m Höhe.

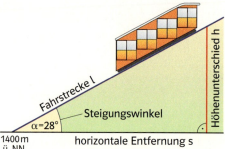

In welcher Höhe befindet sich jeweils die Bahn, wenn sie eine Fahrstrecke l von 500 m, 750 m oder 1000 m zurückgelegt hat? Löst die Aufgabe mithilfe einer maßstabsgerechten Zeichnung.
Bildet jeweils das Längenverhältnis

$$\frac{\text{Höhenunterschied } h}{\text{Fahrstrecke } l}.$$

b) Eine Standseilbahn überwindet auf einer 1400 m langen Fahrstrecke l einen Höhenunterschied h von 600 m. Bestimmt durch eine Zeichnung den Höhenunterschied h nach einer 2100 m langen Fahrstrecke l.
Notiert die Größe des Steigungswinkels α. Bestimmt jeweils das Längenverhältnis $\frac{h}{l}$.

2 Eine Zahnradbahn legt zwischen den Stationen A und B eine 480 m lange Fahrstrecke l zurück. Die zugehörige horizontale Entfernung s wird mit 450 m angegeben.

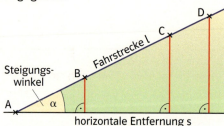

a) Ermittelt durch eine geeignete Zeichnung die Größe des Steigungswinkels α.
b) Welche Fahrstrecke l hat die Bahn jeweils zurückgelegt, wenn die zugehörige horizontale Entfernung s 900 m oder 1200 m beträgt? Gebt auch jeweils das Längenverhältnis $\frac{s}{l}$ an.

Löst diese Aufgaben in Partnerarbeit. Beschreibt auch den Lösungsweg.

Welche Vermutungen könnt ihr aus den Ergebnissen dieser Aufgaben aufstellen? Notiert einen kurzen Text.

3 Die Steigung einer Straße wird häufig in Prozent angegeben.
a) Bei einer Steigung von 20 % überwindet eine Straße auf einer horizontal gemessenen Entfernung s von 100 m einen Höhenunterschied h von 20 m. Die horizontale Entfernung s soll 150 m (200 m) betragen. Wie groß ist der zugehörige Höhenunterschied h?

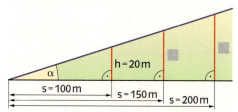

Berechnet jeweils das Längenverhältnis $\frac{h}{s}$. Bestimmt auch die Größe des Steigungswinkels α.
b) Ein Straßenstück weist eine Steigung von 15 % auf. Ermittelt die Größe des zugehörigen Steigungswinkels α. Bildet auch hier das Längenverhältnis $\frac{h}{s}$.

Können wir diese Aufgaben auch rechnerisch lösen?

Welcher Zusammenhang besteht in rechtwinkligen Dreiecken zwischen den Winkelgrößen und den Seitenlängen?

4 a) Zeichne vier verschiedene, möglichst große, rechtwinklige Dreiecke ABC mit γ = 90° und α = 30° sowie vier weitere rechtwinklige Dreiecke ABC mit γ = 90° und α = 50°.
b) Miss in den einzelnen Dreiecken möglichst genau die Seitenlängen. Berechne anschließend jeweils den Quotienten $\frac{a}{c}$, $\frac{b}{c}$ und $\frac{a}{b}$. Ergänze die Tabelle im Heft.

	$\frac{a}{c}$	$\frac{b}{c}$	$\frac{a}{b}$
30°	■	■	■
30°	■	■	■
30°	■	■	■
30°	■	■	■
50°	■	■	■

Vergleiche deine Ergebnisse auch mit denen deines Partners. Was stellst du fest?

Sinus, Kosinus und Tangens eines Winkels

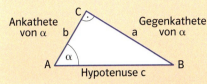

In einem rechtwinkligen Dreieck ABC ($\gamma = 90°$) wird die dem Winkel α gegenüberliegende Kathete als Gegenkathete von α bezeichnet. Die am Winkel α anliegende Kathete heißt Ankathete von α.

In einem rechtwinkligen Dreieck heißt der Quotient aus der Länge der Gegenkathete eines Winkels und der Länge der Hypotenuse **Sinus (sin) des Winkels.**

$$\sin \alpha = \frac{\text{Gegenkathete von } \alpha}{\text{Hypotenuse}} \qquad \sin \alpha = \frac{a}{c}$$

In einem rechtwinkligen Dreieck heißt der Quotient aus der Länge der Ankathete eines Winkels und der Länge der Hypotenuse **Kosinus (cos) des Winkels.**

$$\cos \alpha = \frac{\text{Ankathete von } \alpha}{\text{Hypotenuse}} \qquad \cos \alpha = \frac{b}{c}$$

In einem rechtwinkligen Dreieck heißt der Quotient aus der Länge der Gegenkathete eines Winkels und der Länge der Ankathete des Winkels **Tangens (tan) des Winkels.**

$$\tan \alpha = \frac{\text{Gegenkathete von } \alpha}{\text{Ankathete von } \alpha} \qquad \tan \alpha = \frac{a}{b}$$

5 Begründe, dass in allen rechtwinkligen Dreiecken ABC ($\gamma = 90°$) mit gleich großem Winkel α der Quotient

$\frac{\text{Länge der Gegenkathete } a}{\text{Länge der Hypotenuse } c}$ ($\frac{\text{Länge der Ankathete } b}{\text{Länge der Hypotenuse } c'}$

$\frac{\text{Länge der Gegenkathete } a}{\text{Länge der Ankathete } b}$) denselben Wert hat.

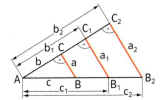

6 Bestimme wie im Beispiel die Platzhalter.

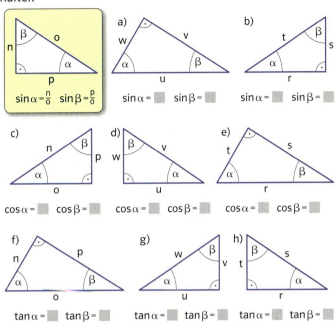

7 a) Erläutere, warum in der Abbildung I die Maßzahl für die Länge der Strecke $\overline{QR}$ (Einheit: Dezimeter) einem Näherungswert für sin 50°, die Maßzahl für die Strecke $\overline{PQ}$ einem Näherungswert für cos 50° entspricht.

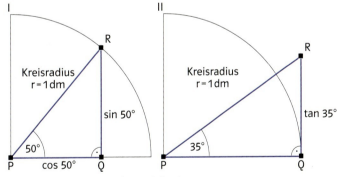

b) Welchem Wert nähert sich sin α (cos α), wenn sich der Winkel α immer mehr dem Wert 0° (90°) nähert?
c) Erläutere, warum die Maßzahl für die Länge der Strecke $\overline{QR}$ (Einheit: Dezimeter) in der Abbildung II einem Näherungswert für tan 35° entspricht.
d) Erkläre anhand der Abbildung II die folgende Festlegung: tan 0° = 0. Warum kann für $\alpha = 90°$ kein Tangenswert festgelegt werden?

Arbeiten mit dem Computer: Sinus und Kosinus eines Winkels

1 a) Zeichne mithilfe eines Geometrieprogramms ein rechtwinkliges Dreieck ABC ($\gamma = 90°$). Benutze für deine Konstruktion den Satz des Thales.
Die folgenden Abbildungen zeigen dir, wie du vorgehen kannst.
Hilfslinien kannst du mit dem Befehl „Objekt verbergen/anzeigen" verstecken.

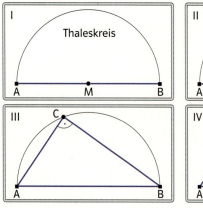

b) Miss zunächst wie in dem Beispiel abgebildet die Längen der einzelnen Dreiecksseiten und die Größe des Winkels β.
Berechne anschließend mit dem Geometrieprogramm jeweils den Quotienten

$$\frac{\text{Länge der Gegenkathete b von }\beta}{\text{Länge der Hypotenuse c}}$$

und

$$\frac{\text{Länge der Ankathete a von }\beta}{\text{Länge der Hypotenuse c}}.$$

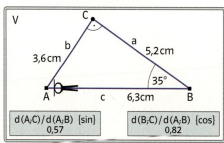

c) Verändere im Zugmodus die Länge der Hypotenuse und die Länge der Katheten. Bewege dazu den Punkt A oder den Punkt B.
Die Größe des Winkels β wird dabei nicht verändert. Was stellst du fest?
d) Führe die Aufgabe mit anderen Winkelgrößen für β durch. Verändere dazu die Lage des Punktes C.

2 a) Zeichne zunächst wie abgebildet einen Viertelkreis mit dem Radius $r = 1$ cm.
Vergrößere anschließend deine Zeichnung.

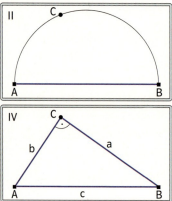

b) Fixiere einen Punkt R auf dem Kreisbogen.
Zeichne danach wie dargestellt das rechtwinklige Dreieck PQR.

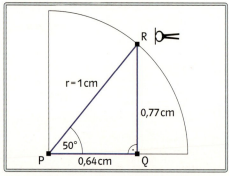

c) Erläutere, warum in der Abbildung die Maßzahl für die Länge der Strecke $\overline{QR}$ einem Näherungswert für sin 50° entspricht und die Maßzahl für die Länge der Strecke $\overline{PQ}$ einem Näherungswert für cos 50° entspricht.
d) Bestimme jeweils Sinus- und Kosinuswerte für verschiedene Winkelgrößen. Verändere dazu die Lage von Punkt R auf dem Kreisbogen.
Vergleiche diese Werte jeweils mit den Sinus- und Kosinuswerten, die dein Taschenrechner liefert.

Arbeiten mit dem Computer: Tangens eines Winkels

1 a) Zeichne mithilfe eines Geometrieprogramms wie abgebildet ein rechtwinkliges Dreieck ABC.

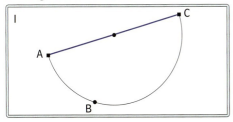

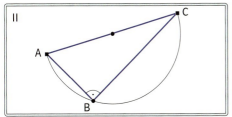

b) Miss jeweils die Länge der Katheten und die Größe des Winkels α. Berechne anschließend den Quotienten

$$\frac{\text{Länge der Gegenkathete } a}{\text{Länge der Ankathete } c}.$$

Benutze dazu in der Leiste „Messen und Rechnen" den Befehl „Termobjekt erstellen".

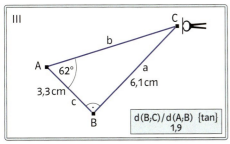

c) Verändere die Länge der einzelnen Katheten. Bewege dazu den Punkt A oder C. Was stellst du fest?
d) Führe diese Aufgabe mit anderen Größen für den Winkel α durch. Verändere dazu die Lage von Punkt B.

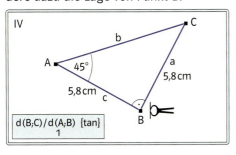

2 a) Zeichne einen Viertelkreis (r = 1 cm). Vergrößere deine Zeichnung.
b) Führe mit dem Geometrieprogramm die folgenden Konstruktionen aus.

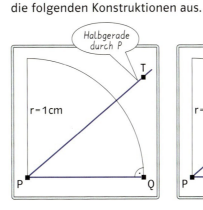
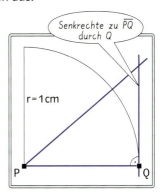

Bezeichne den Schnittpunkt der Halbgeraden und der Senkrechten mit R.

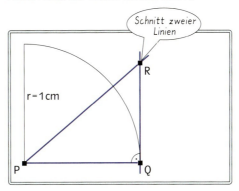

c) Erläutere, warum die Maßzahl für die Länge der dargestellten Strecke $\overline{QR}$ einem Näherungswert für tan 40° entspricht.

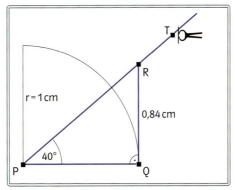

Bestimme mithilfe des Geometrieprogramms für verschiedene Winkelgrößen den Tangenswert. Verändere dazu die Lage der Halbgeraden.
Vergleiche diese Werte mit den Tangenswerten deines Taschenrechners.

Berechnungen in rechtwinkligen Dreiecken

Früher wurden die Sinus-, Kosinus- und Tangenswerte aus Tabellen oder vom Rechenstab abgelesen.

Heute stellt der Taschenrechner für die praktische Anwendung ausreichende Näherungswerte zur Verfügung.

Achte darauf, dass dein Rechner auf das Winkelmaß DEG (degree = Grad) eingestellt ist.

sin 10° =

Tastenfolge: sin 10 =

Anzeige: 0.173648177

sin 10° ≈ 0,1736

1 Bestimme mithilfe des Taschenrechners jeweils den Sinus-, Kosinus- und Tangenswert für α = 29° (18°; 53°; 89°; 14,5°; 74,8°). Runde dein Ergebnis auf vier Stellen nach dem Komma.

2 In dem folgenden Beispiel wird die Gegenkathete von α berechnet.

Gegeben: $\alpha = 35°$; $\beta = 90°$; b = 40 cm
Gesucht: a
Planfigur:

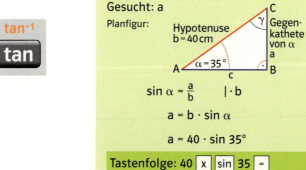

Hypotenuse b = 40 cm
Gegenkathete von α: a

$\sin \alpha = \frac{a}{b}$ | · b

$a = b \cdot \sin \alpha$

$a = 40 \cdot \sin 35°$

Tastenfolge: 40 x sin 35 =

Anzeige: 22.94305745

a ≈ 23 cm

Berechne die gesuchte Seitenlänge in dem Dreieck ABC. Fertige eine Planfigur an.
a) c = 65 cm; α = 35°; γ = 90°; a =
b) a = 11,4 cm; α = 90°; β = 53°; c =
c) a = 94 cm; β = 90°; γ = 28°; c =

3 Berechne in dem Dreieck die Länge der rot markierten Strecke.

Gegeben: a = 18 cm; $\alpha = 52°$; $\gamma = 90°$
Gesucht: b
Planfigur:

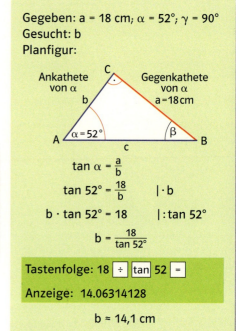

Ankathete von α: b
Gegenkathete von α: a = 18 cm

$\tan \alpha = \frac{a}{b}$

$\tan 52° = \frac{18}{b}$ | · b

$b \cdot \tan 52° = 18$ | : tan 52°

$b = \frac{18}{\tan 52°}$

Tastenfolge: 18 ÷ tan 52 =

Anzeige: 14.06314128

b ≈ 14,1 cm

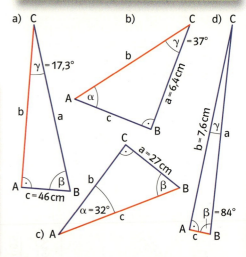

a) $\gamma = 17,3°$
b) $\gamma = 37°$; a = 6,4 cm
c) c = 46 cm; $\alpha = 32°$
d) b = 7,6 cm; $\beta = 84°$
(Dreieck mit a = 27 cm)

4 Berechne in dem rechtwinkligen Dreieck ABC die gesuchte Seitenlänge. Fertige eine Planfigur an.
a) b = 26 cm; α = 90°; β = 42°; a =
b) a = 4,8 cm; α = 24°; γ = 90°; b =
c) a = 35 dm; β = 90°; γ = 68°; b =
d) a = 33 cm; α = 90°; γ = 45°; c =
e) c = 52 m; α = 54°; β = 90°; a =

L zu 3 und 4: 51,0 71,6 10,8 23,3 0,8 38,9 147,7 93,4 8,0

Berechnungen in rechtwinkligen Dreiecken

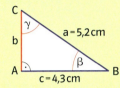

$\beta = $
$\tan \beta = \frac{45}{28}$

Tastenfolge: [tan⁻¹] 45 [÷] 28 [=]

Anzeige: 58.1092082

$\beta \approx 58°$

$\gamma = $
$\sin \gamma = \frac{28}{53}$

Tastenfolge: [sin⁻¹] 28 [÷] 53 [=]

Anzeige: 31.8907918

$\gamma \approx 32°$

Probe: $90° + 58° + 32° = 180°$
$180° = 180°$

So kannst du in einem rechtwinkligen Dreieck ABC ($\alpha = 90°$) aus a = 5,2 cm und c = 4,3 cm die Seitenlänge b sowie die Größe der Winkel β und γ berechnen:

1. Fertige eine Planfigur an.

2. Berechne die Größe des Winkels β.
$\cos \beta = \frac{c}{a}$
$\cos \beta = \frac{4,3}{5,2}$

Tastenfolge: [cos⁻¹] 4.3 [÷] 5.2 [=]

Anzeige: 34.21605113

$\beta \approx 34,2°$

3. Berechne die Größe des Winkels γ.
$\alpha + \beta + \gamma = 180°$ $|-\alpha|-\beta$
$\gamma = 180° - \alpha - \beta$
$\gamma = 180° - 90° - 34,2°$
$\gamma = 55,8°$

4. Berechne die Länge der Seite b.
$\sin \beta = \frac{b}{a}$ $|\cdot a$
$b = a \cdot \sin \beta$
$b = 5,2 \cdot \sin 34,2°$
$b \approx 2,9$ cm

• **5** Berechne in dem abgebildeten Dreieck die beiden fehlenden Winkelgrößen. Es gibt mehrere Lösungswege.

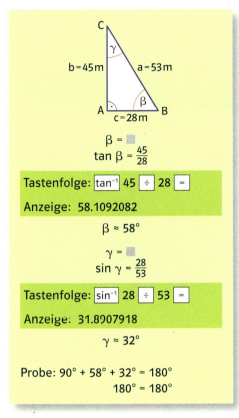

• **6** Bestimme die fehlenden Stücke in dem Dreieck ABC. Es gibt mehrere Lösungswege. Fertige eine Planfigur an.

	a)	b)	c)	d)	e)
a	14 cm				2,4 m
b		0,8 m	4,7 dm		3,6 m
c	6,8 cm	0,3 m		4,8 m	
α	90°		18,6°	90°	
β		90°		52,6°	90°
γ			90°		

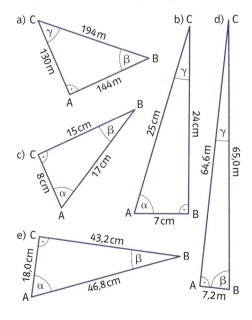

L 83,6 16,3 42,1 28,1 67,4 6,4 73,7 47,9 61,9 22,6

L 12,2 61 29 0,7 68 22 1,6 5 71,4 7,9 6,3 37,4 2,7 42 48

Berechnungen im allgemeinen Dreieck: Sinussatz

1 Die Entfernung zwischen den Punkten P_1 und P_2 soll bestimmt werden.

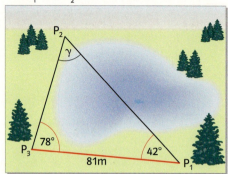

Erläutere, warum sich diese Aufgabe nicht unmittelbar mithilfe einer *sin-*, *cos-* oder *tan-Beziehung* lösen lässt.

2 Löst die folgenden Aufgaben jeweils in Partner- oder Gruppenarbeit. Notiert ausführlich den Lösungsweg.
a) Berechnet in dem Dreieck ABC mit $b = 6{,}4$ cm, $\alpha = 47°$ und $\gamma = 75°$ die Länge der Seite a.
b) In dem Dreieck ABC sind $c = 8{,}6$ cm, $\alpha = 28°$ und $\beta = 67°$. Berechnet die Länge der Seite b.
c) Berechnet in dem Dreieck ABC mit $a = 5{,}7$ cm, $\beta = 34°$ und $\gamma = 81°$ die Länge der Seite c.

3 In dem Beispiel wird gezeigt, dass für ein spitzwinkliges Dreieck ABC gilt:
$\frac{a}{b} = \frac{\sin \alpha}{\sin \beta}$.

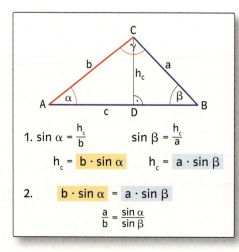

1. $\sin \alpha = \frac{h_c}{b}$ $\sin \beta = \frac{h_c}{a}$
   $h_c = b \cdot \sin \alpha$ $h_c = a \cdot \sin \beta$

2. $b \cdot \sin \alpha = a \cdot \sin \beta$
   $\frac{a}{b} = \frac{\sin \alpha}{\sin \beta}$

Erläutere den Beweis.

4 Zeige jeweils anhand der abgebildeten spitzwinkligen Dreiecke, dass die folgenden Gleichungen gelten:

$\frac{b}{c} = \frac{\sin \beta}{\sin \gamma}$ $\frac{c}{a} = \frac{\sin \gamma}{\sin \alpha}$

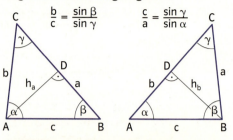

Sinussatz
In jedem beliebigen Dreieck ist das Längenverhältnis zweier Dreiecksseiten gleich dem Verhältnis der Sinuswerte der diesen Seiten gegenüberliegenden Winkel.

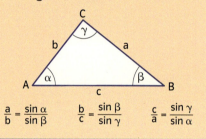

$\frac{a}{b} = \frac{\sin \alpha}{\sin \beta}$ $\frac{b}{c} = \frac{\sin \beta}{\sin \gamma}$ $\frac{c}{a} = \frac{\sin \gamma}{\sin \alpha}$

5 Berechne in dem Dreieck ABC die fehlende Seitenlänge.

Gegeben: $b = 3{,}3$ cm; $\alpha = 85°$; $\beta = 28°$
Gesucht: a
Planfigur:

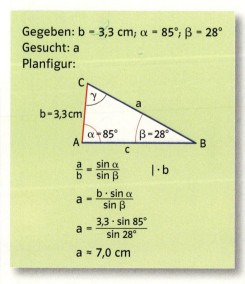

$\frac{a}{b} = \frac{\sin \alpha}{\sin \beta} \quad | \cdot b$

$a = \frac{b \cdot \sin \alpha}{\sin \beta}$

$a = \frac{3{,}3 \cdot \sin 85°}{\sin 28°}$

$a \approx 7{,}0$ cm

a) $b = 4{,}8$ cm; $\alpha = 24°$; $\beta = 80°$; $a =$ ▪
b) $c = 0{,}5$ m; $\beta = 84°$; $\gamma = 49°$; $b =$ ▪
c) $a = 6{,}7$ cm; $\alpha = 47°$; $\gamma = 48°$; $c =$ ▪

Sinussatz

So kannst du in dem Dreieck ABC mithilfe des Sinussatzes aus c = 6,5 cm, α = 85° und β = 28° die fehlenden Stücke berechnen:

1. Fertige eine Planfigur an.

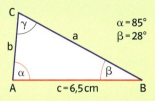

2. Berechne die Größe des Winkels γ.
   γ = 180° − α − β
   γ = 180° − 85° − 28°
   γ = 67°

3. Berechne die Länge der Seite a.
   $\frac{a}{c} = \frac{\sin \alpha}{\sin \gamma}$ | · c

   $a = \frac{c \cdot \sin \alpha}{\sin \gamma}$

   $a = \frac{6,5 \cdot \sin 85°}{\sin 67°}$

   a ≈ 7,0 cm

4. Berechne die Länge der Seite b.
   $\frac{b}{c} = \frac{\sin \beta}{\sin \gamma}$ | · c

   $b = \frac{c \cdot \sin \beta}{\sin \gamma}$

   $b = \frac{6,5 \cdot \sin 28°}{\sin 67°}$

   b ≈ 3,3 cm

7 Um Berechnungen in beliebigen Dreiecken durchzuführen, benötigst du den Sinus auch für stumpfe Winkel.
a) Auf dem abgebildeten Einheitskreis (Radius: 1 Längeneinheit) um den Ursprung O des Koordinatensystems ist ein Punkt P(x | y) markiert.

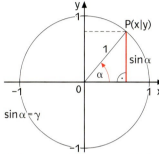

Erläutere anhand der Abbildung die folgende Aussage: Der **Sinuswert** von Winkel α ist die **y-Koordinate** des zu α gehörenden Punktes P(x | y) auf dem Einheitskreis.

b) In den folgenden Abbildungen wird die Beziehung sin α = y auf stumpfe Winkel erweitert.

Wird $P_1(x_1 | y_1)$ an der y-Achse gespiegelt, erhältst du $P_2(x_2 | y_2)$.

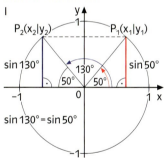
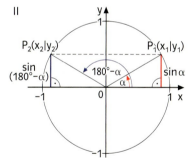

Begründe die folgende Beziehung:
Für 0° ≤ α ≤ 90° gilt: sin (180° − α) = sin α

8 Beweise mithilfe der Abbildung, dass die Gleichung $\frac{a}{b} = \frac{\sin \alpha}{\sin \beta}$ auch für stumpfwinklige Dreiecke gilt. Du benötigst für diesen Beweis die Beziehung sin (180° − α) = sin α.

$\sin \beta = \frac{h_c}{a}$ (Dreieck DBC)

$\sin (180° - \alpha) = \frac{h_c}{b}$ (Dreieck DAC)

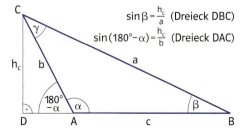

6 Berechne in dem Dreieck ABC die rot markierten Stücke.

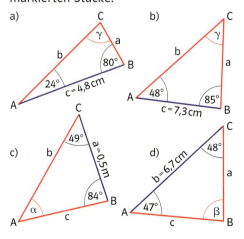

Sinussatz

9 Sind nach einem der Kongruenzsätze die Größen dreier Stücke bekannt, so kannst du das Dreieck zeichnen und die restlichen Stücke jeweils durch eine Messung bestimmen.

Kongruenzsätze

SSS

SWS

WSW

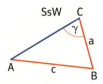
SsW

In welchen Fällen lassen sich fehlende Stücke eines Dreiecks unmittelbar mit dem Sinussatz berechnen?

10 Bestimme jeweils die fehlenden Seitenlängen und die fehlende Winkelgröße in dem Dreieck ABC.
a) $b = 7{,}3$ cm; $\alpha = 76°$; $\beta = 48°$
b) $c = 14{,}3$ cm; $\alpha = 66°$; $\beta = 82°$
c) $a = 8{,}7$ cm; $\alpha = 55{,}5°$; $\gamma = 71{,}3°$
d) $b = 24{,}6$ cm; $\alpha = 38{,}7°$; $\gamma = 104{,}8°$
e) $c = 113$ mm; $\alpha = 125{,}6°$; $\gamma = 17{,}5°$

11 a) In dem Beispiel wird aus den Größen a, c und γ des Dreiecks ABC die Winkelgröße α bestimmt.

> Gegeben: $a = 15$ cm, $c = 28$ cm, $\gamma = 77°$
> Gesucht: α
>
> $$\frac{a}{c} = \frac{\sin \alpha}{\sin \gamma} \qquad |\cdot \sin \gamma$$
> $$\frac{a \cdot \sin \gamma}{c} = \sin \alpha$$
> $$\sin \alpha = \frac{15 \cdot \sin 77°}{28}$$
> $$\alpha_1 \approx 32°$$
> $$\alpha_2 \approx 180° - 32° = 148°$$
> $$\alpha \approx 32°$$

Warum kann die Winkelgröße α_2 keine Lösung im Dreieck ABC sein?
b) Berechne die Winkelgröße β und die Länge der Seite b.

12 Bestimme die fehlenden Seitenlängen und die Winkelgrößen des Dreiecks ABC.
a) $b = 0{,}93$ m; $c = 0{,}45$ m; $\beta = 71{,}5°$
b) $a = 8{,}5$ cm; $b = 13{,}3$ cm; $\beta = 115{,}6°$
c) $a = 5{,}7$ cm; $c = 4{,}3$ cm; $\alpha = 126{,}4°$

13 a) Erläutere, warum in dem Beispiel für die Größe des Winkels γ die Werte 73° und 107° in Frage kommen.

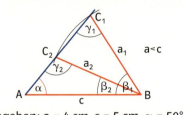

> Gegeben: $a = 4$ cm, $c = 5$ cm, $\alpha = 50°$
> Gesucht: γ
>
> $$\frac{c}{a} = \frac{\sin \gamma}{\sin \alpha} \qquad |\cdot \sin \alpha$$
> $$\sin \gamma = \frac{c \cdot \sin \alpha}{a}$$
> $$\sin \gamma = \frac{5 \cdot \sin 50°}{4}$$
> $$\sin \gamma \approx 0{,}9576$$
> $$\gamma_1 \approx 73° \text{ und } \gamma_2 \approx 107°$$

b) Berechne in dem Dreieck ABC_1 die fehlenden Stücke β_1 und b_1 sowie im Dreieck ABC_2 entsprechend β_2 und b_2.

14 a) Konstruiere zunächst ein Dreieck ABC aus $a = 3$ cm, $c = 6$ cm und $\alpha = 30°$. Berechne anschließend b, β und γ. Begründe anhand einer Rechnung, dass diese Aufgabe nur eine Lösung hat.
b) Versuche aus $a = 3{,}0$ cm, $c = 4{,}5$ cm und $\alpha = 72°$ ein Dreieck ABC zu konstruieren.
Zeige durch eine Rechnung, dass die Aufgabe keine Lösung hat.

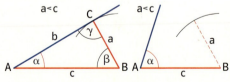

15 Bestimme die fehlenden Seitenlängen und Winkelgrößen in dem Dreieck ABC. Beachte, dass es genau eine, keine Lösung oder zwei Lösungen geben kann.
a) $a = 6$ cm; $b = 8$ cm; $\alpha = 45°$
b) $b = 21{,}5$ m; $c = 28{,}4$ m; $\beta = 36{,}5°$
c) $a = 5{,}6$ cm; $b = 5{,}2$ cm; $\beta = 78{,}4°$
d) $b = 24{,}5$ dm; $c = 47{,}7$ dm; $\gamma = 123{,}6°$
e) $a = 6{,}1$ cm; $b = 5{,}3$ cm; $\beta = 50{,}8°$

Berechnungen im allgemeinen Dreieck: Kosinussatz

Lassen sich in den Dreiecken I und II jeweils fehlende Stücke mit dem Sinussatz berechnen?

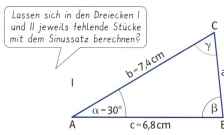

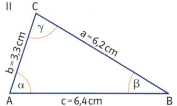

1 Erläutere, warum in dem abgebildeten Dreieck I die Länge der Seite a und in dem Dreieck II die Größe des Winkels α nicht mit dem Sinussatz berechnet werden kann.

2 In dem folgenden Beispiel wird in einem Dreieck ABC aus den Seitenlängen b und c sowie aus der Größe des eingeschlossenen Winkels α eine Formel hergeleitet, mit der du die Länge a berechnen kannst.

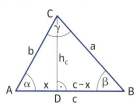

1. $b^2 = h_c^2 + x^2$

   $h_c^2 = b^2 - x^2$

2. $a^2 = h_c^2 + (c-x)^2$

   $a^2 = b^2 - x^2 + (c-x)^2$
   $a^2 = b^2 - x^2 + c^2 - 2cx + x^2$
   $a^2 = b^2 + c^2 - 2c\,x$

3. $\cos\alpha = \dfrac{x}{b}$

   $x = b \cdot \cos\alpha$

4. $a^2 = b^2 + c^2 - 2c \cdot b \cdot \cos\alpha$

   $a^2 = b^2 + c^2 - 2bc \cdot \cos\alpha$

3 Zeige, dass die folgenden Beziehungen in einem Dreieck ABC gelten:

$$b^2 = a^2 + c^2 - 2ac \cdot \cos\beta$$
$$c^2 = a^2 + b^2 - 2ab \cdot \cos\gamma$$

4 a) Erläutere anhand der folgenden Abbildung, dass gilt: Der **Kosinuswert** von Winkel α ist die **x-Koordinate** des zu α gehörenden Punktes P(x|y) auf dem Einheitskreis.

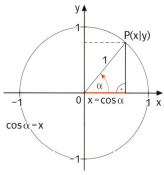

b) In den folgenden Abbildungen wird die Beziehung cos α = x auf stumpfe Winkel erweitert.

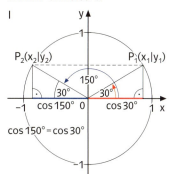

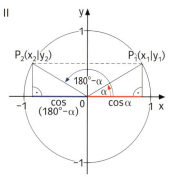

Begründe anhand der Abbildungen die folgende Beziehung:
Für 0° ≤ α ≤ 90° gilt: cos (180° − α) = − cos α

5 a) Beweise mithilfe der Abbildung, dass die Gleichung $a^2 = b^2 + c^2 - 2bc \cdot \cos\alpha$ auch für stumpfwinklige Dreiecke gilt.

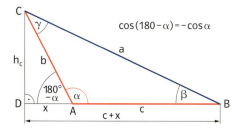

Bearbeitet diese Aufgabe mit einem Partner.

Kosinussatz

Kosinussatz
In jedem beliebigen Dreieck gilt für zwei Seitenlängen und die Größe des eingeschlossenen Winkels der Kosinussatz.

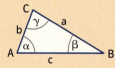

$a^2 = b^2 + c^2 - 2bc \cdot \cos \alpha$
$b^2 = a^2 + c^2 - 2ac \cdot \cos \beta$
$c^2 = a^2 + b^2 - 2ab \cdot \cos \gamma$

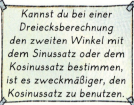

Kannst du bei einer Dreiecksberechnung den zweiten Winkel mit dem Sinussatz oder dem Kosinussatz bestimmen, ist es zweckmäßiger, den Kosinussatz zu benutzen.

7 Berechne die fehlenden Größen des Dreiecks ABC.
a) b = 9,2 cm;   c = 6,5 cm;   α = 117°
b) a = 6,8 m;   c = 8,2 m;   β = 45,8°
c) a = 5,4 dm;   b = 4,1 dm;   γ = 77,6 °
d) a = 14,4 cm; c = 17,3 cm; β = 114,2°
e) b = 166 m;   c = 310 m;   α = 116,3°
f) a = 33,1 cm; b = 19,4 cm; γ = 15,2°

8 In dem folgenden Beispiel wird in dem Dreieck ABC mithilfe des Kosinussatzes der Winkel (α) berechnet, der der größeren Seite gegenüberliegt.

Gegeben: a = 8,3 cm, b = 3,2 cm,
            c = 6,5 cm
Gesucht: α
$a^2 = b^2 + c^2 - 2bc \cdot \cos \alpha$
$\cos \alpha = \dfrac{b^2 + c^2 - a^2}{2bc}$
$\cos \alpha = \dfrac{3{,}2^2 + 6{,}5^2 - 8{,}3^2}{2 \cdot 3{,}2 \cdot 6{,}5}$
$\alpha \approx 113°$

So kannst du in dem Dreieck ABC aus b = 10 cm, c = 7 cm und α = 25° die fehlenden Stücke berechnen:

1. Fertige eine Planfigur an.

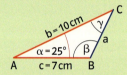

2. Berechne die Länge der Seite a.
$a^2 = b^2 + c^2 - 2bc \cdot \cos \alpha$
$a = \sqrt{b^2 + c^2 - 2bc \cdot \cos \alpha}$
$a = \sqrt{10^2 + 7^2 - 2 \cdot 10 \cdot 7 \cdot \cos 25°}$
$a \approx 4{,}7$ cm

3. Berechne die Größe des Winkels β.
$b^2 = a^2 + c^2 - 2ac \cdot \cos \beta$
$b^2 + 2ac \cdot \cos \beta = a^2 + c^2 \quad | -b^2$
$2ac \cdot \cos \beta = a^2 + c^2 - b^2$
$\cos \beta = \dfrac{a^2 + c^2 - b^2}{2ac}$
$\cos \beta = \dfrac{4{,}7^2 + 7^2 - 10^2}{2 \cdot 4{,}7 \cdot 7}$
$\beta \approx 116{,}1°$

4. Berechne die Größe des Winkels γ.
$\alpha + \beta + \gamma = 180° \quad |-\alpha \; |-\beta$
$\gamma = 180° - \alpha - \beta$
$\gamma = 180° - 25° - 116{,}1°$
$\gamma = 38{,}9°$

a) Erläutere, warum anschließend der zweite Winkel (β oder γ) mithilfe des Sinussatzes eindeutig bestimmt werden kann.
b) Berechne jeweils die Größe der Winkel β und γ.

9 Berechne die fehlenden Winkelgrößen in dem Dreieck ABC.
Bestimme zunächst die Größe des Winkels, der der größeren Seite gegenüberliegt.
a) a = 4,5 cm;   b = 3,9 cm;   c = 4,2 cm
b) a = 48 m;   b = 36 m;   c = 60 m
c) a = 22,5 cm; b = 17,5 cm; c = 18,4 cm

L 53,0   59,5   90   67,4   49,4   53,1   53,1   36,9   77,6

6 In dem obigen Beispiel wird die Winkelgröße β mit dem Kosinussatz bestimmt. Berechne β mit dem Sinussatz. Was stellst du fest?

Grundwissen: Trigonometrische Berechnungen

In jedem rechtwinkligen Dreieck gilt:

Sinus eines Winkels = $\frac{\text{Gegenkathete}}{\text{Hypotenuse}}$

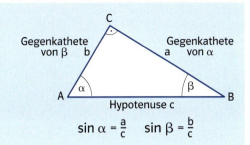

$\sin \alpha = \frac{a}{c} \quad \sin \beta = \frac{b}{c}$

Kosinus eines Winkels = $\frac{\text{Ankathete}}{\text{Hypotenuse}}$

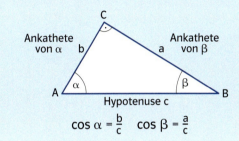

$\cos \alpha = \frac{b}{c} \quad \cos \beta = \frac{a}{c}$

Tangens eines Winkels = $\frac{\text{Gegenkathete}}{\text{Ankathete}}$

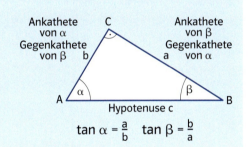

$\tan \alpha = \frac{a}{b} \quad \tan \beta = \frac{b}{a}$

Sinussatz

In jedem beliebigen Dreieck ist das Längenverhältnis zweier Dreiecksseiten gleich dem Verhältnis der Sinuswerte der diesen Seiten gegenüberliegenden Winkel.

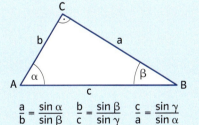

$\frac{a}{b} = \frac{\sin \alpha}{\sin \beta} \quad \frac{b}{c} = \frac{\sin \beta}{\sin \gamma} \quad \frac{c}{a} = \frac{\sin \gamma}{\sin \alpha}$

Kosinussatz

In jedem beliebigen Dreieck gilt für zwei Seitenlängen und die Größe des eingeschlossenen Winkels der Kosinussatz.

$a^2 = b^2 + c^2 - 2bc \cdot \cos \alpha$
$b^2 = a^2 + c^2 - 2ac \cdot \cos \beta$
$c^2 = a^2 + b^2 - 2ab \cdot \cos \gamma$

Üben und Vertiefen

1 Gib wie im Beispiel an: $\sin \alpha$, $\cos \alpha$, $\tan \alpha$, $\sin \beta$, $\cos \beta$ und $\tan \beta$. Formuliere für jedes Dreieck auch den Satz des Pythagoras als Gleichung.

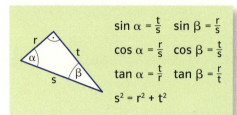

$$\sin \alpha = \frac{t}{s} \quad \sin \beta = \frac{r}{s}$$
$$\cos \alpha = \frac{r}{s} \quad \cos \beta = \frac{t}{s}$$
$$\tan \alpha = \frac{t}{r} \quad \tan \beta = \frac{r}{t}$$
$$s^2 = r^2 + t^2$$

So kannst du in dem rechtwinkligen Dreieck ABC ($\alpha = 90°$) aus a = 5,2 cm und c = 4,3 cm die Seitenlänge b sowie die Winkelgrößen β und γ berechnen:

1. Fertige eine Planfigur an und markiere die Hypotenuse.

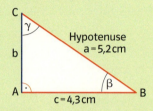

2. Berechne die Größe des Winkels β.
$$\cos \beta = \frac{c}{a}$$
$$\cos \beta = \frac{4{,}3}{5{,}2}$$
$$\cos \beta \approx 34°$$

3. Berechne die Länge der Seite b.
$$a^2 = b^2 + c^2 \qquad | -c^2$$
$$b^2 = a^2 - c^2$$
$$b = \sqrt{a^2 - c^2}$$
$$b = \sqrt{5{,}2^2 - 4{,}3^2}$$
$$b \approx 2{,}9 \text{ cm}$$

4. Berechne die Größe des Winkels γ.
$$\alpha + \beta + \gamma = 180° \qquad |-\alpha\ |-\beta$$
$$\gamma = 180° - \alpha - \beta$$
$$\gamma = 180° - 90° - 34°$$
$$\gamma = 56°$$

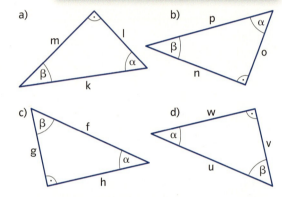

2 Berechne die Länge der rot markierten Dreiecksseite.

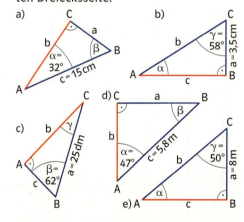

3 Bestimme die Winkelgrößen. Es gibt mehrere Lösungswege.

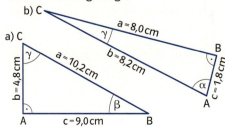

4 Bestimme mithilfe des Sinus, Kosinus, Tangens oder des Satzes von Pythagoras die fehlenden Größen in dem rechtwinkligen Dreieck ABC.

	a)	b)	c)	d)
a	15,5 cm	9,3 dm	▪	▪
b	8,5 cm	▪	▪	0,25 m
c	▪	▪	6,2 cm	▪
α	▪	90°	54,8°	90°
β	▪	36°	90°	11,7°
γ	90°	▪	▪	▪

L 10,8 8,8 17,7 5,5 1,23 1,20 54 28,7 78,3 7,5 61,3 35,2

Üben und Vertiefen

5 Berechne den Flächeninhalt des rechtwinkligen Dreiecks ABC. Fertige eine Planfigur an.

a)	b)	c)
b = 11,4 cm	a = 7,8 cm	b = 0,48 cm
α = 90°	α = 24°	β = 17°
γ = 64°	β = 90°	γ = 90°

Beantworte vor jeder Berechnung diese Fragen:
1. Liegt ein rechtwinkliges Dreieck vor oder lässt sich durch eine Hilfslinie ein rechtwinkliges Dreieck erzeugen?
2. Welche Größen sind in dem rechtwinkligen Dreieck gegeben, welche Größe wird gesucht?
3. Kann ich für die Berechnungen den Sinus, den Kosinus, den Tangens oder den Satz des Pythagoras benutzen?

6 Berechne den Flächeninhalt des gleichschenkligen Dreiecks ABC.

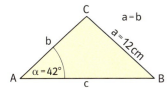

7

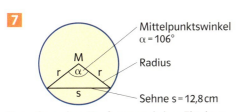

Berechne den Umfang und den Flächeninhalt des Kreises.

8 Bestimme den Umfang und den Flächeninhalt der Raute.

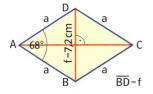

9 a) Berechne den Umfang des Rechtecks.

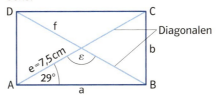

b) Die Diagonale e in einem Rechteck ist 12,6 cm lang. Der Winkel ε zwischen den Diagonalen hat eine Größe von 132°. Berechne den Flächeninhalt des Rechtecks.

10 Berechne den Umfang und den Flächeninhalt des Trapezes.

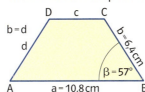

11 Die Kantenlänge a einer quadratischen Pyramide beträgt 136 m. Der Neigungswinkel zwischen der Grundfläche und einer Seitenfläche ist 57° groß. Berechne das Volumen und den Oberflächeninhalt der Pyramide.

+ 12 Berechne die fehlenden Seitenlängen und Winkelgrößen in dem Dreieck ABC. Fertige eine Planfigur an.

	a)	b)	c)	d)
a			8,9 cm	
b		5,9	6,3 cm	5,9 cm
c	5,6 cm	8,4	5,2 cm	7,1 cm
α	34°	67°		
β	45°			
γ				55°

+ 13 a) In dem Parallelogramm ABCD sind a = 14,4 cm, b = 15,6 cm und α = 63,4°. Berechne jeweils die Länge der Diagonalen e und f.
b) Die Diagonalen e = 9,2 cm und f = 6,6 cm schneiden sich unter einem Winkel von 118°. Bestimme den Umfang des Parallelogramms.

Viele der folgenden Aufgaben könnt ihr mit einem Partner bearbeiten.

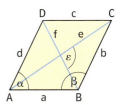

Sachaufgaben

1 Berechne die Länge eines Dachsparrens.

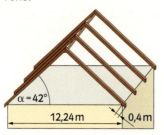

Viele dieser Sachaufgaben könnt ihr in Partnerarbeit lösen.

2 Der Querschnitt des Eisenbahndammes ist ein gleichschenkliges Trapez.

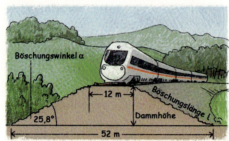

Berechne die Länge ℓ der Böschung und die Höhe h des Dammes.

3 Wie viel Kubikmeter Erde mussten beim Bau des Kanals für ein 1 km langes Teilstück ausgehoben werden?

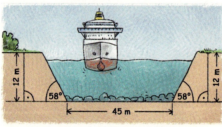

4 Die Glasscheibe des Fensters muss erneuert werden.

Berechne den Flächeninhalt der Scheibe.

5 a) Die Steigung einer Straße wird mit 18 % angegeben. Berechne anhand der Abbildung die Größe des zugehörigen Steigungswinkels α.

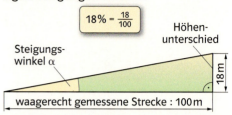

b) Welchen Steigungswinkel kann der abgebildete Geländewagen überwinden?

c) Die maximale Steigfähigkeit eines Fahrzeugs beträgt im 1. Gang 44 % und im 4. Gang 10 %.
Berechne jeweils die Größe des zugehörigen Steigungswinkels.

6 a) Erläutere das Beispiel.

Gegeben:	Steigungswinkel α = 4°
Gesucht:	Steigung in Prozent
tan 4° ≈ 0,06992	
p % ≈ 0,06992 · 100 %	
p % ≈ 7 %	
Die Steigung beträgt ungefähr 7 %.	

b) Berechne für den Steigungswinkel α = 8° (12°, 24°, 31°, 52°) die Steigung in Prozent.

7 Eine geradlinig verlaufende Straße überwindet auf einer waagerecht gemessenen Strecke von 640 m einen Höhenunterschied von 128 m. Bestimme die Größe des Steigungswinkels und die Steigung in Prozent.

L zu 5 bis 7: 45 5,7 14,1 128,0 44,5 23,7 10,2 21,3 20,0 60,1 11,3

Sachaufgaben

8 a) Berechne die Größe des zugehörigen Steigungswinkels.
b) Welchen Höhenunterschied hat die Straße auf dieser Länge überwunden?

9 Die Steigung einer Seilbahn beträgt 128 %.
Auf einer Karte (Maßstab 1 : 10 000) wird die Entfernung zwischen Tal- und Bergstation mit 35 mm gemessen.
a) Berechne den Höhenunterschied zwischen der Talstation und der Bergstation.
b) Wie lang muss das Halteseil zwischen den beiden Stationen mindestens sein?

10 a) Ein Sportflugzeug überfliegt während seiner Landungsphase in 35 m Höhe ein Hindernis. Für das Flugzeug wurde ein Gleitwinkel γ von 4,5° errechnet.

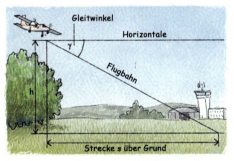

Bestimme anhand der Abbildung die Länge der Strecke über Grund, die das Flugzeug bis zum Aufsetzen noch überfliegen muss.
b) Vor dem Start wird für ein Verkehrsflugzeug ein Steigwinkel von 2,8° ermittelt.
Berechne die Höhe, die das Flugzeug erreicht, wenn es nach dem Abheben eine 600 m lange Strecke über Grund zurückgelegt hat.

11 Körniges Material lässt sich zu einem Kegel aufschütten.
Die Größe des dabei entstehenden Böschungswinkels α ist vom angeschütteten Material abhängig.

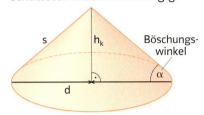

Berechne das Volumen des Schüttkegels.

	a)	b)	c)
Material	Kohle	Sand	Erde
Böschungswinkel α	45°	25°	37°
Kegeldurchmesser d	18 m	16 m	10 m

12

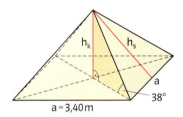

Wie viel Quadratmeter Glas werden für die pyramidenförmige Glaskuppel verarbeitet? Bearbeitet die Aufgabe als Ich-du-wir-Aufgabe.

+ 13 Bei Wurfdisziplinen wird mithilfe einer Winkel- und Laserdistanzmessung bereits wenige Sekunden nach dem Wurf die Weite angezeigt. Beschreibe, welche Messungen und Rechnungen dafür notwendig sind.

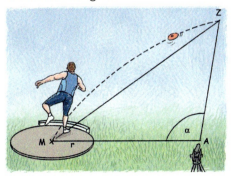

Messungen im Geländeˇ

1 *In kleinen Arbeitsgruppen könnt ihr das Gebäude eures Schulortes vermessen.*
Als Hilfsmittel braucht ihr dazu einen Theodoliten – das ist ein Winkelmessgerät – und ein Maßband.

Wie hoch ist mein Schulgebäude?

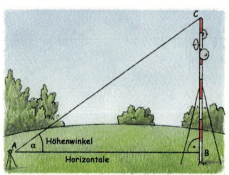

2 Ein Winkelmessgerät steht 100 m vom Fußpunkt eines Sendemastes entfernt 1,60 m hoch über dem Erdboden.

Die Spitze des Sendemastes erscheint im Fernrohr des Messgerätes unter einem Höhenwinkel von $\alpha = 19{,}8°$.
Berechne die Höhe des Sendemastes.

3 Aus 72 m Höhe über dem Meeresspiegel wird der Bug eines Schiffes unter einem Tiefenwinkel von $\alpha = 3{,}8°$ angepeilt.

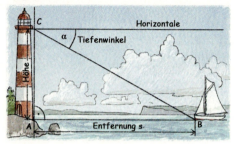

Wie weit ist das Schiff vom Fußpunkt des Leuchtturms entfernt?

4 Berechne die Breite des Flusses und die Höhe der senkrecht aufragenden Felswand.

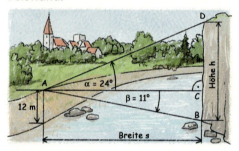

5 Um die Breite eines Flusses zu bestimmen, werden aus dem Fenster eines Hauses die beiden Uferpunkte A und B angepeilt.
Berechne anhand der Abbildung die Breite des Flusses.

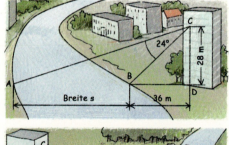

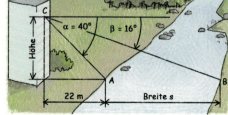

Messungen im Gelände

6 Die Entfernung des Uferpunktes P von den beiden Punkten A und B soll ermittelt werden.

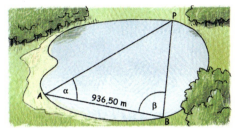

Dazu werden die Winkelgrößen $\alpha = 40°$ und $\beta = 86°$ sowie die Länge der Standlinie $\overline{AB}$ bestimmt.
Dieses Verfahren wird als „Vorwärtseinschneiden nach einem Punkt" bezeichnet. Berechne jeweils die Länge der Strecke $\overline{AP}$ und $\overline{BP}$.

7 Die Hütten A und B sind wie abgebildet durch einen Sumpf getrennt. Ihre Entfernung voneinander soll berechnet werden.

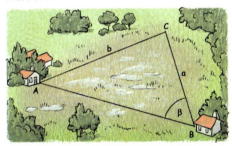

Folgende Messungen wurden durchgeführt: $a = 211$ m; $b = 305$ m, $\beta = 57°$.
Wie weit sind die Hütten voneinander entfernt?

8 Die Strecke $\overline{AB}$ beträgt 16 m, der Winkel α wird mit 42,4°, der Winkel β mit 65,6° gemessen.
Das Messgerät steht 1,60 m hoch über dem waagerechten Erdboden. Berechne die Höhe h des Gebäudes.

9 Ein Schiff peilt einen Leuchtturm aus der Position P_1 unter $\alpha = 42°$ zur Fahrtrichtung an. Nach einer Fahrtstrecke von 8,2 sm ergibt eine zweite Peilung von P_2 aus die Winkelgröße $\beta = 145°$.

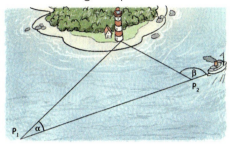

a) Wie weit (in km) ist das Schiff bei der ersten Peilung, wie weit bei der zweiten Peilung vom Leuchtturm entfernt?
b) In welchem Abstand (in km) hat das Schiff den Leuchtturm passiert?

10 Berechne die Länge der Strecke $\overline{P_1P_2}$.

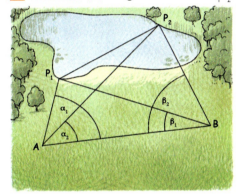

Bearbeitet die Aufgaben 10 und 11 jeweils als Ich-du-wir-Aufgabe.

11 Das dreieckige Geländestück $P_1P_2P_3$ wird vom Punkt S aus vermessen.

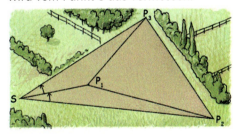

$\overline{SP_1} = 36,8$ m	$\sphericalangle P_2SP_1 = 19,5°$
$\overline{SP_2} = 115,4$ m	
$\overline{SP_3} = 75,9$ m	$\sphericalangle P_1SP_3 = 26,8°$

Berechne die Seitenlängen und den Flächeninhalt des Geländestücks.

Vernetzen: Sinus-, Kosinus- und Tangenswerte für besondere Winkelgrößen

1 Für einige besondere Winkelgrößen kannst du ohne Taschenrechner die Sinus-, Kosinus- oder Tangenswerte bestimmen.
In der folgenden Berechnung wird ein Term für sin 45° hergeleitet.

Besondere Sinus-, Kosinus- und Tangenswerte			
α	sin α	cos α	tan α
0°	0	1	0
30°	$\frac{1}{2}$	$\frac{1}{2}\sqrt{3}$	$\frac{1}{3}\sqrt{3}$
45°	$\frac{1}{2}\sqrt{2}$	$\frac{1}{2}\sqrt{2}$	1
60°	$\frac{1}{2}\sqrt{3}$	$\frac{1}{2}$	$\sqrt{3}$
90°	1	0	–

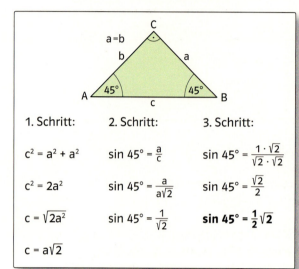

1. Schritt:

$c^2 = a^2 + a^2$

$c^2 = 2a^2$

$c = \sqrt{2a^2}$

$c = a\sqrt{2}$

2. Schritt:

$\sin 45° = \frac{a}{c}$

$\sin 45° = \frac{a}{a\sqrt{2}}$

$\sin 45° = \frac{1}{\sqrt{2}}$

3. Schritt:

$\sin 45° = \frac{1 \cdot \sqrt{2}}{\sqrt{2} \cdot \sqrt{2}}$

$\sin 45° = \frac{\sqrt{2}}{2}$

$\sin 45° = \frac{1}{2}\sqrt{2}$

a) Erläutere die einzelnen Schritte der Herleitung.
b) Bestimme ebenso einen Term für cos 45° und tan 45°.
Überprüfe deine Ergebnisse jeweils mit dem Taschenrechner.

2 In einem gleichseitigen Dreieck ist jeder Innenwinkel 60° groß. In dem folgenden Beispiel wird gezeigt, dass in einem gleichseitigen Dreieck gilt:
$h = \frac{a}{2}\sqrt{3}$.

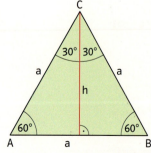 

a) Bestimme mithilfe des abgebildeten Dreiecks jeweils einen Term für sin 30°, cos 30° und tan 30°.
b) Leite entsprechend jeweils einen Term für sin 60°, cos 60° und tan 60° her.

3 Löse die folgenden Aufgaben mithilfe der in der Tabelle angegebenen Terme.

Fertige zu jeder Aufgabe eine Planfigur an.

a) In dem gleichseitigen Dreieck ABC ist die Höhe 8,6 cm. Wie lang ist eine Dreiecksseite?
b) In dem gleichschenklig-rechtwinkligen Dreieck ABC (γ = 90°, a = b) ist h_c = 16 cm. Berechne jeweils die Länge der Kathete a und die Länge der Hypotenuse c.
c) In dem rechtwinkligen Dreieck ABC (γ = 90°) ist b = 10 cm und die Winkelgröße α = 60°.
Berechne jeweils die Seitenlängen a und c.

4

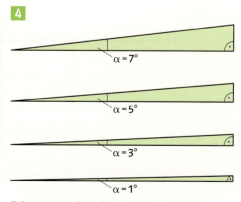

Erläutere anhand der Abbildungen, warum für kleine Winkel gilt:
sin α ≈ tan α

Vernetzen: Beziehungen zwischen Sinus, Kosinus und Tangens

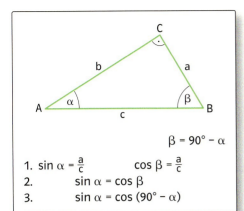

$\beta = 90° - \alpha$

1. $\sin \alpha = \frac{a}{c}$ $\qquad \cos \beta = \frac{a}{c}$
2. $\qquad \sin \alpha = \cos \beta$
3. $\qquad \sin \alpha = \cos(90° - \alpha)$

1 a) Erläutere die einzelnen Schritte, die zur Gleichung
$$\sin \alpha = \cos(90° - \alpha)$$
führen.
b) Zeige, dass in dem abgebildeten Dreieck gilt:
$$\cos \alpha = \sin(90° - \alpha)$$

2 a) In der folgenden Herleitung wird gezeigt, dass in einem rechtwinkligen Dreieck ABC ($\gamma = 90°$) gilt:
$$\tan \alpha = \frac{\sin \alpha}{\cos \alpha}$$

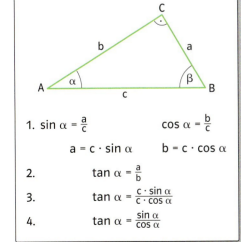

1. $\sin \alpha = \frac{a}{c}$ $\qquad \cos \alpha = \frac{b}{c}$
   $\qquad a = c \cdot \sin \alpha \qquad b = c \cdot \cos \alpha$
2. $\qquad \tan \alpha = \frac{a}{b}$
3. $\qquad \tan \alpha = \frac{c \cdot \sin \alpha}{c \cdot \cos \alpha}$
4. $\qquad \tan \alpha = \frac{\sin \alpha}{\cos \alpha}$

Erläutere den Beweis.
b) Zeige ebenso, dass in einem rechtwinkligen Dreieck ABC ($\gamma = 90°$) gilt:
$$\tan \beta = \frac{\sin \beta}{\cos \beta}$$

3 a) In dem abgebildeten Viertelkreis sind die Dreiecke PQ_1R_1 und PQ_2R_2 eingezeichnet.

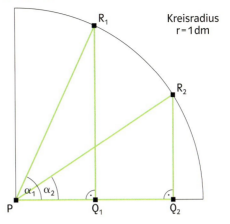

Kreisradius $r = 1$ dm

Begründe anhand der Abbildung die Gleichung.
$$(\sin \alpha)^2 + (\cos \alpha)^2 = 1$$
b) Zeige, dass in einem rechtwinkligen Dreieck ABC ($\gamma = 90°$) die Beziehung
$$(\sin \alpha)^2 + (\cos \alpha)^2 = 1$$
gilt.
Übertrage dazu die ersten Schritte der Herleitung in dein Heft. Ergänze anschließend den Beweis.

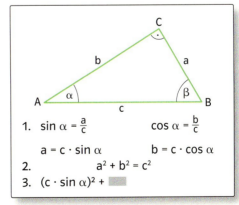

1. $\sin \alpha = \frac{a}{c}$ $\qquad \cos \alpha = \frac{b}{c}$
   $\qquad a = c \cdot \sin \alpha \qquad b = c \cdot \cos \alpha$
2. $\qquad a^2 + b^2 = c^2$
3. $\qquad (c \cdot \sin \alpha)^2 + $ ▮

Für $(\sin \alpha)^2$ kannst du auch $\sin^2 \alpha$ schreiben.

Zwischen Sinus, Kosinus und Tangens gelten die folgenden Beziehungen:

$\sin \alpha = \cos(90° - \alpha)$ $\qquad \tan \alpha = \frac{\sin \alpha}{\cos \alpha}$

$\cos \alpha = \sin(90° - \alpha)$ $\qquad \tan \beta = \frac{\sin \beta}{\cos \beta}$

$\sin^2 \alpha + \cos^2 \alpha = 1$

Lernkontrolle 1

1 Berechne die fehlenden Seitenlängen und Winkelgrößen in dem Dreieck ABC.
a) a = 54 cm;   α = 34°;   γ = 90°
b) b = 12,8 cm;   α = 90°;   γ = 28°
c) a = 15,6 cm;   c = 24,8 cm;   β = 90°
d) b = 0,50 m;   α = 90°;   β = 12,3°

2 a) In dem gleichschenkligen Dreieck ABC (a = b) sind h_c = 17 cm und α = 38°. Berechne den Flächeninhalt des Dreiecks.
b) In dem gleichschenkligen Dreieck ABC (a = b) sind a = 22 cm und α = 60°. Berechne den Flächeninhalt des Dreiecks.

3 Berechne den Flächeninhalt und den Umfang des abgebildeten Trapezes.

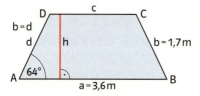

4 Eine Sehne in einem Kreis ist 14,8 cm lang. Der zugehörige Mittelpunktswinkel beträgt 136°.
Berechne den Umfang und den Flächeninhalt des Kreises.

5 Eine 8,50 m lange Leiter lehnt an einer Hauswand. Die Leiter bildet mit dem waagerechten Boden einen Winkel von 73°. In welcher Höhe liegt das oberste Ende der Leiter an der Wand?

6 a) Eine Drahtseilbahn überwindet auf einer 126 m langen Strecke einen Höhenunterschied von 38 m. Berechne die Größe des zugehörigen Steigungswinkels.
b) Die Steigung eines geradlinigen Straßenstücks beträgt 7%. Bestimme den zugehörigen Steigungswinkel.

7 Ein Winkelmessgerät steht 600 m vom Fußpunkt eines Hochhauses entfernt 1,50 m hoch über dem Erdboden. Die Spitze des Gebäudes wird unter einem Höhenwinkel von 4,8° angepeilt. Berechne die Höhe des Gebäudes.

8 Der Querschnitt des Bahndammes ist ein gleichschenkliges Trapez.

Berechne jeweils die Länge der Böschung und den Inhalt der Querschnittsfläche.

Wiederholung

1 Berechne das Volumen und den Oberflächeninhalt des abgebildeten Körpers.

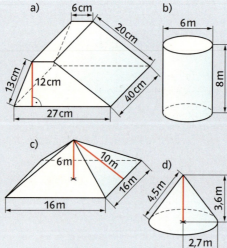

2 Berechne das Volumen und den Oberflächeninhalt der Kugel mit r = 18,4 cm.

3 Ein 8,60 m hohes zylinderförmiges Silo aus Stahlblech hat einen Durchmesser von 4,80 m.
a) Wie viele Quadratmeter Stahlblech sind für die Herstellung des Zylindermantels mindestens verarbeitet worden?
b) Das Silo ist zu vier Fünftel mit Getreide gefüllt. Wie viel Kubikmeter sind das?

4 Ein zylinderförmiger Turm mit einem kegelförmigen Dach ist insgesamt 36 m hoch. Die Höhe des Dachraums beträgt 12 m. Der Turm hat einen Umfang von 37,70 m. Berechne das Volumen des umbauten Raumes in Kubikmeter.

Lernkontrolle 2

1 Berechne den Umfang des Rechtecks.

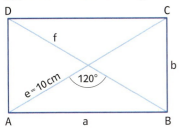

2 Berechne den Umfang und den Flächeninhalt der Raute ABCD mit f = 4,8 cm und α = 34°.

3 Berechne das Volumen und den Oberflächeninhalt der Pyramide.

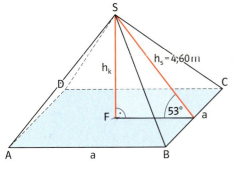

4 Um die Breite eines Flusses zu bestimmen, werden die beiden Uferpunkte A und B angepeilt.
Berechne mithilfe der Abbildung die Breite s des Flusses.

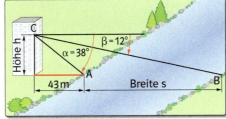

+ 5 Bestimme die fehlenden Größen (Seitenlängen, Winkelgrößen) in dem Dreieck ABC.
a) b = 43 cm;   c = 57 cm;   γ = 38°
b) a = 28,6 cm;   c = 35,2 cm;   β = 116,5°

+ 6 Berechne den Umfang des Parallelogramms ABCD.

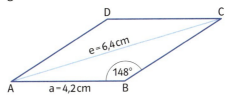

---

1 Das Dach des abgebildeten Hauses soll eingedeckt werden. Für einen Quadratmeter der Dachfläche werden 15 Dachpfannen benötigt.

Wie viele Dachpfannen müssen mindestens eingekauft werden?

2 Ein Sandkegel ist 1,90 m hoch. Sein Umfang beträgt 25,13 m. Berechne die Masse des Sandkegels (ρ = 1,6 $\frac{g}{cm^3}$) in Tonnen.

3 Aus dem abgebildeten Würfel soll eine möglichst große Kugel gedrechselt werden.

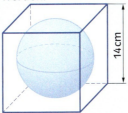

Berechne den Holzabfall in Kubikzentimeter.

4 In der Abbildung siehst du ein Werkstück aus Stahl (ρ = 7,85 $\frac{g}{cm^3}$).

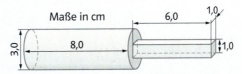

Berechne seine Masse in Gramm.

Wiederholung

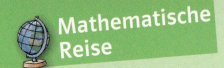

Mathematische Reise

Messen von Richtungen und Entfernungen

1 Die Trigonometrie wird seit Jahrhunderten als wesentliches Hilfsmittel in der Landvermessung, der Astronomie, im Bauwesen und in der Navigation eingesetzt.

Erste trigonometrische Beziehungen entdeckten die Griechen. Inder und Araber entwickelten die Trigonometrie* weiter.
Informiere dich, in welchen weiteren Bereichen trigonometrische Verfahren heute angewendet werden.

Die Abbildung zeigt einen Theodoliten. Mit diesem Gerät werden zum Beispiel in der Landvermessung Winkelgrößen bestimmt.

Als Winkelmaß kennst du die **sexagesimale Teilung**, bei der der rechte Winkel in 90 Grad (90°), jedes Grad in 60 Minuten (60´) und jede Minute wieder in 60 Sekunden (60´´) eingeteilt wird.
In der Landvermessung ist seit 1937 die **zentesimale Teilung** gültig, bei der der rechte Winkel in 100 Gon geteilt wird.

*trigonom, gr. „Dreieck"; metrein, gr. „messen"

2 a) In dem Beispiel wird die Winkelgröße 52°12´18´´ in Gon umgewandelt.

$$52°12´18´´ = \blacksquare \text{ gon}$$

1. $18´´ = \blacksquare ´$
   $60´´ = 1´$
   $1´´ = \frac{1}{60}´$
   $18´´ = \frac{1 \cdot 18}{60}´$
   $\mathbf{18´´ = 0{,}3´}$

2. $12´ + 0{,}3´ = 12{,}3´$

3. $12{,}3´ = \blacksquare °$
   $1´ = \frac{1}{60}°$
   $12{,}3´ = \frac{1 \cdot 12{,}3}{60}°$
   $\mathbf{12{,}3´ = 0{,}205°}$

4. $52° + 0{,}205° = 52{,}205°$

5. $52{,}205° \rightarrow \blacksquare \text{ gon}$
   $360° \rightarrow 400 \text{ gon}$
   $1° \rightarrow \frac{400}{360} \text{ gon}$
   $52{,}205° \rightarrow \frac{400 \cdot 52{,}205}{360} \text{ gon}$
   $\mathbf{52{,}205° \rightarrow 58{,}00\overline{5} \text{ gon}}$

$$52°12´18´´ = 58{,}00\overline{5} \text{ gon}$$

Erläutere die einzelnen Schritte.
b) Wandle die Winkelgröße 78°24´30´´ in Gon um.
c) Wandle die Winkelgröße 86,2472 gon zunächst in Grad um. Gib anschließend dein Ergebnis in Grad, Minuten und Sekunden an.

Grad in Gon? Mit 10 multiplizieren und durch 9 dividieren.

d) Formuliere einen kurzen Merksatz, der dir sagt, wie du eine Winkelgröße von Gon in Grad umwandeln kannst.

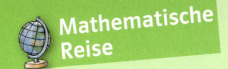

Mathematische Reise

Messen von Richtungen und Entfernungen

3 Die Abbildungen stellen den Aufbau eines einfachen Theodoliten dar.
Mit ihm lassen sich Richtungen in einer horizontalen und in einer vertikalen Ebene messen. Abgelesen werden die Richtungen am Horizontalkreis beziehungsweise am Vertikalkreis.

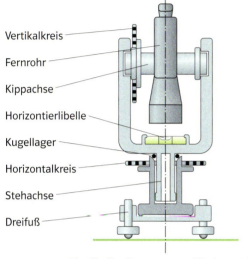

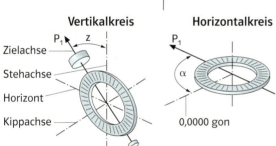

a) In der abgebildeten Zeichnung werden mit der waagrecht gehaltenen Teilkreisscheibe (Horizontalkreis) die Punkte A und B angepeilt.

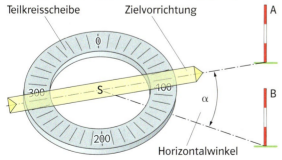

Gib die Größe des Horizontalwinkels α an.
Begründe die Aussage: Winkelgrößen werden aus der Differenz zweier Richtungen berechnet.

b) Der abgebildete Winkel z wird als Vertikalwinkel (Zenitwinkel) bezeichnet. Es ist der Winkel zwischen dem Zenit[*] und dem Zielpunkt.

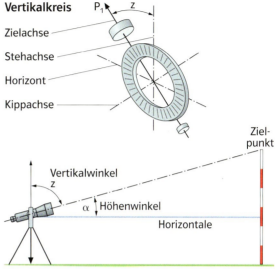

Zu welcher Winkelgröße ergänzen sich der Vertikalwinkel und der Höhenwinkel?

4 Durch den Einsatz von Computern und Satellitennavigation lassen sich heute bei der Erdvermessung sehr genaue Daten erheben.
Die Abbildung zeigt einen Tachymeter.

Während ein Theodolit nur Winkelgrößen bestimmt, kann ein Tachymeter auch Entfernungen messen.
Entfernungen in Gebäuden können mithilfe von Laser-Distanzmesser millimetergenau bestimmt werden.
Informiere dich, wie ein moderner Tachymeter oder ein Laser-Distanzmesser jeweils Strecken misst.

[*] Zenit (arab. „Scheitelpunkt"): höchster Punkt des Himmelsgewölbes, senkrecht über dem Beobachter.

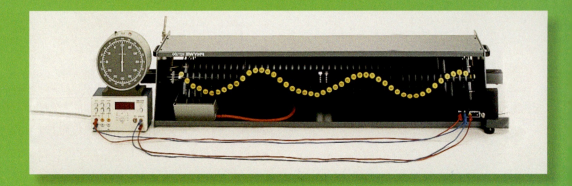

Mit der Wellenmaschine wird in der Physik eine mechanische Welle modelliert. Dargestellt wird die Auslenkung der einzelnen schwingenden Teilchen in Abhängigkeit von der Entfernung.

7 Die Sinusfunktion
Schwingungen und Wellen

Unter dem schwingenden Trichter wird ein Blatt hinweg gezogen. Der herausrieselnde Sand zeichnet die Schwingung in Abhängigkeit von der Zeit auf.

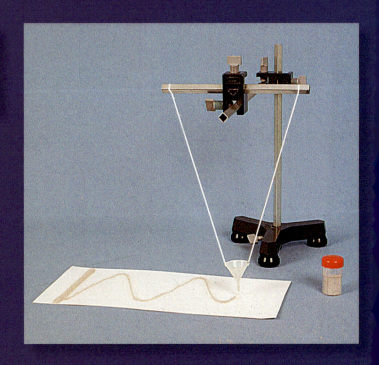

Das Bild eines Oszillographen gibt den zeitlichen Verlauf einer Wechselspannung wieder.

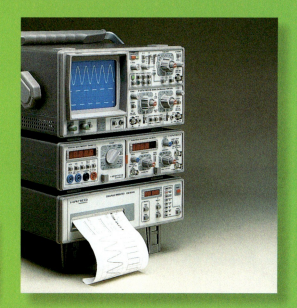

Das Elektrokardiogramm zeigt den Verlauf der Herzspannungskurve an.

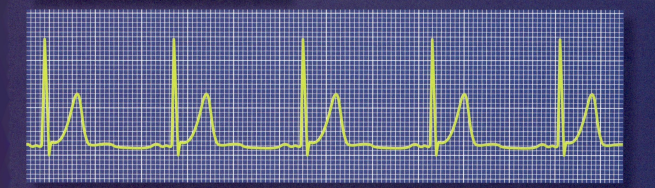

Beschreibe die auf den Bildern dargestellten Funktionsgraphen. Nenne Gemeinsamkeiten und Unterschiede.

Die Sinusfunktion

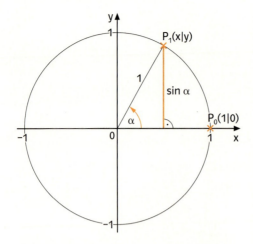

1 In der Zeichnung wurde der Punkt P_0 um den Winkel α gedreht, der zugehörige Bildpunkt ist P_1. Die y-Koordinate des Bildpunktes P_1 ist dann der Sinus des Winkels α. Es gilt:

$$\sin \alpha = \frac{y}{r} = \frac{y}{1} = y.$$

Dreht man den Punkt $P_0(1\,|\,0)$ auf dem abgebildeten Einheitskreis, kann diese Definition des Sinus auf beliebig große Winkel α erweitert werden.

> Der Sinus des Winkels α ($\sin \alpha$) ist die y-Koordinate des zugehörigen Bildpunktes P auf dem Einheitskreis.

a) Erläutere die Definition von $\sin \alpha$ für beliebige Winkel mithilfe der Zeichnung und der Definition im rechtwinkligen Dreieck.
b) Begründe, dass der Sinus für Winkel zwischen 180° und 360° negativ ist.

2 Zeichne auf Millimeterpapier einen Einheitskreis (r = 1 dm). Drehe den Punkt $P_0(1\,|\,0)$ auf dem Einheitskreis gegen den Uhrzeigersinn um den in der Tabelle angegebenen Winkel α. Bestimme als $\sin \alpha$ die y-Koordinate des zugehörigen Bildpunktes P. Fasse die Ergebnisse in einer Zuordnungstabelle ($\alpha \rightarrow \sin \alpha$) zusammen.

α	0°	20°	40°	60°	80°	100°	120°
$\sin \alpha$							

α	140°	160°	180°	200°	220°	240°
$\sin \alpha$						

α	260°	280°	300°	320°	340°	360°
$\sin \alpha$						

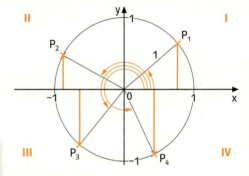

3 Begründe mithilfe des abgebildeten Einheitskreises die in der Tabelle angegebene Vorzeichenregel.

Für das Vorzeichen der Sinuswerte gilt:

Quadrant	I	II	III	IV
Vorzeichen	+	+	−	−

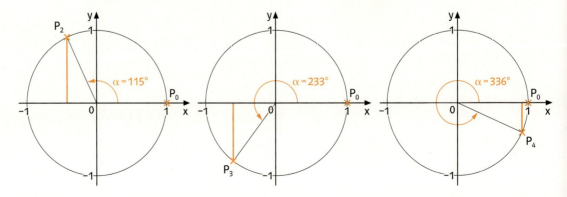

Die Sinusfunktion

4 Für einen Winkel α, der größer ist als 360°, hat der Bildpunkt P von P_0 aus mehr als eine ganze Umdrehung gemacht. Der Sinus des Winkels α entspricht dann dem Sinus eines Winkels zwischen 0° und 360°.

sin 410° = sin (50° + 360°)   = sin 50°
sin 770° = sin (50° + 2 · 360°) = sin 50°

Forme um wie im Beispiel.
a) sin 420° (480°)   b) sin 780° (1145°)

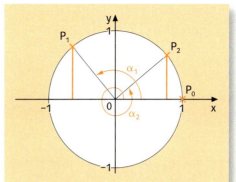

Die eindeutige Zuordnung, die jedem Winkel α die y-Koordinate des zugehörigen Bildpunktes auf dem Einheitskreis zuordnet, heißt **Sinusfunktion**.

$$\sin: \alpha \rightarrow \sin \alpha$$

Die Definitionsmenge D ist die Menge aller Winkel.

Die Wertemenge W ist das Intervall [−1; 1]:

$$W = [-1;\ 1]$$

5 Drehst du den Punkt P_0 auf dem Einheitskreis mit dem Uhrzeigersinn, wird der zugehörige Winkel α mit einer negativen Winkelgröße angegeben.
Den gleichen Bildpunkt P erhältst du auch durch eine Drehung von P_0 um einen positiven Winkel. Der Sinus des Winkels α entspricht dann dem Sinus eines Winkels zwischen 0° und 360°.

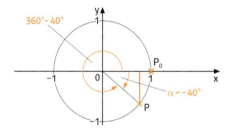

sin (−40°) = sin (360° − 40°) = sin 320°
sin (−410°) = sin (−50° − 360°) =
sin (−50°) = sin (360° − 50°) = sin 310°

6 In der Abbildung ist mithilfe des Einheitskreises der Graph der Sinusfunktion gezeichnet worden.
Zeichne den Graphen der Sinusfunktion für Winkel zwischen −180° und 540° (x-Achse: 30° ≙ 0,5 cm; y-Achse: Einheit 2 cm).

Forme um wie im Beispiel.
a) sin (−50°)   b) sin (−380°)
   sin (−115°)   sin (−450°)

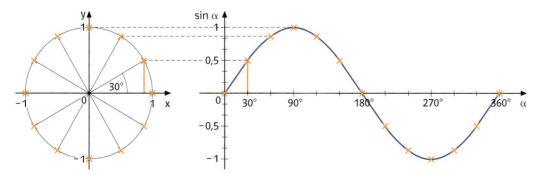

Eigenschaften der Sinusfunktion

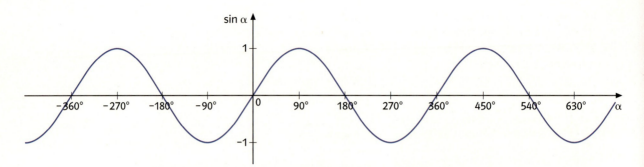

1 In der Abbildung siehst du den Graphen der Sinusfunktion für Winkel α zwischen –360° und 630° (–360° ≤ α ≤ 630°).
a) Vergleiche anhand des Graphen sin 90° mit sin (–90°) (sin 135° mit sin (–135°), sin 180° mit sin (–180°), sin 315° mit sin (–315°)). Was fällt dir auf?

2 a) Die Sinusfunktion ist eine periodische Funktion, denn die Sinuswerte treten regelmäßig auf, sie wiederholen sich nach einem bestimmten Winkel. Zwei Winkel α und β, die sich um diesen Winkel unterscheiden, haben die gleichen Sinuswerte. Bestimme den kleinsten Winkel, für den dieses gilt. Er wird die Periode der Funktion genannt.

Die Funktion f hat an der Stelle x_N eine **Nullstelle**, wenn der zugehörige Funktionswert 0 ist: $f(x_N) = 0$.

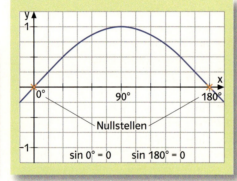

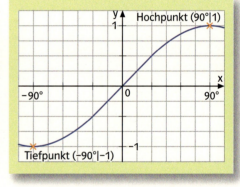

b) Bestimme anhand des Graphen die Nullstellen der Sinusfunktion. Was stellst du fest?

b) Bestimme anhand des Graphen Hoch- und Tiefpunkte der Sinusfunktion.

Die Sinusfunktion ist punktsymmetrisch zum Ursprung.

Für beliebige Winkel α gilt:
sin (–α) = – sin α

Die Nullstellen der Sinusfunktion sind ganzzahlige Vielfache von 180°.

Für z ∈ ℤ gilt:
sin (z · 180°) = 0

Die Sinusfunktion ist eine periodische Funktion mit der Periode 360°.

Für beliebige Winkel α und z ∈ ℤ gilt:
sin (α + z · 360°) = sin α

In den Hochpunkten nimmt die Sinusfunktion ihren größten Funktionswert 1 an, in den Tiefpunkten ihren kleinsten Funktionswert –1.

Für z ∈ ℤ gilt:
Hochpunkt: (90° + z · 360° | 1)
Tiefpunkt: (–90° + z · 360° | –1)

Arbeiten mit dem Computer: Die Sinusfunktion

1 Melanie möchte die Sinusfunktion mithilfe ihres Geometrieprogramms untersuchen. Sie hat dazu zunächst die folgenden Schritte ausgeführt:

- das Koordinatensystem sichtbar gemacht und im Menü „Konstruieren" einen Kreis mit dem Radius r = 1 cm um den Ursprung gezeichnet,
- im Menü „Ansicht" das Koordinatensystem vergrößert,
- einen Basispunkt an die Kreislinie gebunden und mit „P" benannt,
- zu P den Punkt mit den Koordinaten (x(P)|0) eingezeichnet und dann das Dreieck, das die beiden Punkte mit dem Ursprung bilden, eingezeichnet,
- den Punkt mit den Koordinaten (1|0) eingezeichnet und „P_2" genannt,
- die Winkelweite des Winkels, den P_2, der Ursprung und P bilden, gemessen und den Winkel „α" genannt (dazu hat sie erst auf „Objekt benennen" und dann auf den Winkelbogen geklickt).

Danach gibt sie über ein weiteres Termobjekt den Term y(P) ein. Durch einen Rechte-Maus-Klick auf das Termfenster lässt sich der Term dann editieren und mit einem Kommentar versehen.

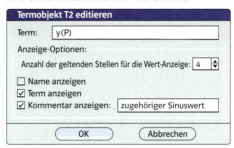

Verfahre wie Melanie und du erhältst die folgende Anzeige:

w(P2;0;P)	y(P) (zugehöriger Sinuswert)
50,79	0,7749

c) Bewege dann im Zugmodus den Punkt P auf dem Kreis und beobachte die zugehörigen Winkelgrößen und Sinuswerte. Was stellst du fest?

d) Arnd möchte weitere Eigenschaften der Sinusfunktion mithilfe des Geometrieprogramms überprüfen. Er hat dazu zusätzlich im Menü „Abbilden" den Punkt P noch an der y-Achse, dem Ursprung und der x-Achse gespiegelt und die Bildpunkte benannt. Ausgehend von P_2 hat er dann die zugehörigen Winkelweiten gemessen.

Verfahre wie in der Abbildung dargestellt. Bewege dann im Zugmodus den Punkt P im 1. Quadranten.

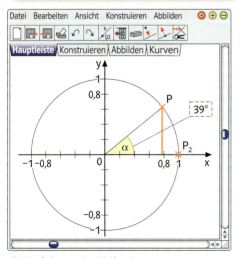

a) Verfahre wie Melanie.
b) Melanie hat dann im Menü „Messen" den Menüpunkt „Termobjekt erstellen" gewählt und durch Klicken auf die angezeigte Winkelgröße den ersten Term w(P_2;0;P) eingegeben.

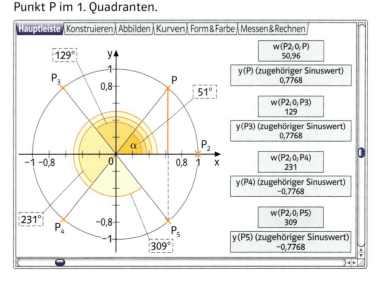

135

Die Sinusfunktion mit Winkeln im Bogenmaß

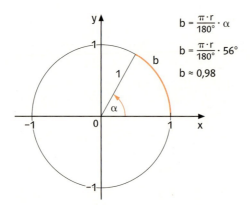

$b = \frac{\pi \cdot r}{180°} \cdot \alpha$

$b = \frac{\pi \cdot r}{180°} \cdot 56°$

$b \approx 0{,}98$

1 In der Abbildung siehst du, wie im Einheitskreis zu einem Winkel α die Bogenlänge b des zugehörigen Kreisausschnitts berechnet wird.
Berechne zu dem angegebenen Winkel die Bogenlänge des zugehörigen Kreisausschnitts im Einheitskreis. Runde auf zwei Nachkommastellen.

	a)	b)	c)	d)	e)	f)
α	72°	125°	180°	226°	289°	400°

Im Einheitskreis lässt sich jeder Winkel α auch eindeutig durch die Bogenlänge b des zugehörigen Kreisausschnitts beschreiben.
Die Maßzahl der Bogenlänge b im Einheitskreis wird das **Bogenmaß x** des Winkels α genannt. Das Bogenmaß wird häufig als Vielfaches bzw. als Bruchteil von π angegeben.

Gradmaß	Bogenlänge im Einheitskreis	Bogenmaß
α	$b = \frac{\pi \cdot 1}{180°} \cdot \alpha$	$x = \frac{\pi \cdot \alpha}{180°}$
82°	$\frac{\pi \cdot 1}{180°} \cdot 82° \approx 1{,}43$	$x \approx 1{,}43$
90°	$\frac{\pi \cdot 1}{180°} \cdot 90° = \frac{\pi}{2}$	$x = \frac{\pi}{2}$
540°	$\frac{\pi \cdot 1}{180°} \cdot 540° = 3\pi$	$x = 3\pi$

Für die Bezeichnung von Winkeln wird die folgende Vereinbarung getroffen: Winkel im Gradmaß werden mit kleinen griechischen Buchstaben, Winkel im Bogenmaß mit kleinen lateinischen Buchstaben bezeichnet.

Wird der Winkel im Bogenmaß angegeben, ist die zugehörige Einheit rad (von Radiant). Diese Einheit wird häufig weggelassen.

2 Berechne zu dem im Gradmaß angegebenen Winkel α das zugehörige Bogenmaß. Runde auf zwei Nachkommastellen.

	a)	b)	c)	d)	e)	f)
α	98°	590°	1243°	−52°	−180°	−227°

3 Gib das Bogenmaß der angegebenen Winkelgröße als Vielfaches bzw. Bruchteil von π an.

$180° = \pi$

$1° = \frac{\pi}{180°}$

$450° = 450 \cdot \frac{\pi}{180°}$

$450° = \frac{5}{2}\pi$

a) 45°   b) 30°   c) 60°   d) 180°
e) 360° f) 720° g) 270° h) −90°

4 Bestimme mithilfe des Taschenrechners den Sinus des im Bogenmaß angegebenen Winkels. Stelle zunächst den Taschenrechner auf das Winkelmaß „Rad". Runde auf zwei Nachkommastellen.

Rufe bei deinem Taschenrechner das SETUP-Menü auf und wähle die Einstellung „Rad".

$\sin \frac{4}{9}\pi = $ ▢

Tastenfolge: sin (4 ÷ 9 × π) =

Anzeige: 0.984807753

$\sin \frac{4}{9}\pi \approx 0{,}98$

sin (4 ÷ 9 × π)
          0.984807753

	a)	b)	c)	d)	e)	f)
x	0	0,5	1,5	3	−0,5	−0,8

	g)	h)	i)	k)	l)	m)
x	$\frac{1}{6}\pi$	$\frac{5}{6}\pi$	$\frac{2}{9}\pi$	$\frac{3}{4}\pi$	$\frac{7}{6}\pi$	$\frac{11}{6}\pi$

Die Sinusfunktion mit Winkeln im Bogenmaß

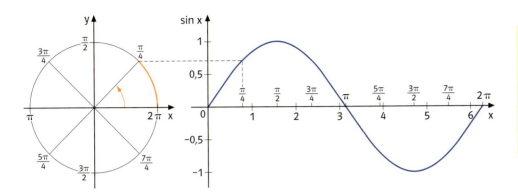

Du kannst zum Zeichnen der Funktionsgraphen auch einen Funktionenplotter benutzen.

5 In der Abbildung siehst du den Graphen der Sinusfunktion. Da der Winkel im Bogenmaß angegeben ist, wird x als Variable benutzt: y = sin x.
Zeichne den Graphen von sin x für x-Werte zwischen −2 und 7 (Einheit 2 cm). Lege zunächst eine Wertetabelle mit der Schrittweite 0,5 an. Runde die Sinuswerte auf zwei Nachkommastellen.

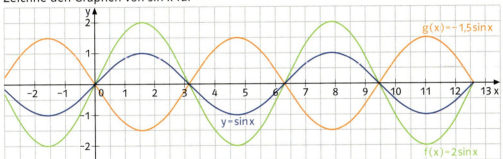

y = a · sin x

6 In der Abbildung siehst du die Graphen der Funktionen f und g mit den Funktionsgleichungen f(x) = 2 · sin x und g(x) = −1,5 · sin x. Der Winkel wird dabei im Bogenmaß angegeben.
a) Vergleiche die Graphen von f und g mit dem Graphen der Sinusfunktion.
b) Gib für beide Funktionen jeweils Wertemenge und Periode an.
c) Zeichne den Graphen der Funktion h mit der Funktionsgleichung y = 3 sin x (y = −2,5 sin x). Lege zunächst eine Wertetabelle an. Bestimme die Periode von h.

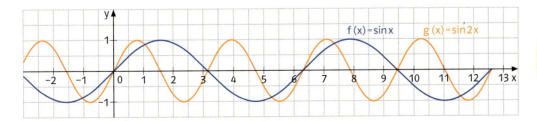

y = sin bx

7 Im Koordinatensystem sind die Graphen der Funktionen f und g mit den Funktionsgleichungen f(x) = sin x und g(x) = sin 2x dargestellt.
a) Vergleiche die Periode von g mit der Periode der Sinusfunktion. Was fällt dir auf?
b) Zeichne den Graphen der Funktion h mit der Funktionsgleichung y = sin 3x (y = sin 0,5x). Lege zunächst eine Wertetabelle an. Bestimme die Periode von h.

Arbeiten mit dem Computer: Die Sinusfunktion

1 Zeichne mithilfe einer dynamischen Geometriesoftware den Graphen der Sinusfunktion zu Winkeln im Bogenmaß.
a) Konstruiere dazu wie in der Abbildung einen Einheitskreis, vergrößere die Zeichnung entsprechend und konstruiere das eingezeichnete Dreieck wie auf Seite 135 beschrieben.

2 Erstelle wie Anna zwei Zahlobjekte und benenne sie mit „a" und „b". Erzeuge dann das Funktionsschaubild zum Funktionsterm a · sin bx. Verändere die Werte von „a" und „b".

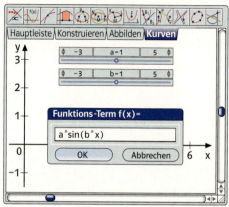

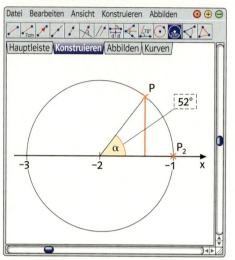

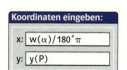

b) Konstruiere dann einen Punkt mit den angegebenen Koordinaten. Begründe, warum die x-Koordinate des Punktes den Winkel α im Bogenmaß angibt.
c) Lass die Ortslinie des konstruierten Punktes aufzeichnen, indem du den Punkt P auf dem Einheitskreis drehst. Du erhältst den Graphen der Sinusfunktion für Winkel x zwischen 0 und 2π.

Wie verändert sich der Graph in Abhängigkeit von a und b?
Welche Variable bestimmt die y-Koordinate der Hochpunkte, welche die Periode der Sinusfunktion?

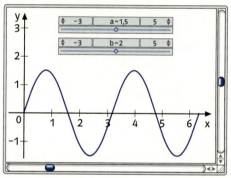

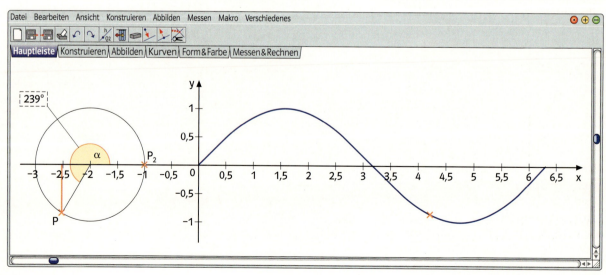

138

Grundwissen: Die Sinusfunktion

Die eindeutige Zuordnung, die jedem Winkel α die y-Koordinate des zugehörigen Bildpunktes auf dem Einheitskreis zuordnet, heißt **Sinusfunktion**. Die Definitionsmenge D ist die Menge aller Winkel. Die Wertemenge W ist das Intervall [–1; 1].

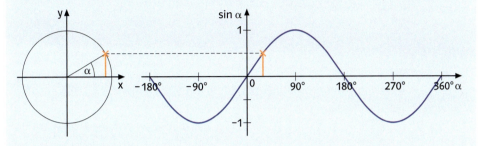

$y = \sin α$

Der Graph der Sinusfunktion ist punktsymmetrisch zum Ursprung:
$$\sin(-α) = -\sin α.$$
Die Nullstellen der Sinusfunktion sind ganzzahlige Vielfache von 180°.
Die Sinusfunktion ist eine periodische Funktion mit der Periode 360°.
Für $z \in \mathbb{Z}$ gilt:
Die Hochpunkte haben die y-Koordinate 1 und die x-Koordinate $90° + z \cdot 360°$.
Die Tiefpunkte haben die y-Koordinate –1 und die x-Koordinate $-90° + z \cdot 360°$.

Im Einheitskreis lässt sich jeder Winkel α auch eindeutig durch die Bogenlänge b des zugehörigen Kreisausschnitts beschreiben.

Die Maßzahl der Bogenlänge b im Einheitskreis wird das **Bogenmaß x** des Winkels α genannt. Das Bogenmaß wird häufig als Vielfaches bzw. Bruchteil von π angegeben.

Gradmaß	Bogenlänge im Einheitskreis	Bogenmaß
α	$b = \frac{\pi \cdot 1}{180°} \cdot α$	$x = \frac{\pi \cdot α}{180°}$
82°	$\frac{\pi \cdot 1}{180°} \cdot 82° = 1{,}43$	$x = 1{,}43$
90°	$\frac{\pi \cdot 1}{180°} \cdot 90° = \frac{\pi}{2}$	$x = \frac{\pi}{2}$
180°	$\frac{\pi \cdot 1}{180°} \cdot 180° = \pi$	$x = \pi$
360°	$\frac{\pi \cdot 1}{180°} \cdot 360° = 2\pi$	$x = 2\pi$

Winkel im Gradmaß werden mit kleinen griechischen Buchstaben, Winkel im Bogenmaß mit kleinen lateinischen Buchstaben bezeichnet.

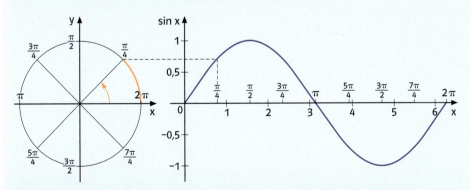

$f(x) = \sin x$

Wird der Winkel im Einheitskreis im Bogenmaß angegeben, schreibt man $f(x) = \sin x$. Die Definitionsmenge ist dann die Menge der reellen Zahlen:
$$D = \mathbb{R}.$$

Üben und Vertiefen

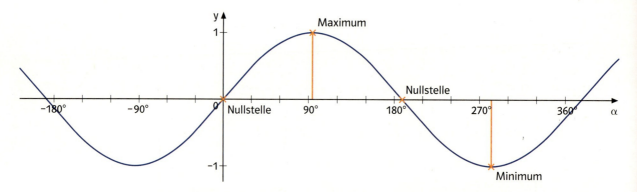

1 a) Bestimme acht Nullstellen der Sinusfunktion.
b) Bestimme jeweils acht Winkelgrößen, bei denen die Sinusfunktion ihr Maximum bzw. Minimum annimmt.
c) Gib zwei Intervalle an, in denen die Sinusfunktion positive (negative) Werte annimmt.

2 Der auf dem Einheitskreis eingezeichnete Punkt P gehört zu dem Winkel $\alpha = 50°$, die y-Koordinate von P ist gleich sin 50°.

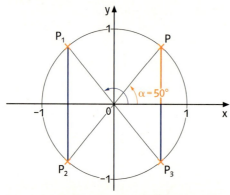

Durch Spiegelung von P an der y-Achse erhältst du den Punkt P_1, durch Spiegelung von P am Ursprung den Punkt P_2 und durch Spiegelung von P an der x-Achse den Punkt P_3.
a) Bestimme jeweils den zu P_1, P_2 und P_3 gehörigen Winkel und vergleiche den Sinus dieses Winkels mit sin 50°. Was stellst du fest?
b) Gegeben ist der Winkel $\alpha = 20°$ (30°, 45°, 70°, 80°). Bestimme jeweils den zu P_1, P_2 und P_3 gehörigen Winkel und vergleiche den Sinus dieses Winkels mit sin α.

3 Zu jedem Sinuswert gibt es beliebig viele Winkelgrößen, bei denen die Sinusfunktion diesen Wert annimmt. Der Taschenrechner zeigt aber nur eine Winkelgröße zwischen $-90°$ und $90°$ an. Die anderen Winkel musst du mithilfe der Eigenschaften der Sinusfunktion bestimmen.

$$\sin \alpha = 0{,}7547$$
$$\alpha = 49°$$

$$\sin(180° - 49°) = \sin 49°$$
$$\sin 131° = \sin 49°$$
$$\beta = 131°$$

$$\gamma = 49° + 360° = 409°$$
$$\delta = 131° + 360° = 491°$$
$$\varepsilon = 49° + 720° = 769°\ldots$$

$$\sin \alpha = -0{,}7547$$
$$\alpha = -49°$$

$$\sin(180° + 49°) = \sin(-49°) = -\sin 49°$$
$$\sin 229° = \sin(-49°) = -\sin 49°$$
$$\beta_1 = 229°$$

$$\sin(360° - 49°) = \sin(-49°) = -\sin 49°$$
$$\sin 311° = \sin(-49°) = -\sin 49°$$
$$\beta_2 = 311°$$

$$\gamma = 589° \quad \delta = 671° \quad \varepsilon = 949°\ldots$$

Ermittle zu dem angegebenen Sinuswert sechs zugehörige Winkelgrößen. Runde auf eine Nachkommastelle.
a) 0,6157   b) 0,3987   c) 0,3730
d) −0,4732   e) −0,4222   f) −0,0106

Üben und Vertiefen

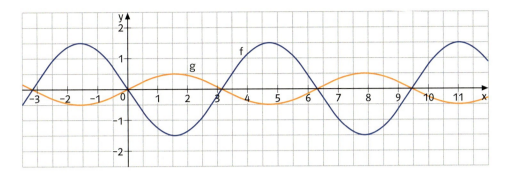

> Du kannst zum Zeichnen der Funktionsgraphen auch einen Funktionenplotter benutzen.

4 a) Bestimme jeweils die Periode, Maximum und Minimum von f und g, gib dann die zugehörige Funktionsgleichung an.

b) Zeichne den Graphen der Funktion h mit der Funktionsgleichung h(x) = −2 sin x. Bestimme Periode, Maximum und Minimum von h.

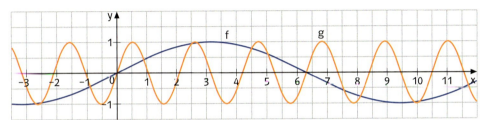

5 a) Bestimme jeweils die Periode, Maximum und Minimum von f und g, gib dann die zugehörige Funktionsgleichung an.

b) Zeichne den Graphen der Funktion h mit der Funktionsgleichung h(x) = −2 sin 0,5x. Bestimme Periode, Maximum und Minimum von h.

Verschiebst du den Graphen der Sinusfunktion um $\frac{\pi}{2}$ Einheiten nach links, so erhältst du den Graphen der Funktion g. Für jeden Funktionswert g(x) gilt dann: $g(x) = \sin(x + \frac{\pi}{2})$.
Die so erhaltene Funktion g ist die **Kosinusfunktion**. Es gilt also:

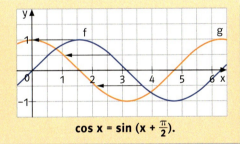

$$\cos x = \sin\left(x + \frac{\pi}{2}\right).$$

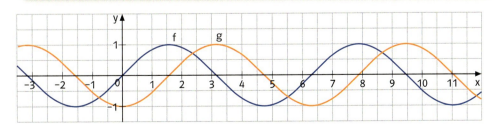

6 a) Beschreibe die Funktion g als eine nach rechts verschobene Sinusfunktion. Gib die Funktionsgleichung an.

b) Zeichne die Graphen der Funktionen g und h mit den angegebenen Funktionsgleichungen. Bestimme Periode, Maximum und Minimum.

g(x) = sin(x + π)
h(x) = sin(x − 1,5π)

Vernetzen: Schwingungen

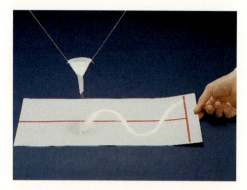

Eine Schwingung ist eine regelmäßig wiederkehrende Bewegung um einen Ruhepunkt.

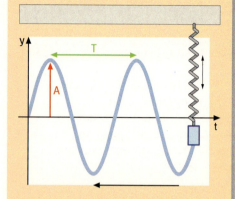

1 In der Abbildung siehst du einen mit Sand gefüllten Trichter, der an zwei Fäden aufgehängt ist.
Wird der Trichter angestoßen, schwingt er wie ein Pendel hin und her. Wird während des Schwingungsvorgangs ein Papierstreifen mit konstanter Geschwindigkeit unter dem Trichter hergezogen, so zeichnet der auslaufende Sand auf das Papier eine Sinuskurve. Gehe davon aus, dass die Sinuskurve so aussieht, wie sie auf dem Millimeterpapier dargestellt wird.

Viele Schwingungen können mithilfe von Sinusfunktionen beschrieben werden. Die maximale Auslenkung aus der Ruhelage wird die **Amplitude A** der Schwingung genannt. Die Zeitdauer für eine Schwingung wird **Schwingungsdauer** oder **Periodendauer Z** genannt.

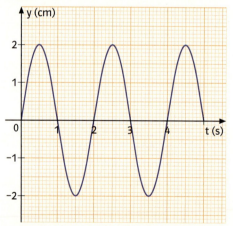

a) Bestimme anhand des Graphen den Pendelausschlag y nach 0,5 (1; 1,5; 2) Sekunden bzw. nach 2,5 (3; 3,5; 4) Sekunden. Wodurch unterscheiden sich positive und negative Pendelausschläge?
b) Der maximale Pendelausschlag wird die Amplitude der Schwingung genannt. Bestimme anhand des Graphen die Amplitude.
c) Die Schwingungsdauer T ist die Zeit für eine Schwingung. Bestimme die Schwingungsdauer anhand der Graphen.

2 Die trigonometrische Funktion f beschreibt die Schwingungen eines Pendels. Die Funktionsgleichung
$f(t) = 3 \cdot \sin \pi \cdot t$ gibt dabei den Pendelausschlag in Abhängigkeit von der Zeit t an.
a) Zeichne den Graphen von f für Zeiten zwischen 0 und 3 Sekunden (x-Achse: 1 s $\triangleq$ 5 cm; y-Achse: 1 cm $\triangleq$ 1 cm). Lege zunächst eine Wertetabelle mit der Schrittweite 0,2 an (TR-Einstellung „Rad"). Runde auf eine Nachkommastelle.

$f(t) = 3 \cdot \sin \pi \cdot t$
$f(0,2) = 3 \cdot \sin \pi \cdot 0,2$

Tastenfolge: 3 X sin (π X 0.2) =

Anzeige: 1.763355757

$f(0,2) \approx 1,8$

b) Bestimme anhand des Graphen Amplitude und Schwingungsdauer T.

Vernetzen: Schwingungen

3 Wird bei einem Oszilloskop eine Spannungsquelle an die Vertikalablenkung (y-Richtung) der Braunschen Röhre angeschlossen, ist die Ablenkung des Elektronenstrahls auf dem Leuchtschirm proportional zur angelegten Spannung. Durch eine interne Schaltung wird der Elektronenstrahl horizontal (in x-Richtung) abgelenkt, und zwar von links nach rechts proportional zur Zeit. So entsteht das Oszilloskopbild, das den zeitlichen Verlauf der Wechselspannung wiedergibt.

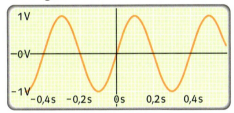

Bestimme anhand des Oszilloskopbildes die Schwingungsdauer der Wechselspannungsquelle.

4 Mit einem Oszilloskop lässt sich auch die Herzspannungskurve darstellen. Das Oszilloskopbild wird Elektrokardiogramm genannt. Der Spannungsverlauf ist nicht sinusförmig, aber periodisch. Bestimme anhand des abgebildeten Papierausdrucks die Anzahl der Herzschläge pro Minute (25 mm in x-Richtung entsprechen 1 s).

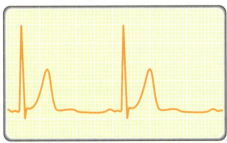

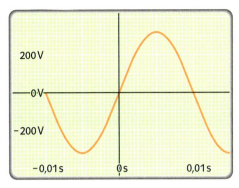

5 Das Oszilloskopbild gibt den zeitlichen Verlauf der Wechselspannung, die an einer normalen Steckdose im Haushalt anliegt, wieder.
a) Bestimme anhand des Oszilloskopbildes die Schwingungsdauer. Wie viele Schwingungen finden pro Sekunde statt?
b) Bestimme die Amplitude. Was fällt dir auf?

6 Durch elektronische Schaltungen kann man unterschiedliche sinusförmige Wechselspannungen erzeugen.

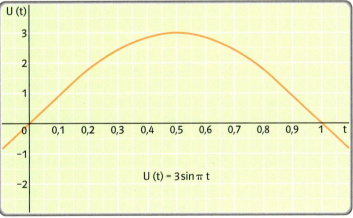

Die unten angegebene Funktionsgleichung beschreibt den Spannungsverlauf U (t) in Abhängigkeit von der Zeit. Zeichne den Graphen für Zeiten zwischen 0 und 2 Sekunden (x-Achse: 1 cm ≙ 0,1 s; y-Achse: 1 cm ≙ 1 V). Bestimme anhand des Graphen die Amplitude (den Scheitelwert der Spannung), die Schwingungsdauer und die Anzahl der Schwingungen pro Sekunde (die Frequenz).
a) $U(t) = 5 \sin 2\pi t$ b) $U(t) = 4 \sin 4\pi t$

> Hier kannst du auch einen Funktionenplotter einsetzen.

Lernkontrolle 1

1 Zeichne den Graphen der Sinusfunktion für Winkel zwischen –270° und 450° (x-Achse: 30° ≙ 0,5 cm; y-Achse: Einheit 2 cm). Lege zunächst eine Wertetabelle an.

2 Die Sinusfunktion ist eine periodische Funktion.
a) Nenne die Periode und gib zu α = 37° vier positive und vier negative Winkelgrößen an, die jeweils den gleichen Sinuswert haben.
b) Gib vier Nullstellen der Sinusfunktion an.
c) Gib jeweils zwei Winkelgrößen an, bei denen die Sinusfunktion ihr Maximum bzw. ihr Minimum annimmt.
d) Gib jeweils zwei Abschnitte an, in denen die Sinusfunktion steigt bzw. fällt.

3 Welche Winkelgrößen zwischen 0° und 180° gehören zu dem folgenden Sinuswert?
Runde die Winkelgrößen jeweils auf eine Nachkommastelle.
a) 0,7923   b) 0,3697   c) 0,9989

4 Welche Winkelgrößen zwischen 180° und 360° gehören zu dem folgenden Sinuswert?
Runde die Winkelgrößen jeweils auf eine Nachkommastelle.
a) –0,7880   b) –0,4226   c) –0,9848

5 Gib den Winkel α zwischen 0° und 90° an, bei dem die Sinusfunktion den gleichen Betrag hat wie bei dem angegebenen Winkel.
a) 122°   b) 156°   c) 200°
d) 256°   e) 311°   f) 356°

Wiederholung

1 Die Jungen der Klassen 10 a und 10 b haben im Sportunterricht Hochsprung geübt. In der Strichliste findest du die übersprungenen Höhen.

übersprungene Höhe (cm)	absolute Häufigkeit
125	6
130	7
135	5
140	4
145	2
150	1
Summe	▪

a) Berechne zunächst die relativen Häufigkeiten.
b) Stelle die Ergebnisse in einem Streifendiagramm (Gesamtlänge 15 cm) grafisch dar.
c) Berechne das arithmetische Mittel x̄.
d) Bestimme Maximum, Minimum, Median und Spannweite.
e) Berechne die mittlere lineare Abweichung s̄.

2 Der Verkauf von CDs hat in den letzten Jahren abgenommen. In einer Statistik findest du die folgende Darstellung.

a) Beurteile die grafische Darstellung. Wo wird hier manipuliert?
b) Wähle eine geeignete Darstellungsform.

Lernkontrolle 2

1 Zeichne den Graphen von sin x für x-Werte zwischen –4 und 7 (Einheit 2 cm). Lege zunächst eine Wertetabelle mit der Schrittweite 0,5 an.

2 Im Koordinatensystem sind die Graphen der Funktionen f und g mit den Funktionsgleichungen f(x) = sin 3x und g(x) = 1,5 · sin x dargestellt.
Gib für beide Funktionen jeweils Periode und Wertemenge an.

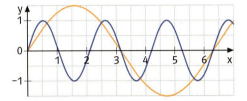

3 Zeichne den Graphen der angegebenen Funktion in ein Koordinatensystem. Lege zunächst eine Wertetabelle an.
a) f(x) = 3 · sin x   b) f(x) = sin 0,5x
c) f(x) = 2 · sin 2x

4 Die unten abgebildeten Graphen zeigen den zeitlichen Verlauf von Schwingungsvorgängen. Bestimme anhand der Graphen jeweils die Amplitude und die Schwingungsdauer T.

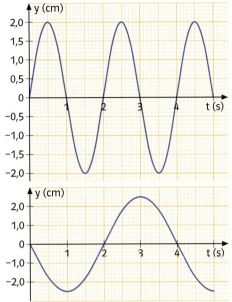

1 Die Mädchen der Klassen 10 a und 10 b haben im Sportunterricht Weitsprung geübt. In der Urliste findest du die erzielten Sprungweiten.

Mädchen 10 a und 10 b
Weitsprungergebnisse (cm)

345 281 354 375 286 377 368 341
352 367 323 288 316 353 365 309
364 347 307 337 359 333 362 359
378

a) Lege zu der Klasseneinteilung 280 bis 300, 300 bis 320, … eine Häufigkeitstabelle an. Berechne auch die relativen Häufigkeiten.
b) Stelle die Ergebnisse in einem Histogramm grafisch dar.
c) Berechne das arithmetische Mittel $\bar{x}$.
d) Bestimme Maximum, Minimum, Median und Spannweite.
e) Berechne die mittlere lineare Abweichung $\bar{s}$.

2 In der Grafik wird die Bevölkerungsentwicklung in Deutschland seit dem Jahr 1960 dargestellt.

a) Beurteile die grafische Darstellung. Wo wird hier manipuliert?
b) Wähle eine geeignete Darstellungsform.

- Mit Geldspielautomaten lässt sich viel Geld verdienen.
- Man kann spielsüchtig werden.
- Auf Dauer gewinnt nur der Besitzer.

8 Mit Wahrscheinlichkeiten rechnen

Spielen an Geldspielautomaten kann süchtig machen.

Ungefähr 220 000 Spielautomaten sind in Deutschland in Gaststätten und Spielhallen zu finden. Ihre richtige Bezeichnung lautet „Unterhaltungsautomaten mit Gewinnmöglichkeit".

Im Jahr 2009 betrugen die Einnahmen aus dem Betrieb von Unterhaltungsautomaten mit Gewinnmöglichkeit 3,5 Milliarden Euro (einschließlich Wirteanteil, Mehrwertsteuer, Vergnügungssteuer usw.).

15,3 % aller Männer zwischen 18 und 20 Jahren und 9 % aller Männer zwischen 21 und 25 Jahren spielen an solchen Unterhaltungsautomaten. Zwischen 100 000 und 290 000 Personen in Deutschland gelten als spielsüchtig.

Im Internet kann in Online-Casinos mit virtuellen Geldspielautomaten gespielt werden. Diese Geldspielautomaten fallen nicht unter die Spielverordnung, auch der Zugang zu den Online-Casinos wird nicht kontrolliert.

Für die Slotmachines, die ausschließlich in den Automatensälen der Spielbanken betrieben werden dürfen, gelten keine Einschränkungen. Hier sind Gewinne bis 50 000 € pro Spiel und Verluste bis zu 50 000 € in der Stunde möglich.

Auszug aus der Spielverordnung:

- Der Höchsteinsatz ist auf 20 Cent und der Höchstgewinn auf 2 € pro Spiel beschränkt.
- Die maximale Gewinnsumme pro Stunde beträgt 500 € abzüglich der Einsätze.
- Der maximale Stundenverlust beträgt 80 €.
- Ein Spiel muss mindestens 5 Sekunden dauern.
- Der maximale durchschnittliche Stundenverlust darf nur 33 € betragen.

Wie viel Euro kann ein Spieler, der an einem Abend vier Stunden an einem Geldspielautomaten spielt, in dieser Zeit höchstens verlieren?

Wie viel Euro kann ein Spielhallenbesitzer, der in seinem Betrieb acht Geldspielautomaten aufgestellt hat, pro Monat einnehmen, wenn an jedem Gerät durchschnittlich täglich vier Stunden gespielt wird?

Kann die behauptete Jahreseinnahme von 3,5 Mrd. Euro für alle Unterhaltungsautomaten mit Gewinnmöglichkeit in Deutschland zutreffen?
Führe, falls nötig, eine Überschlagsrechnung durch.

Suche selbst aktuelle Informationen zum Thema „Geldspielautomaten".

Geldspielautomaten

1 Lisa und Jonas überlegen, wie sie bei Geldspielautomaten die Wahrscheinlichkeiten für die einzelnen Gewinne berechnen können. Sie haben dazu ein Modell eines Spielautomaten konstruiert. Das Modell besteht aus drei Glücksrädern, die alle gleich eingeteilt sind. Sie werden unabhängig voneinander gedreht.

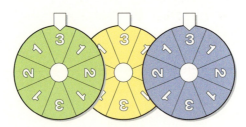

Da es für die Berechnung der Wahrscheinlichkeiten keine Rolle spielt, ob ein Glücksrad dreimal nacheinander oder drei Glücksräder gleichzeitig gedreht werden, betrachten sie zunächst ein Glücksrad.

a) Das abgebildete Glücksrad soll einmal gedreht werden. Welche Ergebnisse sind dabei möglich?
b) Bestimme wie im Beispiel zu jedem Ergebnis die zugehörige Wahrscheinlichkeit.

> Die erwartete relative Häufigkeit eines Ergebnisses wird **Wahrscheinlichkeit P** genannt. P kommt von Probability (englisch: Wahrscheinlichkeit). Die Wahrscheinlichkeit kann oft mithilfe eines Anteils berechnet werden.

Zufallsexperiment: Drehen eines Glücksrades

Mögliche Ergebnisse: gelb, blau, rot

Anteil der gelben Kreisausschnitte: $\frac{3}{8}$

$P(\text{gelb}) = \frac{3}{8} = 0{,}375 = 37{,}5\,\%$

Lies: P von gelb gleich $\frac{3}{8}$.

---

2 Das abgebildete Glücksrad ist Teil eines anderen Automatenmodells. Es soll einmal gedreht werden.

a) Die Menge aller möglichen Ergebnisse wird **Ergebnismenge S** genannt. Gib die Ergebnismenge S an.
b) Im Beispiel wird die Wahrscheinlichkeit für das Ereignis E berechnet.

> Das **Ereignis E** „Die Gewinnzahl ist kleiner als 4." tritt ein, wenn die Gewinnzahl 1, 2 oder 3 ist.
> Das Ereignis E lässt sich auch als Menge von Ergebnissen schreiben:
> $E = \{1, 2, 3\}$.
>
> Die Wahrscheinlichkeit des Ereignisses E ist gleich der Summe der Wahrscheinlichkeiten der zugehörigen Ergebnisse.
>
> $P(E) = P(1) + P(2) + P(3)$
> $ = \frac{4}{16} + \frac{2}{16} + \frac{2}{16} = \frac{8}{16}$
> $P(E) = \frac{8}{16} = 0{,}5 = 50\,\%$

Gib die folgenden Ereignisse jeweils als Menge an und berechne ihre Wahrscheinlichkeit:
E_1: Die Gewinnzahl ist größer als 3.
E_2: Die Gewinnzahl ist ungerade.
E_3: Die Gewinnzahl ist kleiner als 7.
E_4: Die Gewinnzahl ist eine Primzahl.
E_5: Die Gewinnzahl ist kleiner als 8 und größer als 2.
E_6: Die Gewinnzahl ist kleiner als 10.
E_7: Die Gewinnzahl ist größer als 9.

Arbeiten mit dem Computer: Glücksspielautomat

1 Lisa möchte den Spielautomaten mithilfe eines Tabellenkalkulationsprogramms simulieren. Sie hat dazu den acht Kreissektoren jedes Glücksrades die Ziffern von 1 bis 8 zugeordnet. Die vom Programm erzeugten Zufallszahlen entscheiden dann, auf welchen Kreissektor der Zeiger des Glücksrades zeigt.

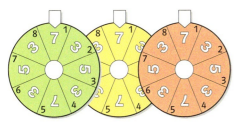

Den Ziffern 1 bis 8 sind dann die Glückszahlen zuzuordnen, die auf dem zugehörigen Kreissektor des Glücksrades stehen. Die bedingte Anweisung dazu lautet:
Wenn die Ziffer 1 oder 5 ist, dann ist die Glückszahl 7; wenn die Ziffer 3 oder 7 ist, dann ist die Glückszahl 5; sonst ist die Glückszahl 3.

Mithilfe der logischen Funktionen des Tabellenkalkulationsprogramms lautet dann der Inhalt der Zelle D9:
=WENN(ODER(D5=1;D5=5); 7; WENN(ODER(D5=3;D5=7);5;3))

In einem letzten Schritt muss Lisa den Glückszahlen, die der simulierte Spielautomat anzeigt, den Gewinn (angezeigter Gewinn minus Spieleinsatz von 20 Cent) zuordnen. Die bedingte Anweisung dazu lautet:
Wenn bei allen Rädern die 7 steht, dann ist der Gewinn 1,80 €;
wenn bei Rad 1 und Rad 2 die 7 steht und bei Rad 3 nicht die 7 oder bei Rad 1 die 7, bei Rad 2 nicht die 7 und bei Rad 3 die 7 oder bei Rad 1 nicht die 7 und bei Rad 2 und Rad 3 die 7, dann ist der Gewinn 0,30 €; sonst ist der Gewinn – 0,20 €.

Mithilfe der logischen Funktionen des Tabellenkalkulationsprogramms lautet dann der Inhalt der Zelle E9:
=WENN(ZAEHLENWENN(B9:D9;7)=3; 1,8; WENN(ZAEHLENWENN(B9:D9;7) =2;0,3;–0,2))

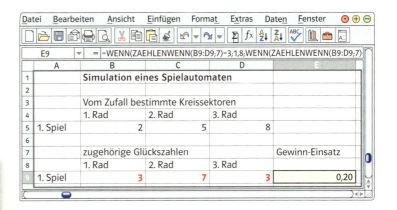

a) Versuche wie Lisa einen Spielautomaten mithilfe eines Tabellenkalkulationsprogramms zu simulieren. Erzeuge neue Spielausgänge (Taste F9).
b) Füge Zeilen für weitere neun Spiele ein und kopiere die entsprechenden Formeln in die Zeilen. Bilde die Gewinnsumme.
c) Bestimme für 200 (500, 1000) Spiele den Gewinn.
d) Verändere die Gewinne (die Gewinnbedingungen) und begründe die Auswirkungen.

Zweistufige Zufallsexperimente

1 Ein Glücksrad ist in drei gleich große Sektoren mit den Zahlen 1, 2 und 3 eingeteilt. Es soll **zweimal nacheinander** gedreht werden. Dieses Zufallsexperiment wird ein **zweistufiges Zufallsexperiment** genannt.
Übertrage das zugehörige Baumdiagramm in dein Heft und vervollständige es. Gib die Ergebnismenge S an.

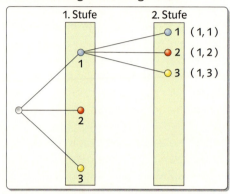

2 Zeichne das Baumdiagramm und gib die Ergebnismenge S an.
a) Eine Münze wird zweimal nacheinander geworfen.
b) Das abgebildete Glücksrad wird zweimal gedreht.

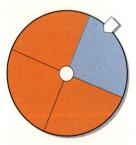

c) Aus der Urne werden nacheinander zwei Kugeln gezogen. Jede gezogene Kugel wird sofort wieder in die Urne zurückgelegt.

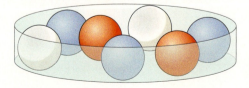

d) Ein Glücksrad mit den Zahlen 1, 3, 5 und 7 wird zweimal gedreht.

Zufallsexperiment: Aus der Urne werden nacheinander zwei Kugeln gezogen. Jede gezogene Kugel wird sofort wieder zurückgelegt.

Für das zugehörige **Baumdiagramm** gilt:
Vom Anfangspunkt aus führt ein Teilpfad zu jedem Ergebnis auf der 1. Stufe.

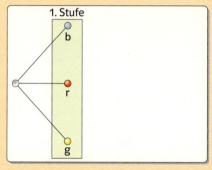

Jeder Endpunkt auf der 1. Stufe ist Ausgangspunkt für neue Teilpfade. Von jedem Endpunkt der 1. Stufe führt ein Teilpfad zu jedem Ergebnis auf der 2. Stufe.

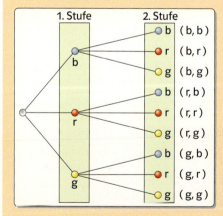

Jeder Pfad vom Anfangspunkt bis zu einem Endpunkt der letzten Stufe entspricht einem Ergebnis des zweistufigen Zufallsexperiments. Für die Ergebnismenge S gilt:
S = {(b; b), (b; r), (b; g), (r; b), (r; r), (r; g), (g; b), (g; r) (g; g)}

Multiplikationsregel

1 In einer Urne befinden sich eine rote und vier weiße gleichartige Kugeln. Es werden nacheinander zwei Kugeln gezogen. Jede Kugel wird sofort wieder zurückgelegt.
In der Abbildung siehst du, dass in dem zugehörigen Baumdiagramm an jedem Teilpfad die entsprechende Wahrscheinlichkeit eingetragen ist.

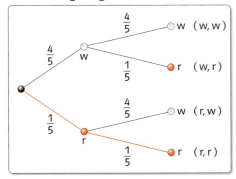

In dem Beispiel wird die Wahrscheinlichkeit dafür berechnet, dass nacheinander zwei rote Kugeln gezogen werden.

P(r;r) = ▪

Bei einer großen Anzahl von Versuchen erwartest du:

1. Der Anteil der Versuche, bei denen die erste Kugel rot ist, beträgt $\frac{1}{5}$.

2. Bei $\frac{1}{5}$ von diesem Anteil ist auch die zweite gezogene Kugel rot.

$\frac{1}{5}$ von $\frac{1}{5}$: $\frac{1}{5} \cdot \frac{1}{5} = \frac{1}{25}$

P(r;r) = $\frac{1}{5} \cdot \frac{1}{5} = \frac{1}{25}$ = 0,04 = 4 %

a) Begründe die Rechnung.
b) Berechne die Wahrscheinlichkeiten für die übrigen Ergebnisse.

2 Eine Münze wird zweimal nacheinander geworfen.
Zeichne das zugehörige Baumdiagramm und trage die zu den Teilpfaden gehörigen Wahrscheinlichkeiten ein. Berechne die Wahrscheinlichkeit für jedes Ergebnis.

3 Das abgebildete Glücksrad wird zweimal nacheinander gedreht.
a) Zeichne das zugehörige Baumdiagramm und trage die zu den Teilpfaden gehörigen Wahrscheinlichkeiten ein.
b) Berechne die Wahrscheinlichkeit für jedes Ergebnis.

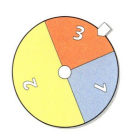

4 In einer Urne tragen vier Kugeln die Zahl 1, zwei die Zahl 2 und eine Kugel die Zahl 3. Es werden nacheinander zwei Kugeln mit Zurücklegen gezogen. Zeichne das zugehörige Baumdiagramm und trage die zu den Teilpfaden gehörigen Wahrscheinlichkeiten ein. Berechne die Wahrscheinlichkeiten für jedes Ergebnis.

Zufallsexperiment: Ziehen zweier Kugeln mit Zurücklegen

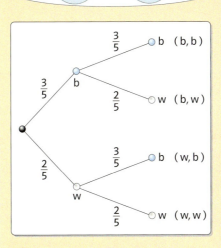

P(b; b) = $\frac{3}{5} \cdot \frac{3}{5} = \frac{9}{25}$ = 0,36 = 36 %

P(b; w) = $\frac{3}{5} \cdot \frac{2}{5} = \frac{6}{25}$ = 0,24 = 24 %

P(w; b) = $\frac{2}{5} \cdot \frac{3}{5} = \frac{6}{25}$ = 0,24 = 24 %

P(w; w) = $\frac{2}{5} \cdot \frac{2}{5} = \frac{4}{25}$ = 0,16 = 16 %

Multiplikationsregel: Die Wahrscheinlichkeit für ein Ergebnis (einen Pfad) ist gleich dem Produkt der Wahrscheinlichkeiten längs des Pfades.

Diese Regel gilt auch für Zufallsexperimente mit mehr als zwei Stufen.

Additionsregel

1 Aus der abgebildeten Urne werden nacheinander zwei Kugeln mit Zurücklegen gezogen. Im Beispiel siehst du, wie du mithilfe des Baumdiagramms die Wahrscheinlichkeit für das Ereignis E_1 bestimmen kannst.

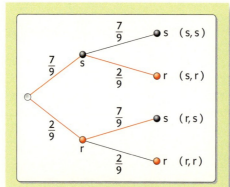

Ereignis E_1: Genau eine der gezogenen Kugeln ist schwarz.

$$E_1 = \{(s; r), (r; s)\}$$

$$P(s; r) = \frac{7}{9} \cdot \frac{2}{9} = \frac{14}{81}$$

$$P(r; s) = \frac{2}{9} \cdot \frac{7}{9} = \frac{14}{81}$$

$$P(E1) = \frac{14}{81} + \frac{14}{81} = \frac{28}{81}$$

$$P(E1) = \frac{28}{81} \approx 0{,}346 = 34{,}6\,\%$$

a) Begründe die Rechnung.
b) Berechne die Wahrscheinlichkeit des folgenden Ereignisses:
E_2: Genau eine der gezogenen Kugeln ist rot.
E_3: Die zweite gezogene Kugel ist rot.
E_4: Mindestens eine der gezogenen Kugeln ist schwarz.

2 In einer Urne befinden sich vier weiße und sechs rote gleichartige Kugeln. Es werden nacheinander zwei Kugeln mit Zurücklegen gezogen.
a) Zeichne das zugehörige Baumdiagramm mit den entsprechenden Wahrscheinlichkeiten.
b) Berechne die Wahrscheinlichkeit dafür, dass genau eine gezogene Kugel rot ist.

3 In einer Urne befinden sich drei weiße, zwei rote und fünf schwarze gleichartige Kugeln. Es werden nacheinander zwei Kugeln mit Zurücklegen gezogen.
a) Zeichne das zugehörige Baumdiagramm und schreibe an die Teilpfade die entsprechenden Wahrscheinlichkeiten.
b) Gib die Ergebnismenge S an und berechne die Wahrscheinlichkeiten aller Ergebnisse.
c) Berechne die Wahrscheinlichkeit des folgenden Ereignisses: Genau eine gezogene Kugel ist schwarz. (Es werden zwei Kugeln unterschiedlicher Farbe gezogen.)

Zufallsexperiment: Ziehen zweier Kugeln mit Zurücklegen.

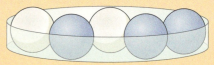

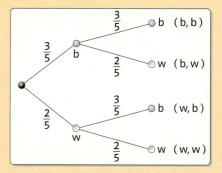

Ereignis E: Genau eine der gezogenen Kugeln ist blau.

$$E = \{(b; w),(w; b)\}$$

$$P(b; w) = \frac{3}{5} \cdot \frac{2}{5} = \frac{6}{25}$$

$$P(w; b) = \frac{2}{5} \cdot \frac{3}{5} = \frac{6}{25}$$

$$P(E) = \frac{6}{25} + \frac{6}{25} = \frac{12}{25} = 0{,}48 = 48\,\%$$

Additionsregel: Die Wahrscheinlichkeit für ein Ereignis ist gleich der Summe der Wahrscheinlichkeiten der zugehörigen Ergebnisse (Pfade).

Grundwissen: Mit dem Zufall rechnen

Versuche, bei denen sich die **Ergebnisse** nicht sicher vorhersagen lassen, sondern zufällig zustande kommen, heißen **Zufallsexperimente**.

Zufallsexperiment: Ziehen einer Kugel aus der Urne.

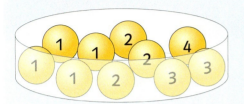

Mögliche Ergebnisse: 1, 2, 3, 4

Die Menge aller möglichen Ergebnisse wird **Ergebnismenge S** genannt.

S = {1, 2, 3, 4}

Bei einem Zufallsexperiment wird die **erwartete relative Häufigkeit** eines Ergebnisses die **Wahrscheinlichkeit** des Ergebnisses genannt.
Die Wahrscheinlichkeit lässt sich oft mithilfe eines Anteils bestimmen.

Anteil der Kugeln, die die Ziffer 1 tragen: $\frac{4}{10} = 0{,}4 = 40\,\%$

Die Wahrscheinlichkeit für das Ziehen einer 1: P(1) = 0,4 = 40 %.

Ein **Ereignis** ist eine **Teilmenge** der Ergebnismenge S.

E: Die gezogene Zahl ist ungerade. E = {1, 3}

P(E) = P(1) + P(3) = 0,4 + 0,2 = 0,6 = 60 %

Die Wahrscheinlichkeit für das Ziehen einer ungeraden Zahl: P(E) = 0,6 = 60 %.

Die Wahrscheinlichkeit eines Ereignisses wird berechnet, indem die Wahrscheinlichkeiten der zugehörigen Ergebnisse addiert werden.

Sind bei einem Zufallsexperiment alle Ergebnisse gleichwahrscheinlich, so beträgt die Wahrscheinlichkeit für jedes Ereignis E:

$$P(E) = \frac{\text{Anzahl der günstigen Ergebnisse}}{\text{Anzahl aller Ergebnisse}}$$

Laplace-Regel

Diese Regel wird Laplace-Regel genannt.

Können die Wahrscheinlichkeiten nicht mithilfe geeigneter Anteile bestimmt werden, betrachtet man bereits erfolgte Durchführungen des Zufallsexperiments. Als Schätzwert für die Wahrscheinlichkeit eines Ergebnisses wird dann die vorher ermittelte relative Häufigkeit des Ergebnisses genommen.

Zufallsexperiment: Ein zufällig ausgewählter Pkw wird auf seine Verkehrssicherheit hin überprüft.

Ergebnis bei 1000 überprüften Pkw:

Ergebnis	absolute Häufigkeit
keine Mängel	815
leichte Mängel	154
schwere Mängel	31

Ergebnis: Der Pkw hat leichte Mängel.

Wahrscheinlichkeit für das Ergebnis:

P(leichte Mängel) = $\frac{154}{1000}$ = 0,154 = 15,4 %

Grundwissen: Zweistufige Zufallsexperimente

Zufallsexperiment:
Das abgebildete Glücksrad wird zweimal gedreht.

Die **Menge aller möglichen Ergebnisse** wird **Ergebnismenge S** genannt.

S = {(w;w), (w; b), (w; r), (b; w), (b; b), (b; r), (r; w), (r; b), (r; r)}

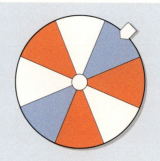

Bei **mehrstufigen Zufallsexperimenten** kann die Ergebnismenge S mithilfe eines **Baumdiagramms** ermittelt werden.

Jedes Ergebnis entspricht **einem Pfad** im Baumdiagramm.

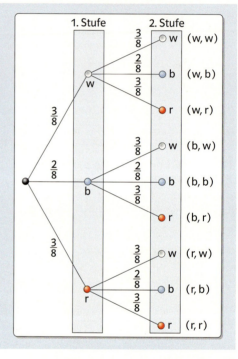

Multiplikationsregel:
Die Wahrscheinlichkeit für ein Ergebnis (einen Pfad) ist gleich dem Produkt der Wahrscheinlichkeiten längs des Pfades.

Ergebnis: (w; b)

$P(w; b) = \frac{3}{8} \cdot \frac{2}{8} = \frac{6}{64}$

Ein **Ereignis** ist eine Teilmenge der Ergebnismenge S.

Ereignis E: Das zweite Feld ist blau.

E = {(w; b), (b; b), (r; b)}

Additionsregel:
Die Wahrscheinlichkeit für ein Ereignis ist gleich der Summe der Wahrscheinlichkeiten der zugehörigen Ergebnisse (Pfade).

$P(E) = P(w; b) + P(b; b) + P(r; b)$

$= \frac{6}{64} + \frac{4}{64} + \frac{6}{64}$

$= \frac{16}{64} = \frac{1}{4} = 0{,}25 = 25\,\%$

Üben und Vertiefen

1 In einer Urne befinden sich zwei weiße, drei blaue und fünf rote gleichartige Kugeln. Es wird zweimal nacheinander eine Kugel gezogen, die Farbe der Kugel notiert und die Kugel wieder zurückgelegt. Nach jeder Ziehung werden die Kugeln in der Urne neu durchmischt.

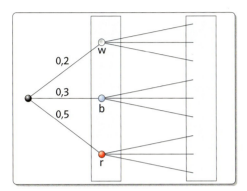

a) Übertrage das Baumdiagramm in dein Heft und vervollständige es.
b) Gib die Ergebnismenge S an und berechne die Wahrscheinlichkeiten aller Ergebnisse.

> E: Es wird genau eine weiße Kugel gezogen.
>
> E = {(w, b); (w, r); (b, w): (r, w)}
>
> P(E) = 0,2 · 0,3 + 0,2 · 0,5 + 0,3 · 0,2 + 0,5 · 0,2
>
> P(E) = 0,32 = 32 %

c) Gib die folgenden Ereignisse jeweils als Teilmenge von S an und berechne ihre Wahrscheinlichkeiten wie im Beispiel:
E_1: Es wird genau eine rote Kugel gezogen.
E_2: Es wird keine weiße Kugel gezogen.
E_3: Es werden höchstens zwei blaue Kugeln gezogen.
E_4: Es wird mindestens eine weiße Kugel gezogen.
E_5: Es werden Kugeln unterschiedlicher Farben gezogen.

2 Ein Würfel wird zweimal nacheinander geworfen.
a) Zeichne das zugehörige Baumdiagramm und berechne die Wahrscheinlichkeiten folgender Ereignisse:
E_1: Die Summe der Augenzahlen ist neun.
E_2: Die Differenz der Augenzahlen ist zwei.
E_3: Das Produkt der Augenzahlen ist sechs.
E_4: Es wird Pasch gewürfelt.
b) Stelle dieses Zufallsexperiment als Urnenexperiment dar. Beantworte dazu die folgenden Fragen:

> 1. Wie viele Kugeln enthält die Urne zu Beginn des Experiments?
> 2. Wie sehen die einzelnen Kugeln in der Urne aus?
> 3. Wie oft wird eine Kugel aus der Urne gezogen?
> 4. Wird die gezogene Kugel nach jeder Ziehung wieder zurückgelegt?

3 Ein Glücksrad mit zwei gelben, drei blauen und vier roten gleich großen Kreisausschnitten wird zweimal gedreht.
a) Stelle das Zufallsexperiment als Urnenexperiment dar.
b) Zeichne das zugehörige Baumdiagramm und berechne die Wahrscheinlichkeit dafür, dass der Zeiger genau einmal auf ein rotes Feld zeigt.
c) Berechne die Wahrscheinlichkeit dafür, dass der Zeiger höchstens einmal auf ein blaues Feld (mindestens einmal auf ein gelbes Feld) zeigt.

4 Am Zahlenschloss müssen vier Zahlen von 0 bis 9 richtig eingestellt werden.
a) Stelle das Zufallsexperiment als Urnenexperiment dar.
b) Überlege, wie viele Pfade das zugehörige Baumdiagramm hat und berechne die Wahrscheinlichkeit für die richtige Zahlenkombination.

> Ziehen mit Zurücklegen

Üben und Vertiefen

Ziehen ohne Zurücklegen

1 In einer Urne befinden sich zwei weiße, drei blaue und fünf rote gleichartige Kugeln. Es werden nacheinander zwei Kugeln gezogen. Die Farbe jeder Kugel wird notiert, die Kugeln werden nicht in die Urne zurückgelegt.

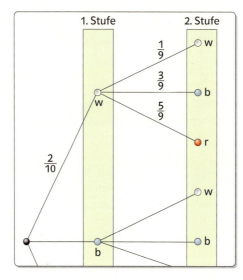

a) Übertrage das Baumdiagramm in dein Heft und vervollständige es. Beachte, dass nach der ersten Ziehung nur noch neun Kugeln in der Urne sind.

> E: Es wird genau eine weiße Kugel gezogen.
>
> E = {(w, b); (w, r); (b, w); (r, w)}
>
> $P(E) = \frac{2}{10} \cdot \frac{3}{9} + \frac{2}{10} \cdot \frac{5}{9} + \frac{3}{10} \cdot \frac{2}{9} + \frac{5}{10} \cdot \frac{2}{9}$
>
> $P(E) = \frac{32}{90} \approx 0{,}356 = 35{,}6\,\%$

b) Gib die Ergebnismenge S an und berechne die Wahrscheinlichkeiten aller Ergebnisse wie im Beispiel.
E_1: Es wird genau eine weiße Kugel gezogen.
E_2: Es wird keine blaue Kugel gezogen.
E_3: Es werden höchstens zwei rote Kugeln gezogen.
E_4: Es wird mindestens eine blaue Kugel gezogen.
E_5: Es werden Kugeln unterschiedlicher Farben gezogen.

2 Larissa, Melissa, Christina und Olessja machen Campingurlaub. Sie losen aus, welche beiden Mädchen das Zelt aufbauen müssen.
a) Wie kann man das mithilfe eines Urnenexperiments entscheiden?
b) Zeichne das zugehörige Baumdiagramm mit den entsprechenden Wahrscheinlichkeiten.
c) Wie groß ist die Wahrscheinlichkeit, dass Melissa mit aufbauen muss?

3 Unter zehn Reisenden befinden sich drei Schmuggler. Zwei der Reisenden werden zufällig ausgewählt und vom Zoll kontrolliert.
a) Beschreibe das Zufallsexperiment mithilfe eines Urnenexperiments.

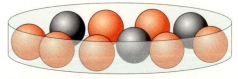

b) Vervollständige das Baumdiagramm in deinem Heft.

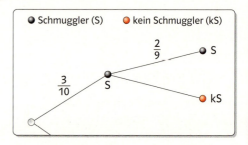

c) Bestimme die Wahrscheinlichkeit dafür, dass unter den kontrollierten Personen kein (ein) Schmuggler ist.

Üben und Vertiefen

1 In dem Beispiel wird aus einer Urne mit sehr vielen Kugeln gezogen.

Zufallsexperiment: Zweimal Ziehen aus einer Urne mit 7000 weißen und 3000 roten gleichartigen Kugeln.

ohne Zurücklegen

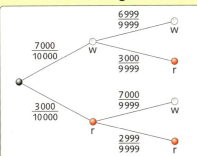

mit Zurücklegen

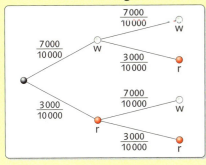

a) Berechne die Wahrscheinlichkeit dafür, dass zwei rote Kugeln gezogen werden, wenn ohne Zurücklegen gezogen wird.
b) Berechne die Wahrscheinlichkeit dafür, dass zwei rote Kugeln gezogen werden, wenn mit Zurücklegen gezogen wird.
c) Vergleiche die Ergebnisse miteinander. Was stellst du fest?

> Bei einer großen Grundgesamtheit unterscheiden sich die Wahrscheinlichkeiten beim Ziehen mit und ohne Zurücklegen kaum.
> Wir können den Unterschied vernachlässigen und auf allen Stufen mit den gleichen Wahrscheinlichkeiten rechnen.

2 90 % aller Bundesbürger kennen den Bundespräsidenten. Bei einer Meinungsumfrage wird unter anderem auch gefragt, wie der Bundespräsident heißt. Zwei Personen werden nacheinander befragt.

> Weil die Grundgesamtheit sehr groß ist (ca. 82 Millionen Bundesbürger), kannst du davon ausgehen, dass die Wahrscheinlichkeiten auf den einzelnen Stufen gleich bleiben.
> Die Urne stellt dann die Anteile in der Bevölkerung dar, also z.B. 90 weiße Kugeln für die 90 % und 10 schwarze Kugeln für die 10 %.

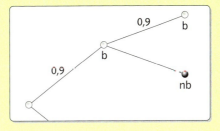

Wie groß ist die Wahrscheinlichkeit, dass zwei der befragten Personen den Bundespräsidenten nicht kennen?

Verteilung der Blutgruppen in Europa

Blutgruppe A	44 %
Blutgruppe AB	6 %
Blutgruppe B	14 %
Blutgruppe 0	36 %

3 Zwei zufällig ausgewählte Europäer werden auf ihre Blutgruppe untersucht.
a) Modelliere den Sachverhalt mithilfe eines Urnenexperiments.
b) Berechne die Wahrscheinlichkeiten folgender Ereignisse:
E_1: Beide Personen haben Blutgruppe A (B, AB, 0).
E_2: Eine Person hat Blutgruppe B, die andere Person Blutgruppe 0.
E_3: Beide Personen haben unterschiedliche Blutgruppen.

> Ziehen ohne Zurücklegen bei einer großen Grundgesamtheit

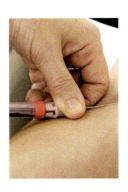

Üben und Vertiefen

Ziehen aus verschiedenen Urnen

1 Bei der Behandlung von Bluthochdruck wird in der Regel eine Kombination mehrerer Medikamente eingesetzt. Das Medikament M1 einer bestimmten Wirkstoffgruppe bewirkt bei 80 % aller Patienten mit Bluthochdruck bereits allein eine ausreichende Senkung des Blutdrucks, das Medikament M2 einer anderen Wirkstoffgruppe bewirkt allein bei 70 % aller Patienten mit Bluthochdruck eine ausreichende Senkung. Beide Medikamente sollen nun bei Bluthochdruckpatienten gleichzeitig eingesetzt werden.

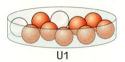
U1

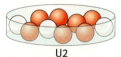
U2

Das Zufallsexperiment kann durch Ziehen aus unterschiedlichen Urnen U1 und U2 modelliert werden.
Das Ziehen einer roten Kugel aus U1 heißt, M1 wirkt, das Ziehen einer weißen Kugel bedeutet, M1 wirkt nicht.
Das Ziehen einer roten Kugel aus U2 heißt, M2 wirkt, das Ziehen einer weißen Kugel bedeutet, M2 wirkt nicht.

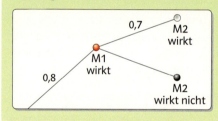

a) Vervollständige das zugehörige Baumdiagramm in deinem Heft.
b) Wie groß ist die Wahrscheinlichkeit dafür, dass eine ausreichende Senkung des Bluthochdrucks stattfindet?

2 Bei dem Schutz vor einer Malariaerkrankung wird auch eine Kombination von Arzneimitteln eingesetzt. Das Medikament A schützt allein in 60 % aller Fälle, Medikament B allein in 75 % aller Fälle.
a) Zeichne das zugehörige Baumdiagramm.
b) Wie groß ist die Wahrscheinlichkeit dafür, dass beide Medikamente zusammen vor einer Malariaerkrankung schützen?

Die Anophelesmücke überträgt Malaria.

3 Das Handymodell eines bestimmten Herstellers wird zu 60 % an Frauen verkauft, davon 70 % in der Farbe Weiß. Von den Männern kaufen nur 50 % das Handy in der Farbe Weiß.

Bei der Modellierung dieses Zufallsexperiments mithilfe von Urnen ist die zweite Urne abhängig vom Ziehungsergebnis aus der ersten Urne.

1. In der ersten Urne sind 60 rote und 40 blaue sonst gleichartige Kugeln. Das Ziehen einer roten Kugel heißt, das Handy wird von einer Frau, das Ziehen einer blauen Kugel heißt, das Handy wird von einem Mann gekauft.

2a. Ist die gezogene Kugel rot, wird aus einer zweiten Urne mit 70 weißen und 30 schwarzen sonst gleichartigen Kugeln gezogen. Das Ziehen einer weißen Kugel heißt, das Handy ist weiß, das Ziehen einer schwarzen Kugel bedeutet, das Handy ist schwarz.

2b. Ist die gezogene Kugel blau, wird aus einer zweiten Urne mit 50 weißen und 50 schwarzen sonst gleichartigen Kugeln gezogen.

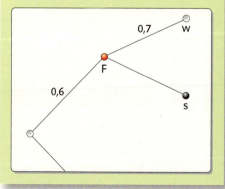

a) Vervollständige das zugehörige Baumdiagramm in deinem Heft.
b) Wie groß ist die Wahrscheinlichkeit, dass ein ausgeliefertes Modell weiß ist?

L 0,62 0,94 0,90

Sachprobleme mit dem Urnenmodell lösen

Methode: Urnenmodelle

Viele Zufallsexperimente lassen sich durch das Ziehen von Kugeln aus Urnen modellieren. Dazu ist die Beantwortung der folgenden Fragen sinnvoll.

1. Wird ein- oder mehrmals aus derselben Urne gezogen?
2. Wird mit oder ohne Zurücklegen aus der Urne gezogen?
3. Ist die Anzahl der Kugeln in der Urne so groß, dass sich Ziehungen mit und Ziehungen ohne Zurücklegen nur unwesentlich unterscheiden?
4. Wird aus unterschiedlichen Urnen gezogen? Entscheidet das Ziehungsergebnis aus der ersten Urne darüber, aus welcher zweiten Urne gezogen wird?

> Bearbeitet die folgenden Aufgaben in Partner oder Gruppenarbeit. Überlegt zunächst, wie ihr das Zufallsexperiment durch ein Urnenexperiment modellieren könnt.

1 Aus sechs Kandidaten für eine Quizshow werden zwei ausgelost. Wie groß ist die Wahrscheinlichkeit dafür, dass Kandidat B in die erste Quizrunde und Kandidat F in die zweite Quizrunde kommt?

3 Aus zwei Großbuchstaben des Alphabets wird der Mittelteil eines Kfz-Kennzeichens zufällig gebildet. Wie groß ist die Wahrscheinlichkeit für die Kombination „XX"?

4 Für eine statistische Erhebung sollen in jeder Klasse zwei Schülerinnen und Schüler per Los ausgewählt werden. Jannis und Elena sind in der 10 b. Wie groß ist die Wahrscheinlichkeit, dass sie aus den 27 Schülerinnen und Schülern der 10 b ausgelost werden?

2 In einer Porzellanmanufaktur werden Vasen hergestellt. Von den hergestellten Vasen sind 60 % ohne Mängel, 30 % haben leichte Mängel und 10 % sind Ausschuss.
Zwei Vasen werden der Produktion entnommen. Bestimme mithilfe des zugehörigen Baumdiagramms die Wahrscheinlichkeit dafür, dass eine Vase ohne Mängel ist und die andere nur leichte Mängel aufweist.

5 95 % aller Jugendlichen unter 19 Jahren kennen Michael Jackson. Zwei zufällig ausgewählte Jugendliche werden gefragt, ob sie Michael Jackson kennen. Wie groß ist die Wahrscheinlichkeit dafür, dass mindestens einer diese Frage mit „ja" beantwortet?

Sachprobleme mit dem Urnenmodell lösen

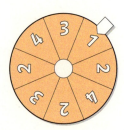

6 Das abgebildete Glücksrad wird zweimal nacheinander gedreht.
a) Zeichne das zugehörige Baumdiagramm und trage die zu den Teilpfaden gehörigen Wahrscheinlichkeiten ein.
b) Berechne die Wahrscheinlichkeiten der folgenden Ereignisse:
E_1: Eine Gewinnzahl ist die Zahl 3.
E_2: Keine Gewinnzahl ist eine 4.

7 Nico, Julia, Doreen, Christian, Michael und Anja haben in einem Preisausschreiben gewonnen. Unter ihnen werden zusätzlich zwei Reisen nach Italien und Irland verlost. Wie groß ist die Wahrscheinlichkeit dafür, dass Julia nach Italien und Christian nach Irland reisen darf?

8 Die Albert-Schweitzer-Schule wird von 270 Mädchen und 330 Jungen besucht. 60 % aller Schülerinnen und Schüler kommen mit öffentlichen Verkehrsmitteln zur Schule.
Aus allen Schülerinnen und Schülern wird eine Person zufällig ausgewählt.
a) Wie groß ist die Wahrscheinlichkeit dafür, dass es ein Schüler ist, der mit öffentlichen Verkehrsmitteln zur Schule kommt?
b) Wie groß ist die Wahrscheinlichkeit dafür, dass es eine Schülerin ist, die nicht mit öffentlichen Verkehrsmitteln zur Schule kommt?

9 Der Rhesusfaktor ist eine Eigenschaft der roten Blutkörperchen, die 1940 zuerst bei Rhesusaffen entdeckt wurde.
17 % aller Mitteleuropäer sind rhesusnegativ. Für eine Blutspende werden zwei Spender auf ihren Rhesusfaktor getestet.
a) Wie groß ist die Wahrscheinlichkeit dafür, dass keiner rhesus-negativ ist?
b) Wie groß ist die Wahrscheinlichkeit dafür, dass höchstens einer rhesus-negativ ist?

10 In einem deutschen Bundesland betrug der Anteil der ausländischen Schülerinnen und Schüler im Schuljahr 2009/2010 rund 11 %. Davon besuchten 16 % die Realschule, 5 % das Gymnasium, die übrigen eine andere Schulform. Von den deutschen Schülerinnen und Schülern besuchten 20 % die Realschule und 30 % das Gymnasium.
Ein zufällig ausgewählter Schüler des Gymnasiums (der Realschule) wird nach seiner Nationalität gefragt. Wie groß ist die Wahrscheinlichkeit, dass er Ausländer ist?

11 22 % aller Studierenden in Deutschland möchten Lehrer werden.
Rund 65 % der Lehramtsstudenten sind Frauen, während der Frauenanteil in den anderen Studiengängen nur rund 37 % beträgt.
Eine Person, die in Deutschland studiert, wird zufällig ausgewählt.
a) Wie groß ist die Wahrscheinlichkeit dafür, dass es eine Lehramtsstudentin ist?
b) Wie groß ist die Wahrscheinlichkeit, dass es ein Mann ist?

Vernetzen: Gewinn und Verlust bei Spielautomaten

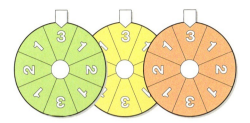

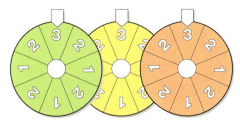

> Du kannst die Pfadregeln auch anwenden, ohne ein Baumdiagramm zu zeichnen.

1 Lisa und Jonas betrachten nun wieder das vollständige Modell des Geldspielautomaten.
Jonas hat einen Teil des zugehörigen Baumdiagramms gezeichnet.

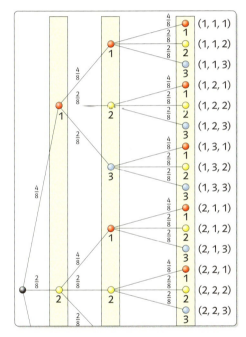

Lisa hat die Wahrscheinlichkeit eines Ergebnisses berechnet.

$$P(1, 3, 3) = \frac{4}{8} \cdot \frac{2}{8} \cdot \frac{2}{8} = \frac{16}{512}$$

$$P(1, 3, 3) = 0{,}03125$$

Der Automat wirft einen Gewinn aus, wenn genau zwei Zeiger auf die Zahl 3 zeigen.
Berechne die Wahrscheinlichkeit für das Ereignis E: Genau zwei Zeiger zeigen auf die Zahl 3.
Addiere dazu die Wahrscheinlichkeiten der zu E gehörigen Ergebnisse.

2 Der zugehörige Spielautomat wirft einen Gewinn aus, wenn mindestens ein Zeiger auf die Zahl 3 zeigt. Berechne die Wahrscheinlichkeit.

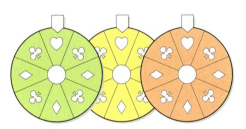

3 Die Räder dieses Spielautomatenmodells sind ebenfalls gleich eingeteilt und werden unabhängig voneinander gedreht. Zeigt mindestens ein Zeiger auf „Herz", wird ein Gewinn erzielt. Berechne die Wahrscheinlichkeit für einen Gewinn.

4 Maik hat festgestellt, dass man bei vielen Spielautomaten nur die Felder sehen kann, auf die die Zeiger zeigen. Er hat bei seinem Spielautomatenmodell die mittlere Scheibe so eingeteilt, dass nur auf einem Feld das Zeichen „€" steht. Ein Gewinn soll erzielt werden, wenn mindestens zwei Zeiger auf „€" zeigen.

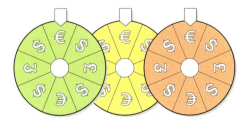

a) Berechne die Wahrscheinlichkeit für einen Gewinn.
b) Wird der Spieler hier getäuscht? Begründe deine Antwort.

161

Vernetzen: Gewinn und Verlust bei Spielautomaten

Die goldene Sieben
Einsatz pro Spiel: **20 Cent**

Gewinnkombinationen:
3 x 7 : 2,00 €
2 x 7 : 0,50 €

5 Anna und Nicole überlegen, wie sie bei der „goldenen Sieben" den zu erwartenden Gewinn berechnen können:

> „Die Wahrscheinlichkeit für das Ereignis „3 x 7" beträgt $\frac{1}{64}$, die Wahrscheinlichkeit für „2 x 7" beträgt $\frac{9}{64}$. Das bedeutet, dass wir bei 640 Spielen ungefähr 10-mal einen Gewinn von 2,00 € und 90-mal einen Gewinn von 0,50 € machen könnten," rechnet Anna. „Du musst auch noch den Einsatz von 0,20 € pro Spiel berücksichtigen," wirft Nicole ein.

a) Überprüfe die Berechnungen von Anna. Treffen ihre Überlegungen für 640 Spiele immer zu? Begründe deine Antwort.
b) Was ergibt sich, wenn auch noch der Einsatz von 0,20 € pro Spiel berücksichtigt wird?
c) Würde ein solcher Automat nach der Spieleverordnung zugelassen werden?

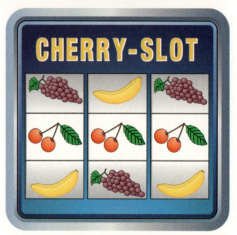

Cherry-Slot
Einsatz pro Spiel: **50 Cent**

Gewinnkombinationen:
3 x Cherry : 40,00 €
2 x Cherry :   4,00 €
1 x Cherry :   0,40 €

6 Der abgebildete „virtuelle" Geldspielautomat besteht aus drei Walzen, die unabhängig voneinander gedreht werden. Jede Walze ist in zehn gleich große Felder eingeteilt, ein Feld auf jeder Walze trägt das Symbol „Kirsche".
a) Berechne die Wahrscheinlichkeiten für die drei Gewinnkombinationen.
b) Berechne den zu erwartenden Gewinn. Gehe dabei von 1000 durchgeführten Spielen aus.
c) Was ergibt sich, wenn du den Einsatz pro Spiel mitberücksichtigst?
d) Ein Spiel dauert an diesem Automaten nur 10 Sekunden. In welcher Zeit kann ein Spieler 500 € verlieren?

Vernetzen: Faire Spiele

1 Nach einem einfachen Spiel kann ein Geldspielautomat die folgenden Beträge auszahlen: 0,00 €; 0,20 €; 0,50 €; 1,00 € oder 2,00 €. In der Tabelle werden den Auszahlungsbeträgen die zugehörigen Wahrscheinlichkeiten zugeordnet.

Auszahlung (€)	Wahrscheinlichkeit
0,00	0,73
0,20	0,15
0,50	0,06
1,00	0,04
2,00	0,02

Der Gewinn ergibt sich aus der Differenz von Auszahlungsbetrag und Einsatz. In dem Beispiel wird der erwartete Gewinn bei einem Einsatz von 0,20 € pro Spiel berechnet.

Bei 1000 durchgeführten Spielen werden folgende Spielausgänge erwartet:

1000 · 0,73 = 730 Spiele ohne Ausz.
1000 · 0,15 = 150 Spiele mit 0,20 €
1000 · 0,06 = 60 Spiele mit 0,50 €
1000 · 0,04 = 40 Spiele mit 1,00 €
1000 · 0,02 = 20 Spiele mit 2,00 €

Das bedeutet für den Gewinn:

730 · (− 0,20 €) = − 146,00 €
150 · 0,00 €   =   0,00 €
 60 · 0,30 €   =   18,00 €
 40 · 0,80 €   =   32,00 €
 20 · 1,80 €   =   36,00 €
                 =   − 60,00 €

Der erwartete Gewinn pro Spiel beträgt − 60,00 € : 1000 = − 0,06 €

a) Was bedeutet der berechnete erwartete Gewinn für den Spieler, was bedeutet er für den Besitzer des Spielautomaten?
b) Wenn jedes Spiel im Durchschnitt nur zehn Sekunden dauert, werden dann die Bedingungen der Spieleverordnung eingehalten?

Auszahlung (€)	Wahrscheinlichkeit
0,00	0,75
0,20	0,13
0,50	0,06
1,00	0,05
2,00	0,01

2 Berechne zu den in der Tabelle angegebenen Werten den erwarteten Gewinn pro Spiel (Spieleinsatz: 0,20 €).

3 Stefanie und Max haben das folgende Glücksspiel vereinbart:
Sie werfen dreimal eine Münze. Stefanie erhält von Max 0,30 €, wenn dreimal Bild erscheint, und 0,20 €, wenn zweimal Bild erscheint. Sie muss umgekehrt Max bei dreimal Zahl 0,30 € und bei zweimal Zahl 0,20 € bezahlen.
Berechne jeweils den von Stefanie und den von Max zu erwartenden Gewinn pro Spiel. Gehe dabei von 1000 Durchführungen aus. Ist das Spiel fair?

Ist bei einem Spiel der erwartete Gewinn pro Spiel gleich Null, wird das Spiel ein faires Spiel genannt.

4 Tim vereinbart mit Anja das folgende Würfelspiel:
Anja setzt 0,30 €. Sie wirft dann einmal einen Würfel. Tim zahlt anschließend an Anja die geworfene Augenzahl multipliziert mit 10 Cent.
Berechne den erwarteten Gewinn pro Spiel. Gehe dabei von 600 Durchführungen aus. Ist das Spiel fair?

5 Bei einer Lotterie gewinnen 2 % der Lose 10 €, 10 % der Lose 5 € und 15 % der Lose 2 €. Die restlichen Lose sind Nieten.
a) Ein Los kostet 1 €. Ist die Lotterieveranstaltung fair?
b) Wie viel Euro muss ein Los kosten, wenn der Lotterieveranstalter im Mittel pro Los 0,50 € verdienen will?

Lernkontrolle 1

1 In einer Urne befinden sich vier gleichartige Kugeln, die die Buchstaben A, B, C und D tragen. Aus der Urne werden zwei Kugeln nacheinander gezogen. Jede Kugel wird sofort nach ihrer Ziehung wieder zurückgelegt.
a) Zeichne das zugehörige Baumdiagramm.
b) Gib die folgenden Ereignisse jeweils als Teilmenge von S an und berechne ihre Wahrscheinlichkeiten:
E_1: Die erste gezogene Kugel trägt den Buchstaben A, die zweite den Buchstaben B.
E_2: Die zweite gezogene Kugel trägt den Buchstaben D.

2 In einer Fabrik für Herrenoberbekleidung werden Hemden genäht. Von den hergestellten Hemden sind 90 % ohne Mängel (OM), 9 % haben leichte Mängel (LM), der Rest ist Ausschuss (A). Der Produktion werden nacheinander zwei Hemden entnommen.
Zeichne das zugehörige Baumdiagramm. Bestimme die Wahrscheinlichkeit dafür, dass ein Hemd ohne Mängel und ein Hemd Ausschuss ist.

3 In einer Urne befinden sich vier schwarze, drei rote und zwei gelbe sonst gleichartige Kugeln. Es werden nacheinander zwei Kugeln gezogen. Die Farbe jeder Kugel wird notiert, die Kugeln werden nicht wieder in die Urne zurückgelegt.
a) Zeichne das zugehörige Baumdiagramm und gib die Ergebnismenge S an.
b) Gib die folgenden Ereignisse jeweils als Teilmenge von S an und berechne ihre Wahrscheinlichkeiten:
E_1: Es wird genau eine gelbe Kugel gezogen.
E_2: Es wird keine schwarze Kugel gezogen.
E_3: Es wird mindestens eine rote Kugel gezogen.

4 Das Modell „Wolf" eines Autoherstellers wird zu 20 % an Frauen verkauft, davon 30 % in der Farbe Grau. Von den Männern kaufen aber 90 % den „Wolf" in der Farbe Grau.
a) Zeichne das zugehörige Baumdiagramm.
b) Wie groß ist die Wahrscheinlichkeit, dass ein ausgelieferter „Wolf" grau ist?

Wiederholung

1 Schreibe als Term.
a) die Summe aus 32 und einer Zahl
b) die Differenz aus einer Zahl und 38
c) das Vierfache einer Zahl vermehrt um 11
d) das Sechsfache einer Zahl vermindert um 13

2 Fasse gleichartige Summanden zusammen.
a) 6x + 11x b) 12b − 7b + 5b
   13x − 8x   20t + t − 15t
   3 · 4x − 7x 5y − 9y + 17y

c) 3x + 7 − x + 18 + 11x − 23
   21u − 17v − 32 − 5u + 19v + 30
   14m + 5 − 7n + 12n − 8m + 34

3 Multipliziere die Klammern aus.
a) 6 (x + 5)   b) 4 (2a − b)
   3 (x − 12)   5 (a + 3b)
   − 2 (x − 13)   − (4a − 3b)

c) (x + 3)(x + 4)   d) $(x - 5)^2$
   (a + 7)(a − 3) $(z + 8)^2$
   (3b − 5)(2b + 4)   (x + 7)(x − 7)

4 Bestimme die Lösung.
a) 6x + 6 = 54   b) 7x − 15 = 34
   9x − 7 = 5x + 17   x − 27 = 8x − 48

5 Multipliziere die Klammern aus und löse die Gleichung.
a) 8 (x + 3) = 96
b) 6 (x − 7) = 11 (x + 3)
c) 5x − 4 (x + 4) = 2 (x − 6) + 31

Lernkontrolle 2

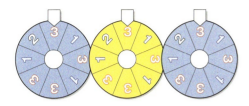

1 Die Räder dieses Spielautomatenmodells sind gleich eingeteilt und werden unabhängig voneinander gedreht.
a) Stelle das Zufallsexperiment als Urnenexperiment dar.
b) Zeichne das zugehörige Baumdiagramm.
c) Zeigt mindestens ein Zeiger auf die Zahl 2, wird ein Gewinn erzielt. Berechne die Wahrscheinlichkeit für einen Gewinn.

2 In einer Warensendung befinden sich acht funktionsfähige (f) und zwei defekte (d) elektronische Bauteile. Zwei dieser Bauteile werden getestet.
a) Zeichne das zugehörige Baumdiagramm.
b) Berechne die Wahrscheinlichkeit dafür, dass unter den getesteten Bauteilen mindestens ein funktionsfähiges ist.

3 Ein Autohersteller bietet die Modellvarianten „S" und „RS" jeweils mit einem 60-kW-, einem 100-kW- und einem 130-kW-Motor an. 40 % der Käufer entscheiden sich für das Modell „S", darunter 30 % für den 100-kW-Motor und 50 % für den 130-kW-Motor. Von den „RS"-Käufern entscheiden sich 10 % für den 60-kW-Motor und 70 % für den 130-kW-Motor. Zu einem zufällig ausgewählten Zeitpunkt läuft ein Modell vom Band.
a) Modelliere das Zufallsexperiment durch Ziehen aus unterschiedlichen Urnen und zeichne das zugehörige Baumdiagramm.
b) Wie groß ist die Wahrscheinlichkeit, dass das vom Band laufende Modell einen 130-kW-Motor hat?

4 Bei einer Lotterie gewinnen 1 % der Lose 10 €, 2 % der Lose 5 €, 3 % der Lose 2 € und 4 % der Lose 1 €. Die restlichen Lose sind Nieten. Jedes Los kostet 0,50 €.
a) Welchen Gewinn kannst du erwarten, wenn du 200 Lose kaufst?
b) Wie viel Euro muss ein Los kosten, wenn der Lotterieveranstalter im Mittel pro Los 0,70 € verdienen will?

Wiederholung

1 Ersetze jeweils die Platzhalter.
a) $x^2 - 18x + \blacksquare = (\blacksquare - \blacksquare)^2$
$x^2 + 22x + \blacksquare = (\blacksquare + \blacksquare)^2$
$x^2 - 25 = (\blacksquare + \blacksquare)(\blacksquare - \blacksquare)$

b) $4a^2 - 12a + \blacksquare = (\blacksquare - \blacksquare)^2$
$9y^2 + 18y + \blacksquare = (\blacksquare + \blacksquare)^2$
$36x^2 - 49y^2 = (\blacksquare + \blacksquare)(\blacksquare - \blacksquare)$

2 Löse die Gleichung mithilfe der binomischen Formeln.
a) $(x + 6)^2 = (x + 4)^2$
b) $(x - 13)^2 = (x - 15)^2$
c) $(x + 3)^2 = (x + 9)(x - 9)$
d) $(x - 8)^2 = (x - 4)(x + 4)$

3 a) Stelle eine Gleichung auf und löse sie.
Lena kauft in der Cafeteria ein belegtes Brötchen für 0,80 € und mehrere Äpfel zum Stückpreis von 0,40 €. Sie zahlt insgesamt 2,40 €.
b) Schreibe zu der Gleichung einen passenden Text und bestimme die Lösung:
$3x + 2 \cdot 0,80 = 2,80$.

4 Der Umfang eines Rechtecks beträgt 56 cm. Die eine Seite ist um 4 cm länger als die andere.

5 Herr Lang, Frau Mast und Frau Timm teilen sich einen Lottogewinn von 17 000 €. Herr Lang erhält doppelt so viel, Frau Timm 1000 € mehr als Frau Mast.

Wie viele Reiskörner sind in diesem Sack Reis?

9 Sachprobleme

Berechne den umbauten Raum des Gebäudes.

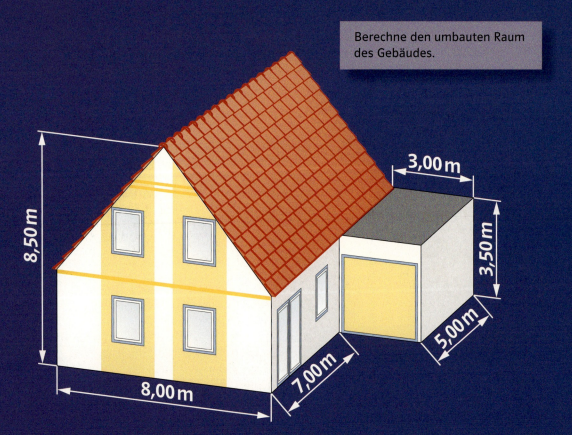

Welche ganzzahligen Kantenlängen kann ein Quader mit dem Volumen 36 cm³ haben?

Wie viel Quadratmeter hat das Grundstück?

Welche Beträge muss ich monatlich ansparen, um in fünf Jahren ein Auto für 15 000 Euro kaufen zu können?

Wie viel Kubikzentimeter Wasser passen in das Glas?

Überlegt, wie ihr die Probleme lösen könnt. Welche zusätzlichen Informationen braucht ihr?

Sachprobleme lösen

Es gibt zu diesen Aufgaben unterschiedliche Lösungswege. Schau auf den Seiten 10 und 11 nach.

1 Welche ganzzahligen Kantenlängen kann ein Quader mit einem Volumen von 30 cm³ haben?

2 Eine rechteckige Viehweide mit einer Fläche von 648 m² soll eingezäunt werden. Die Weide ist doppelt so lang wie breit. Für das Tor sollen 3 m freigelassen werden. Wie viel Meter Zaun werden benötigt?

3 Anton braucht 4 Stunden, um sein Zimmer zu streichen. Laura schafft die Arbeit in 2 Stunden. Wie lange brauchen beide zusammen, um das Zimmer zu streichen?

4 Wie viel Quadratmeter können auf der Litfaßsäule als Werbefläche genutzt werden?

5 Wenn man einen Tennisball auf einen harten Boden fallen lässt, erreicht er eine Sprunghöhe von ungefähr 55 % der Fallhöhe. Ein Ball hat nach fünfmaligem Auftrumpfen noch eine Sprunghöhe von 10 cm.
a) Aus welcher Höhe wurde er fallengelassen?
b) Welchen Weg hat der Ball insgesamt zurückgelegt?

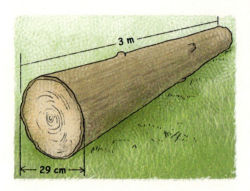

6 Wie viele Holzlatten (20 cm breit, 5 cm dick und 2,90 m lang) kann die Holzfirma Meyer höchstens aus einem 29 cm starken Baumstamm sägen?

7 Bei einem Radiogewinnspiel soll eine vierstellige Zahl erraten werden. Es wird der Hinweis gegeben, dass die Ziffern 5, 7, 0 und 2 vorkommen. Wie viele Kombinationen sind möglich?

8 Berechne das Volumen des Körpers.

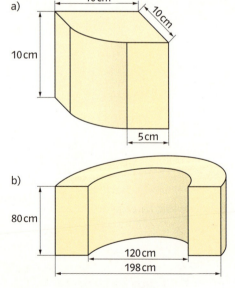

9 Zwei Arbeiter brauchen zusammen vier Stunden, um einen LKW zu entladen. Nach einer Stunde fällt einer der Arbeiter aus. Der andere Arbeiter benötigt dann allein noch weitere 5 Stunden, um den LKW zu entladen. Wie lange hätte dieser Arbeiter gebraucht, um den LKW allein zu entladen?

Rund ums Auto

1 Frau Jürgens, eine Kauffrau im Außendienst, braucht ein neues Auto.
Der Händler macht ihr ein Leasing- und ein Finanzierungsangebot:

Leasing:
Das Auto wird für eine vereinbarte Zeit „gemietet". Nach Ablauf der Zeit kann man das Auto zurückgeben oder zum Restwert kaufen.

Leasingangebot	
Laufzeit	36 Monate
jährliche Fahrleistung	15 000 km
Sonderzahlung	5000 €
36 monatliche Raten à	276 €
Restwert	12 100 €

Finanzierungsangebot	
Laufzeit	36 Monate
jährliche Fahrleistung	15 000 km
Anzahlung	5000 €
36 monatliche Raten je	293 €
Schlussrate	11 350 €

Frau Jürgens kann bei beiden Angeboten das Auto nach Ablauf der Laufzeit zurückgeben oder den Restwert beziehungsweise die Schlussrate bezahlen, damit ihr das Auto gehört. Wenn sie das Auto zurückgibt, entstehen ihr keine weiteren Kosten. Welches Angebot ist günstiger, wenn Frau Jürgens das Auto nach 3 Jahren zurückgeben will (weiterfahren will)?

2 Frau Jürgens fährt von Bielefeld nach München. Für die 599 gefahrenen Kilometer ermittelt sie einen Benzinverbrauch von 49,8 Litern.
a) Berechne den durchschnittlichen Benzinverbrauch für 100 Kilometer.
b) Frau Janssen, eine Bekannte, ist mitgefahren. Wie viel Euro muss sie an Frau Jürgens zahlen, wenn sie vereinbart haben, die Benzinkosten zu teilen? Gehe dabei von einem Benzinpreis von 1,46 Euro/ℓ aus.

Verbrauch pro 100 km
Dieselmotor: 6 Liter
Benzinmotor: 8,5 Liter

Diesel: 1,24 €
Benzin: 1,44 €

3 Frau Janssen überlegt, ob sie ihr neues Auto mit Benzin- oder Dieselmotor kaufen soll. Der Dieselmotor ist bei gleicher Leistung 1850 Euro teurer als der Benzinmotor. Für welchen Motortyp soll sie sich entscheiden, wenn sie von einer jährlichen Fahrleistung von 20 000 km ausgeht und das Fahrzeug drei Jahre fahren will?

4 In der Fahrschule lernt man eine Faustregel, nach der man den Bremsweg eines Autos auf trockener Straße berechnen kann: *Wenn man die Geschwindigkeit (in $\frac{km}{h}$) durch zehn dividiert und das Ergebnis quadriert, so erhält man den Bremsweg (in m).*
a) Berechne den Bremsweg für folgende Geschwindigkeiten: 40 $\frac{km}{h}$; 80 $\frac{km}{h}$; 160 $\frac{km}{h}$
b) Beschreibe die Faustregel durch eine Funktionsgleichung.
c) Wie schnell ist man gefahren, wenn nach einer Vollbremsung ein Bremsweg von 210,25 Metern gemessen wurde?

Arbeiten mit dem Computer: Geld ansparen

1 Lina ist jetzt 4 Jahre alt. Ihre Eltern wollen Geld ansparen, damit Linas Ausbildung finanziert werden kann. Zu Linas 19. Geburtstag möchten sie über einen Betrag von ungefähr 20 000 Euro verfügen können.
a) Welchen Betrag müssen die Eltern monatlich ansparen? Mache eine Überschlagsrechnung.
b) Linas Mutter möchte es genauer wissen und macht einen Sparplan für das erste von 15 Jahren:

monatliche Sparrate:	60 €	
Zinssatz :	4 %	

Monat	Kontostand	Zinsen
1	60,00 €	0,20 €
2	120,00 €	0,40 €
3	180,00 €	
4	240,00 €	
5		
6		
7		
8		
9		
10		
11		
12		
Summe Zinsen:		
Kontostand Jahresende:		

Erkläre die Tabelle, übertrage sie in dein Heft und berechne den Kontostand am Jahresende.
Wie hoch ist der Kontostand am Ende des zweiten (dritten) Jahres?

2 Schnell wird den Eltern klar, dass diese Rechnung bis zum 15. Jahr sehr mühsam ist und und sie tragen die Werte in eine Tabellenkalkulation ein.

Darstellung 1

	A	B	C
1	monatliche Sparrate	60,00 €	
2	Zinssatz (%)	4	
3			
4		Jahr 1	
5	Kontostand Jahresanfang	0,00 €	
6	nach Monat	Kontostand	Zinsen
7	1	60,00 €	0,20 €
8	2	120,00 €	0,40 €
9	3	180,00 €	
10	4		
11	5		
12	6		
13	7		
14	8		
15	9		
16	10		
17	11		
18	12		
19		Summe Zinsen	
20		Kontostand Jahresende	

Darstellung 2 (Formeln werden angezeigt)

	A	B	C
1	monatliche Sparrate	60,00 €	
2	Zinssatz (%)	4	
3			
4		Jahr 1	
5	Kontostand Jahresanfang	0,00 €	
6	nach Monat	Kontostand	Zinsen
7	1	=B5+\$C\$1	=B7*\$C\$2/100/12
8	2	=B7+\$C\$1	=B8*\$C\$2/100/12
9	3	=B8+\$C\$1	

> Durch Drücken von Strg und # kann zwischen der normalen und der Formeldarstellung gewechselt werden.

Die Tabelle soll so gestaltet werden, dass monatliche Rate und Zinssatz für eine Neuberechnung jederzeit geändert werden können.
a) Erkläre die Formeln in der Darstellung 2. Welche Bedeutung haben die „$"-Zeichen in den Zellbezügen?
b) Wie kann ich eine Formel in die nächste Zeile (Spalte) übertragen?
c) Berechne den Kontostand am Ende des 1. Jahres. Formatiere alle Eurobeträge als Währung mit zwei Dezimalstellen.

Arbeiten mit dem Computer: Geld ansparen

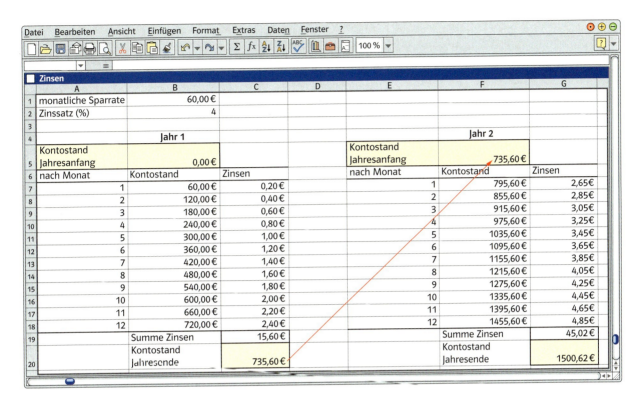

d) Um die Tabelle für das 2. Jahr zu erstellen, hat Linas Mutter die Tabelle des ersten Jahres markiert und bei Zelle E4 eingefügt. Erkläre, welcher Schritt noch nötig war, um den Kontostand am Ende des 2. Jahres zu berechnen. Wie kann man die Jahreszahl bei weiteren Kopiervorgängen automatisch berechnen lassen?

e) Berechne den Kontostand am Ende des 3. (4.; 5.) Jahres.

f) Berechne den Kontostand am Ende des 15. Jahres. Wird der angestrebte Betrag erreicht?

g) Welchen Betrag müssen die Eltern monatlich ansparen, um auf ungefähr 20 000 Euro zu kommen?

h) Welchen monatlichen Betrag müssten sie aufbringen, wenn der Zinssatz auf 3,5 % fällt?

Berliner Flughäfen

Seit September 2006 wird der Flughafen Schönefeld zum neuen Hauptstadt-Airport Berlin Brandenburg International BBI ausgebaut. Ab 2012 wird der gesamte Flugverkehr der Region Berlin-Brandenburg auf diesem Airport abgewickelt. Der Flughafen Tempelhof wurde 2008 geschlossen, Flughafen Tegel schließt 2012.

Berliner Flughäfen steigern Kapazität

Berlin: Im Oktober 2010 wurden auf den Berliner Flughäfen rund 2,3 Millionen Passagiere gezählt. Dies ist eine Steigerung um 10,6 Prozent gegenüber dem Vorjahresmonat. Der Flughafen Schönefeld registrierte im Oktober rund 727.000 Passagiere. Im Vorjahresmonat waren es nur 669.000. In Tegel wurden im Oktober 2009 1,34 Millionen Passagiere gezählt. Im Oktober 2010 wuchs das Passagieraufkommen um 11,9 %. Schönefeld und Tegel zusammen zählten im September 22.200 Flugbewegungen, ein Wachstum im Vergleich zum Vorjahresmonat um 5,8 Prozent.

1 Berechne
a) die Anzahl der Passagiere auf den Berliner Flughäfen im Oktober 2009,
b) die prozentuale Steigerung der Passagierzahlen in Schönefeld,
c) das Passagieraufkommen in Tegel im Oktober 2010,
d) die Anzahl der Flugbewegungen in Schönefeld und Tegel zusammen im Oktober 2010.

2 Der neue Airport umfasst eine Fläche von 1470 ha. Vergleiche diese Fläche mit der eines Fußballfeldes.

3 Für den Flughafen BBI wird eine neue Landebahn mit einer Länge von 4 km und einer Breite von 60 m gebaut. Dazu werden sechs Millionen Kubikmeter Erde bewegt und 220 000 m³ Beton angemischt.
a) Berechne die Höhe der Betonschicht der neuen Start- und Landebahn.
b) Eine Betonmischanlage hat eine Leistung von 90 m³ pro Stunde. Wie viele Tage müsste eine solche Anlage rund um die Uhr arbeiten, um die erforderliche Menge Beton herzustellen?

4 Die Fluggastzahlen für 2006 verteilen sich auf die drei Flughäfen:
Schönefeld: 6 059 343
Tegel: 11 812 625
Tempelhof: 634 538
a) Stelle die Anteile der einzelnen Flughäfen in einem Kreisdiagramm dar.
b) Für 2012 ist eine Startkapazität auf dem neuen Airport von 22 bis 25 Millionen Passagieren vorgesehen. Wie groß wäre bei angenommenen 25 Millionen Passagieren die Steigerung gegenüber 2006?

Urlaub

Baumuster B 757-300
Sitzplatzkapazität 252 Passagiere
Geschwindigkeiten Start 310 $\frac{km}{h}$, Reise 850 $\frac{km}{h}$, Landung 260 $\frac{km}{h}$
maximale Flughöhe 12 500 m
Reichweite 5370 km
Kraftstoffkapazität 43 495 Liter
Nutzlast 24 000 kg
Länge/Höhe 54,08 m/13,60 m
Spannweite 38,00 m

1 Familie Kickert fliegt mit einer Boeing 757 an die türkische Reviera, um dort Urlaub zu machen. Das Flugzeug ist bis auf 3 Plätze voll besetzt.
a) Wie viel Kilogramm Gewicht muss der Kapitän beim Start für Passagiere und Gepäck berücksichtigen, wenn das Gesamtgewicht aller aufgegebenen Gepäckstücke 4880,4 kg beträgt und für einen Passagier ein durchschnittliches Körpergewicht von 75 kg gerechnet wird?
b) Das Flugzeug braucht für die Strecke von 2460 km 3 Stunden und 10 Minuten. Mit welcher durchschnittlichen Geschwindigkeit fliegt es?

2 Am Zielort tauscht Moritz in einer Bank 18 Euro in türkische Lira um. Die Bank berechnet eine Wechselgebühr von 3 Prozent. Wie viele türkische Lira bekommt Moritz ausgezahlt?

Wechselkurs
1 Euro (EUR) = 1,972 Türkische Lire (TRY)

3 Moritz und Luke erhalten von ihrer Mutter Taschengeld für den Urlaub. Die Mutter verrät in Form eines Rätsels, wie viel Euro jeder bekommen hat. Wenn Luke 8 € mehr hätte, hätte er so viel Euro wie Moritz. Wenn Moritz 7 € mehr hätte, hätte er doppelt so viel Euro wie Luke. Wie viel Euro Taschengeld hat jeder erhalten?

4 Moritz steht am Meer und sieht am Horizont ein Schiff. Berechne, wie weit das Schiff von Moritz entfernt ist. Gehe bei Moritz von zwei Meter Augenhöhe über dem Meeresspiegel aus. (Mittlerer Erdradius = 6371 km)

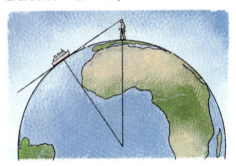

5 Herr Kickert betreibt „Parasailing". Er hängt an einem Fallschirm, der von einem Boot gezogen wird. Das Seil ist 50 m lang und der Winkel α beträgt 37°. Wie viel Meter befindet sich Herr Kickert über dem Meeresspiegel? Wir nehmen dabei an, dass das Seil straff gespannt und 1,20 m über dem Meeresspiegel am Boot befestigt ist.

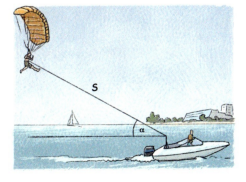

173

Verpackungen

1 Eine Schokolinsenpackung hat die Form eines Zylinders. Die 40-g-Packung hat einen Durchmesser von 2,4 cm und eine Höhe von 13,6 cm. Boden und Deckel sind jeweils um 5 mm nach innen versenkt.

a) Wie viel Quadratzentimeter Pappe werden für die 40-g-Packung benötigt?
b) Berechne das Volumen der Packung.
c) Der Hersteller möchte 100-g-Packungen auf den Markt bringen. Welches Volumen müsste diese Packung haben? Begründe deine Meinung.
d) Aus verpackungstechnischen Gründen muss der Durchmesser der 100-g-Packung 4 cm betragen. Berechne die äußere Höhe der Packung und den Materialverbrauch in Quadratzentimeter. Runde sinnvoll.

2 Eine 60-g-Packung Schokolinsen wird vom Hersteller für 0,35 € an die Lebensmittelhändler verkauft. Was muss der Kunde bezahlen, wenn der Lebensmittelhändler 32 % für Kosten und Gewinn und anschließend 7 % Mehrwertsteuer aufschlägt?

3 In der Weihnachtszeit sollen vier 40-g-Röhrchen als Geschenkverpackung verkauft werden. Wie viel Quadratzentimeter Pappe werden für die abgebildete Umverpackung benötigt? Finde eine weitere Möglichkeit für eine quaderförmige Umverpackung. Fertige eine Skizze an, berechne den Materialbedarf und vergleiche.

4 Die Herstellerfirma möchte auch größere Mengen Schokolinsen verpacken.
a) Wie ändert sich das Volumen einer zylinderförmigen Packung, wenn die Höhe verdoppelt wird?
b) Wie ändert sich das Volumen der Packung, wenn der Durchmesser verdoppelt (verdreifacht) wird? Begründe.

Verpackungen

5 In der Abbildung siehst du eine Tube und eine Verpackung.

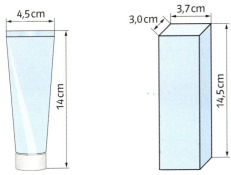

a) Passt die Tube in die Verpackung? Begründe rechnerisch.
b) Eine Tube ist 6,1 cm breit. Eine Seite der rechteckigen Grundfläche der Verpackung ist 2,3 cm. Wie groß muss die zweite Seite mindestens sein?

6 Jedem Arzneimittel muss ein Beipackzettel beigelegt werden, der unter anderem über Risiken und Nebenwirkungen informiert. Deshalb müssen zum Beispiel Tropfenfläschchen zusätzlich in eine quaderförmige Pappschachtel gepackt werden.
a) Gib die Mindestmaße für eine solche Schachtel mit quadratischer Grundfläche an. Beachte, dass der Beipackzettel u-förmig um die Flasche gelegt wird. Er hat eine Dicke von 2 mm.
b) Zeichne ein Netz dieses Quaders.
c) Berechne den Materialbedarf für die Schachtel. Für Klebefalze und Überlappungen sind 10 % hinzuzurechnen.
d) Der Inhalt des Tropfenfläschchens ist mit 50 ml angegeben. Vergleiche mit dem Volumen der Verpackung.

7 Die Besucher eines Multiplex-Kinos mit 4000 Plätzen essen an einem durchschnittlichen Samstag 2000 ℓ Popcorn.
a) Eine kleine Portion enthält 3 ℓ Popcorn und kostet 3,50 €. Wie viele Portionen wurden verkauft? Welcher Umsatz wurde erzielt?
b) Würde man das gesamte Popcorn auf einen Haufen schütten, so ergäbe sich ein Kegel mit einem Radius von 1,5 m. Wie hoch ist dieser Kegel?
c) Das Popcorn wird aus Maiskörnern hergestellt. Dabei vergrößert sich das Volumen sehr stark. Das Volumen des fertigen Popcorns beträgt 37,3 ml pro Gramm. Die Maiskörner werden in Säcken zu je 22,68 kg geliefert. Wie viele Säcke werden für die Herstellung von 2000 ℓ Popcorn benötigt?

Tennis

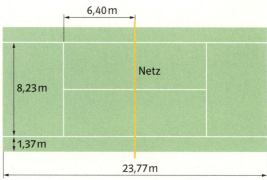
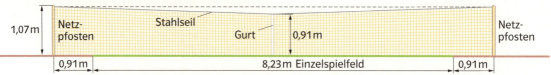

Das Einzelspielfeld hat eine Länge von 23,77 Meter und eine Breite von 8,23 Meter und wird in der Mitte durch das Netz getrennt. Das Doppelspielfeld ist an jeder Seite 1,37 Meter breiter als das Einzelspielfeld. Alle Außenlinien und die Aufschlagfelder werden durch weiße Linien markiert.

1 Herr Wiebeler betreibt eine Tennisanlage. Er möchte einen weiteren Platz in seiner Halle anlegen.
a) Wie viel Meter weiße Markierungslinie muss er verlegen?
b) Das Spielfeld soll mit blauem Teppichboden und der Platz außerhalb des Feldes mit grauem Teppichboden beklebt werden. Die Regeln schreiben seitlich der Außenlinien jeweils 3,05 m und hinter den Grundlinien jeweils 5,50 m „Auslaufbereich" vor. Wie viele Quadratmeter Teppichboden von jeder Farbe muss Herr Wiebeler bestellen?

2 Das Netz wird durch ein Stahlseil gehalten, das straff zwischen den beiden Netzpfosten gespannt wird.
Wie lang muss das Stahlseil sein, wenn man davon ausgeht, dass an jedem Netzpfosten 30 cm für die Spannvorrichtung benötigt werden?

3 Die Flugbahn des Balles, den Herr Janssen spielt, kann durch eine Parabel mit der Funktionsgleichung
$y = -0{,}05(x+3)^2 + 5$ beschrieben werden.
a) Zeichne Netz und Grundlinie wie abgebildet in das Koordinatensystem ein. Die Länge des Platzes beträgt 23,77 m. Zeichne den Graphen der Funktion (0,5 cm $\triangleq$ 1 m).
b) Ermittle anhand des Graphen, in welcher Entfernung vom Netz der Ball den Boden berührt. Kommt der Ball noch im Spielfeld auf?
c) Bestimme die größte Höhe des Balles und in welcher Entfernung vom Netz er die größte Höhe erreicht.

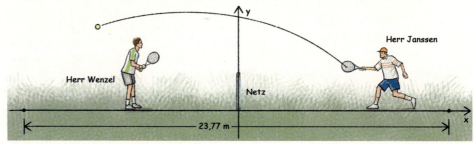

Messen und Überschlagen bei Fermi

Enrico Fermi war ein bekannter Physiker und Mathematiker.
(*29. September 1901 in Rom, Italien
† 29. November 1954 in Chicago, USA)
1938 hat er den Nobelpreis für Physik bekommen. Fermi spielte eine wichtige Rolle bei Entwicklung und Bau der ersten Atombomben in den USA.

Fermi sagte, dass jeder vernünftig denkende Mensch zu jeder Frage auch eine Antwort finden müsse. Er hat seinen Studenten oft Fragen gestellt, die auf den ersten Blick sonderbar erscheinen:

Wie viele Klavierstimmer gibt es in Chicago?
Wie viele Reiskörner isst ein Chinese in seinem Leben?
Wie viele Haare hat der Mensch auf seinem Kopf?

Für diese Fragen gibt es keine richtige und keine falsche Lösung, sondern ein nachvollziehbares oder nicht nachvollziehbares Ergebnis. Die Studenten sollten lernen,
– Daten zu erheben oder zu schätzen,
– Annahmen zu formulieren und zu diskutieren,
– Ergebnisse zu überprüfen und zu bewerten.

1 Beurteile die folgenden Ergebnisse von Fermi-Aufgaben:
a) Ein Mensch isst 3,5 Jahre lang in seinem Leben, telefoniert 2,5 Jahre lang, verbringt mehr als 12 Jahre mit Sprechen und mehr als 6 Monate auf der Toilette.
b) Das Herz eines Menschen schlägt durchschnittlich drei Milliarden mal.
c) Die Kopfhaare einer Frau wachsen 10 m lang.

2 Bearbeitet die folgenden Aufgaben als Ich-du-wir-Aufgabe:
a) Wie viele Kilometer haben alle Schüler der Klasse zusammen heute morgen auf dem Weg zur Schule zurückgelegt?
b) Wie viele Grashalme wachsen auf dem Sportplatz der Schule?
c) Wie viele Seiten werden in der Schule pro Jahr fotokopiert?

3 Entwickelt selbst Fermi-Aufgaben.

Schätzen, Messen und Überschlagen

1. Überlege, welche Angaben du für eine Überschlagsrechnung benötigst.
2. Prüfe, ob du alle Angaben den vorhandenen Informationen entnehmen kannst. Wenn nötig, verschaffe dir weitere Angaben über eine Messung oder eine Schätzung.
3. Führe die Überschlagsrechnung aus. Wähle dazu ein geeignetes Rechenverfahren.
4. Überlege, ob das Ergebnis deiner Rechnung sinnvoll ist.

Brüche und Dezimalzahlen

Bearbeite die Seiten 178 bis 183 ohne Taschenrechner.

Eine **gemischte Zahl** besteht aus einer **natürlichen Zahl** und einem **echten Bruch**.

$2\frac{4}{9}$
natürliche Zahl — echter Bruch
gemischte Zahl

1 Schreibe als Bruch.

a) $1\frac{1}{3}$ $3\frac{2}{5}$ $7\frac{4}{5}$ $2\frac{3}{8}$ $12\frac{7}{100}$

b) 3,1   4,61   0,723   6,01   5,043

2 Schreibe als gemischte Zahl.

a) $\frac{5}{3}$ $\frac{11}{4}$ $\frac{17}{9}$ $\frac{23}{5}$ $\frac{71}{9}$

b) 2,9   7,12   79,301   27,05   12,009

3 Bestimme die Dezimalzahl durch eine Division.

a) $\frac{1}{4}$ $\frac{3}{8}$ $\frac{5}{8}$ $\frac{7}{40}$ $\frac{7}{16}$

b) $\frac{5}{16}$ $\frac{1}{32}$ $\frac{11}{20}$ $\frac{17}{200}$ $\frac{8}{125}$

c) $\frac{15}{20}$ $\frac{33}{50}$ $\frac{7}{16}$ $\frac{1}{125}$ $\frac{77}{160}$

d) $\frac{8}{3}$ $\frac{11}{6}$ $\frac{20}{11}$ $\frac{13}{9}$ $\frac{15}{7}$

$\frac{13}{40} = 13 : 40 = \blacksquare$

```
13 : 40 = 0,325
130
120
 100
  80
 200
 200
   0
```

$\frac{3}{11} = 3 : 11 = \blacksquare$

$3 : 11 = 0{,}2727\ldots = 0{,}\overline{27}$

```
30
22
 80
 77
  30
  22
   80...
```

4 Vergleiche die Dezimalzahlen. Setze <, > oder = ein.

a) 1,2 ☐ 1,3   b) 3,029 ☐ 3,0209   c) $0,\overline{3}$ ☐ 0,33
   1,101 ☐ 1,010   2,010 ☐ 2,0100 $3,\overline{6}$ ☐ 3,67
   3,4 ☐ 3,40   9,41 ☐ 9,401 $0,\overline{1}$ ☐ $0,\overline{10}$
   2,052 ☐ 2,502   2,040 ☐ 2,0401 $2,\overline{3}$ ☐ $2,\overline{30}$

Vergleichen von Dezimalzahlen

Schreibe die Dezimalzahlen stellenrichtig untereinander und vergleiche die Ziffern, die genau untereinander stehen:

0,62**5**3
0,62**6**

0,6253 < 0,626

5 Ordne die Dezimalzahlen der Größe nach. Benutze das Zeichen <.

40,0023;   4,02;   4,01;   4,0011;   4,1023;   4,0012

6 Runde auf Zehntel.

a) 0,50   0,05   0,045   0,548   0,749
b) 1,61   2,056   1,046   3,55   3,505
c) 21,09   34,99   21,590   25,098   59,0099
d) $1,0\overline{3}$ $4,0\overline{8}$ $0,00\overline{7}$ $5,0\overline{9}$ $1,9\overline{9}$

7 Runde auf Hundertstel.

a) 0,514   0,355   0,619   0,555   0,666
b) 2,999   3,009   3,155   7,056   4,449
c) 26,909 6,777   7,115   6,12355 6,0099
d) $0,\overline{7}$ $3,\overline{4}$ $11,5\overline{1}$ $0,\overline{5}$ $2,5\overline{9}$

Runden von Dezimalzahlen

Beim Runden einer Dezimalzahl auf eine bestimmte Stelle kommt es nur auf die nachfolgende Stelle an.
Steht dort die Ziffer 0, 1, 2, 3, 4, wird **ab**gerundet.
Steht dort die Ziffer 5, 6, 7, 8, 9, wird **auf**gerundet.

Runden auf Zehntel:
0,348 ≈ 0,3   0,954 ≈ 1,0

Runden auf Hundertstel:
0,7239 ≈ 0,72   0,5462 ≈ 0,55

8 Runde auf Tausendstel.

a) 0,1234   0,5555   0,4545   0,00055
b) 5,45791   9,90953   33,00033 22,699522
c) $9,\overline{6}$ $0,\overline{06}$ $6,\overline{6}$ $0,\overline{7}$

9 Runde auf eine ganze Zahl.

a) 2,3   3,8   5,2   2,5   8,1
b) 12,45 14,65 23,97 99,23 54,99
c) $3,\overline{4}$ $4,\overline{5}$ $59,\overline{45}$ $99,\overline{59}$ $6,\overline{45}$

Brüche und Dezimalzahlen: Addieren und Subtrahieren

1 Bestimme den gemeinsamen Nenner und addiere. Kürze das Ergebnis, wenn möglich.

a) $\frac{8}{9} + \frac{2}{9}$ $\frac{3}{11} + \frac{7}{11}$ $\frac{1}{2} + \frac{1}{5}$

b) $\frac{2}{3} + \frac{3}{4}$ $\frac{3}{8} + \frac{1}{4}$ $\frac{7}{8} + \frac{5}{12}$

c) $\frac{5}{8} + 2\frac{1}{6}$ $3\frac{7}{12} + \frac{2}{3}$ $2\frac{5}{6} + 1\frac{7}{9}$

2 Bestimme den gemeinsamen Nenner und subtrahiere. Kürze das Ergebnis, wenn möglich.

a) $\frac{8}{9} - \frac{2}{9}$ $\frac{7}{11} - \frac{3}{11}$ $\frac{1}{2} - \frac{1}{5}$

b) $\frac{2}{3} - \frac{1}{5}$ $\frac{7}{8} - \frac{5}{16}$ $\frac{7}{9} - \frac{5}{12}$

c) $5\frac{1}{3} - 2\frac{1}{3}$ $7\frac{3}{5} - 4\frac{1}{10}$ $4\frac{1}{4} - 1\frac{2}{3}$

3 Schreibe richtig untereinander und addiere.

a) 8,1 + 9,4 + 7,3
   2,3 + 0,33 + 1,036
   3,009 + 12 + 0,001

b) 3,34 + 0,231 + 3,04
   0,002 + 8 + 2,05
   2,9909 + 0,3 + 231

4 Schreibe richtig untereinander und subtrahiere.

a) 12,34 − 1,89
   27,5 − 0,36
   47,2 − 0,999

b) 6,01 − 4,369
   3,003 − 1,9
   5,987 − 3

c) 5,0 − 1,99
   6,400 − 2
   10,002 − 3,9

5 Berechne. Ordne zunächst nach positiven und negativen Zahlen und fasse dann zusammen.

a) 38,2 − 12,23 + 5,3 − 5
b) 120 − 23 − 0,002 + 45 − 2,91
c) 19,45 − 0,3 + 256 − 33,5 + 24,02
d) 653 − 2,36 − 569 − 2,5 + 8,2 + 6
e) 57,3 + 257,1 − 33 + 15,2 − 27,89
f) 2,3 − 25,4 + 892 − 13,05 + 24

6 Bestimme den Platzhalter.

a) ☐ + 2,3 = 10,3
b) ☐ − 1,7 = 9,23
c) 31,1 − ☐ = 1,94
d) 12,8 − ☐ + 56,2 − 6,3 = 45,2
e) 40,8 − 12,589 + ☐ = 50,17
f) 0,0001 + ☐ − 1 = 0

7 a) Addiere die Differenz aus 34,234 und 17 zur Summe aus 12,3 und 0,235.
b) Subtrahiere die Differenz aus 13,78 und 2,6 von 230,003.
c) Subtrahiere die Summe aus 2,4 und 0,09 von der Differenz aus 20,1 und 4,02.

Addition (Subtraktion) von Brüchen

$\frac{3}{13} + \frac{7}{13} = \frac{10}{13}$

$\frac{3}{8} + \frac{1}{3} = \frac{9}{24} + \frac{8}{24} = \frac{17}{24}$

$\frac{7}{13} - \frac{3}{13} = \frac{4}{13}$

$\frac{3}{8} - \frac{1}{3} = \frac{9}{24} - \frac{8}{24} = \frac{1}{24}$

Die Brüche müssen vor dem Addieren (Subtrahieren) so erweitert werden, dass sie den gleichen Nenner haben. Dann werden die Zähler addiert (subtrahiert). Der Nenner ändert sich nicht.

Addition (Subtraktion) von Dezimalzahlen

Beim schriftlichen Addieren (Subtrahieren) gilt:
Komma unter Komma.

56,3 − 12,4 + 8,09 − 0,461 + 5 = ▨

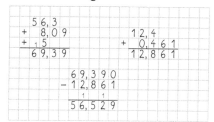

56,3 − 12,4 + 8,09 − 0,461 + 5 = 56,592

Nebenrechnungen:

Summe aus 3,4 und 4,6:
3,4 + 4,6

Differenz aus 8,09 und 3,9:
8,09 − 3,9

Wiederholung

Brüche und Dezimalzahlen: Multiplizieren und Dividieren

Multiplizieren von Brüchen

$$\frac{5}{16} \cdot \frac{4}{25} = \frac{\overset{1}{\cancel{5}} \cdot \overset{1}{\cancel{4}}}{\underset{4}{\cancel{16}} \cdot \underset{5}{\cancel{25}}} = \frac{1}{20}$$

$$\frac{2}{15} \cdot 5 = \frac{2 \cdot \overset{1}{\cancel{5}}}{\underset{3}{\cancel{15}} \cdot 1} = \frac{2}{3}$$

Der Zähler wird mit dem Zähler und der Nenner mit dem Nenner multipliziert.

Dividieren von Brüchen

$$\frac{5}{8} : \frac{7}{16} = \frac{5 \cdot \overset{2}{\cancel{16}}}{\underset{1}{\cancel{8}} \cdot 7} = \frac{10}{7} = 1\frac{3}{7}$$

$$\frac{3}{8} : 5 = \frac{3 \cdot 1}{8 \cdot 5} = \frac{3}{40}$$

Wir dividieren durch einen Bruch, indem wir mit seinem Kehrwert multiplizieren.

Multiplizieren von Dezimalzahlen

Beim Multiplizieren gilt: Das Ergebnis hat so viele Stellen nach dem Komma wie beide Faktoren zusammen.

```
  3 Stellen        2 Stellen
  0,0 9 7  ·  0, 7 4
            6 7 9
          3 8 8
          1 1
  0, 0 7 1 7 8
        5 Stellen
```

Dividieren von Dezimalzahlen

Bei beiden Zahlen wird das Komma um so viele Stellen nach rechts verschoben, dass die zweite Zahl eine ganze Zahl wird.

1,918 : 0,14 = ▇

```
191,8 : 14 = 13,7
14
 51
 42
  98
  98
   0              1,918 : 0,14 = 13,7
```

Beim Überschreiten des Kommas wird im Ergebnis das Komma gesetzt.

---

1 Berechne. Kürze vor dem Ausrechnen.

a) $\frac{2}{9} \cdot \frac{1}{4}$ $\quad \frac{10}{9} \cdot \frac{3}{10}$ $\quad \frac{14}{8} \cdot \frac{4}{21}$ $\quad \frac{38}{9} \cdot \frac{18}{19}$

b) $\frac{6}{11} \cdot \frac{11}{20}$ $\quad \frac{22}{13} \cdot \frac{26}{33}$ $\quad \frac{7}{6} \cdot \frac{9}{14}$ $\quad \frac{8}{9} \cdot \frac{15}{12}$

c) $\frac{3}{4} \cdot 12$ $\quad \frac{5}{9} \cdot 6$ $\quad 21 \cdot \frac{1}{7}$ $\quad 15 \cdot \frac{3}{10}$

2 Berechne. Kürze vor dem Ausrechnen.

a) $\frac{5}{7} : \frac{5}{6}$ $\quad \frac{1}{8} : \frac{5}{12}$ $\quad \frac{7}{11} : \frac{8}{33}$ $\quad \frac{4}{9} : \frac{8}{15}$

b) $\frac{11}{24} : \frac{3}{8}$ $\quad \frac{7}{35} : \frac{10}{21}$ $\quad \frac{33}{28} : \frac{11}{14}$ $\quad \frac{14}{25} : \frac{21}{35}$

c) $\frac{5}{9} : 10$ $\quad \frac{8}{11} : 12$ $\quad 36 : \frac{9}{4}$ $\quad 24 : \frac{12}{13}$

3 Multipliziere im Kopf.

a) 0,7 · 2   b) 2,5 · 5   c) 0,6 · 13
   0,3 · 3   1,5 · 6   0,4 · 12
   0,6 · 4   4,5 · 3   0,35 · 11

d) 0,6 · 0,8   e) 0,06 · 0,6   f) 0,006 · 0,4
   0,7 · 0,7   0,07 · 0,3   0,002 · 0,15
   0,5 · 0,6   0,13 · 0,2   0,013 · 0,5

4 Multipliziere schriftlich.

a) 5,8 · 7   b) 4,97 · 7   c) 4,65 · 13
   6,5 · 9   3,65 · 8   7,38 · 21
   7,8 · 9   7,06 · 5   5,89 · 56

d) 5,6 · 7,1   e) 0,86 · 1,4   f) 0,77 · 7,6
   4,8 · 8,1   3,72 · 0,4   0,47 · 7,95
   2,6 · 8,1   5,4 · 3,98   2,47 · 0,944

5 Berechne im Kopf.

a) 7,4 : 10   b) 34,5 : 100   c) 553,4 : 1 000
   8,67 : 10   9,559 : 100   96,7 : 1 000
   8,06 · 10   5,421 · 100   30,4 · 1 000
   8,2 · 10   8,045 · 100   70,09 · 1 000

6 Dividiere.

a) 2,492 : 0,2   b) 0,75 : 0,25   c) 3,10572 : 0,04
   8,896 : 1,6   13,427 : 0,29   33,4 : 0,5
   0,0098 : 3,2   0,02805 : 0,015   0,60145 : 0,023

7 Bestimme den Platzhalter.

a) 6,24 : ☐ = 5,2   1,2 · ☐ = 8,28
b) ☐ : 0,12 = 1,3   ☐ · 1,7 = 0,612

180

Größen

1 Wandle in die Einheit um, die in Klammern steht.

a) 3 kg (g)
33 g (mg)
1 t (kg)

b) 6 g (mg)
5 t (kg)
63 kg (g)

c) 5000 g (kg)
83 000 mg (g)
37 000 kg (t)

d) 2,7 kg (g)
3,6 t (kg)
13,2 g (mg)

e) 3,85 t (kg)
4,00 g (mg)
4,45 kg (g)

f) 0,423 kg (g)
0,7465 t (kg)
0,3034 t (kg)

g) 4 245 g (kg)
7 632 kg (t)
8 310 g (kg)

h) 155 g (kg)
100 kg (t)
140 mg (g)

i) 56 kg (t)
87 g (kg)
3 g (kg)

2 Wandle zuerst in die gleiche Einheit um.

a) 12 kg + 870 g + 540 g
450 g + 17 g + 6 kg
4 t + 350 kg + 870 kg

b) 33 kg − 24 g
7 t − 58 kg
1 t − 5 kg

3 Wandle in die Einheit um, die in Klammern steht.

a) 67 cm (mm)
2,35 m (cm)
1,30 m (cm)
53 cm (m)

b) 51 dm (cm)
330 mm (cm)
48 mm (cm)
5,34 m (dm)

c) 4 m (cm)
3,4 km (m)
50 m (km)
3,4 cm (mm)

4 Wandle in die kleinere Einheit um und berechne.

a) 3 m + 45 cm
4,9 cm + 2 mm
3,6 m + 8 cm

b) 12 km + 256 m + 2,1 km
4,72 m + 9 cm + 1 m
7,89 km + 63 m + 0,6 km

5 Wandle in die Einheit um, die in Klammern steht.

a) 32 dm^2 (cm^2)
3 ha (a)
3 km^2 (ha)

b) 6 cm^2 (mm^2)
3,82 m^2 (dm^2)
5,67 m^2 (cm^2)

c) 6,5 a (m^2)
3,9 ha (a)
5,6 ha (m^2)

6 Wandle in die nächstgrößere Einheit um.

a) 2 000 cm^2
2438 mm^2
6,85 dm^2

b) 2 467 dm^2
75,9 a
356,89 ha

c) 3,8 ha
8,5 mm^2
91,8 cm^2

7 Wandle in die Einheit um, die in Klammern steht.

a) 4 dm^3 (cm^3)
12 cm^3 (mm^3)
2,7 m^3 (cm^3)

b) 7 cm^3 (mm^3)
6,8 m^3 (dm^3)
53 m^3 (dm^3)

c) 100 dm^3 (m^3)
3 000 cm^3 (dm^3)
80 mm^3 (cm^3)

d) 3,1 cm^3 (mm^3)
1,04 km^3 (m^3)
7,013 m^3 (dm^3)

e) 3,02 dm^3 (m^3)
1,2 mm^3 (dm^3)
7,0031 m^3 (dm^3)

f) 0,03 m^3 (dm^3)
0,01 cm^3 (cm^3)
0,053 m^3 (cm^3)

g) 3 l (ml)
1,3 l (ml)
0,4 l (ml)

h) 250 cl (l)
500 ml (l)
80 cl (l)

i) 3 dm^3 (l)
350 ml (dm^3)
340 cm^3 (l)

Masseeinheiten

1 t = 1 000 kg   1 kg = 0,001 t
1 kg = 1 000 g   1 g = 0,001 kg
1 g = 1 000 mg   1 mg = 0,001 g

Im Alltag ist der Begriff „Gewicht" an Stelle von Masse gebräuchlich.

  5 kg + 560 g + 480 mg
= 5000 g + 560 g + 0,48 g
= 5560,48 g

  7,2 t + 360 kg + 4 t
= 7,2 t + 0,36 t + 4 t
= 11,56 t

Längeneinheiten

1 km = 1 000 m   1 m = 0,001 km
1 m = 10 dm   1 dm = 0,1 m
1 dm = 10 cm   1 cm = 0,1 dm
1 cm = 10 mm   1 mm = 0,1 cm

  3,86 km + 34 m
= 3 860 m + 34 m
= 3 894 m

  8 km + 1 450 m + 125 dm
= 8 km + 1,450 km + 0,0125 km
= 9,4625 km

Flächeneinheiten

1 km^2 = 100 ha   1 ha = 0,01 km^2
1 ha = 100 a   1 a = 0,01 ha
1 a = 100 m^2 1 m^2 = 0,01 a
1 m^2 = 100 dm^2 1 dm^2 = 0,01 m^2
1 dm^2 = 100 cm^2 1 cm^2 = 0,01 dm^2
1 cm^2 = 100 mm^2 1 mm^2 = 0,01 cm^2

Hektar (ha), Ar (a)

Raumeinheiten (Volumeneinheiten)

1 m^3 = 1 000 dm^3 1 dm^3 = 0,001 m^3
1 dm^3 = 1 000 cm^3 1 cm^3 = 0,001 dm^3
1 cm^3 = 1 000 mm^3 1 mm^3 = 0,001 cm^3

1 l = 1000 ml   1 l = 1 dm^3
1 l = 100 cl   1 ml = 1 cm^3
100 l = 1 hl

Proportionale Zuordnungen

12 Hefte kosten 10,20 €.

Anzahl → Preis

Anzahl	Preis (€)
12	10,20
24	20,40
36	30,60
12	10,20
6	5,10
4	3,40

(·2, ·3 und :2, :3)

doppelte Anzahl → **doppelter** Preis
dreifache Anzahl → **dreifacher** Preis

Hälfte d. Anzahl → **Hälfte** d. Preises
Drittel d. Anzahl → **Drittel** d. Preises

Diese Zuordnung ist **proportional**.

Dreisatz

12 Hefte kosten 10,20 €.
Wie viel kosten 7 Hefte?

Anzahl	Preis (€)
12	10,20
1	0,85
7	5,95

12 Hefte kosten 10,20 €.
1 Heft kostet 10,20 € : 12 = 0,85 €.
7 Hefte kosten 0,85 € · 7 = 5,95 €.

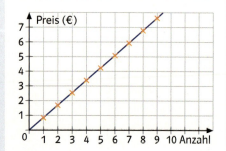

Bei einer proportionalen Zuordnung liegen die Punkte im Koordinatensystem auf einer Geraden durch den Ursprung.

1 Die folgenden Zuordnungen sind proportional. Berechne die fehlenden Werte.

a)
kg	€
4	33,28
2	☐
8	☐

b)
kg	€
3	4,68
6	☐
9	☐

c)
l	km
2	25
4	☐
6	☐
1	☐

d)
l	km
8	168
4	☐
2	☐
1	☐

e)
kg	€
2,5	3,25
1	☐
3,5	☐
7,6	☐

f)
l	km
46,8	1076,4
1	☐
12,8	☐
33,7	☐

2 Fünf Kilogramm Kartoffeln kosten 7,00 €. Wie teuer sind 7,5 Kilogramm?

3 Ein Maurer braucht 40 Ziegelsteine, um eine Mauer mit einem Flächeninhalt von 2,5 m² zu errichten. Wie viele Ziegelsteine braucht er für eine Mauer von 7 m²?

4 Eine Klasse von 28 Schülern zahlt im Zoo 91 € Eintritt. Was kostet der Zoobesuch, wenn zwei Schüler weniger mitkommen?

5 Ein Landschaftsgärtner braucht drei Arbeitstage von jeweils acht Stunden, um einen Weg von 12 m Länge anzulegen. Wie lange braucht er für einen Weg von 15 m Länge? Gib die Zeit in Tagen und Stunden an.

6 Ein Flugzeug braucht für eine Strecke von 2700 km 2 Stunden und 30 Minuten. Wie lange braucht es für 3600 km, wenn es mit der gleichen Durchschnittsgeschwindigkeit weiter fliegt?

7 Frau Müller erhält für eine Woche (35 Stunden) Arbeit einen Lohn von 402,50 €. Sie bekommt eine Lohnerhöhung von 40 Cent pro Stunde. Wie viel Euro verdient sie jetzt in der Woche?

8 Herr Petersdorf braucht für die 450 km lange Strecke von Halle zum Fähranleger Dagebüll 4 Stunden und 10 Minuten. Mit welcher Durchschnittsgeschwindigkeit ist er gefahren?

Antiproportionale Zuordnungen

1 Die folgenden Zuordnungen sind antiproportional. Berechne die fehlenden Werte.

a)
Anzahl	Tage
3	60
6	
12	
15	

b)
Anzahl	Tage
18	90
6	
9	
2	

c)
Anzahl	Tage
16	15
8	
2	
1	

d)
cm	cm
12	18,2
24	
60	
1	

e)
cm	cm
33,6	18
1	
60	

f)
cm	cm
126,4	30
1	
80,0	

2 Eine Busfahrt zur Eisbahn kostet 2,40 € pro Schüler, wenn 58 Schüler mitfahren. Wie teuer ist die Fahrt für jeden, wenn nur 48 Schüler mitfahren und der Busunternehmer den gleichen Gesamtpreis verlangt?

3 Bei einer Durchschnittsgeschwindigkeit von 100 $\frac{km}{h}$ braucht ein Auto 50 Minuten von Bielefeld bis Dortmund. Wie lange braucht es für die gleiche Strecke bei einer Durchschnittsgeschwindigkeit von 80 $\frac{km}{h}$?

4 Ein Tischler zersägt eine Leiste in fünf gleiche Teile von je 28 cm Länge. Wie lang wird jedes Teil, wenn er die Leiste in sieben gleich lange Abschnitte zersägt?

5 Wenn eine 60-W-Glühlampe 100 Stunden lang leuchtet, betragen die Kosten für elektrische Energie 1,20 €. Wie lange kann eine 12-W-Sparlampe für den gleichen Betrag leuchten?

6 Martin rechnet: Wenn mein Urlaub durchschnittlich 35 € pro Tag kostet, komme ich mit meinem Geld acht Tage aus. Wie lange kann Martin Urlaub machen, wenn er täglich nur 28 € ausgibt?

7 Der Tankinhalt seines Sportwagens reicht für 600 km, wenn Herr Schnell ökonomisch fährt und der Durchschnittsverbrauch seines Autos bei 7,5 l pro 100 km liegt. Wie viele Kilometer schafft er bei sportlicher Fahrweise (9,5 l Durchschnittsverbrauch)?

Eine Leiste lässt sich in sechs jeweils 0,48 m lange Stücke zersägen.

Anzahl ⟶ Länge pro Stück

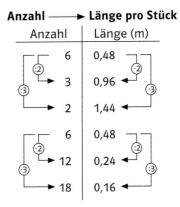

Hälfte d. Anzahl ⟶ **doppelte** Länge
Drittel d. Anzahl ⟶ **dreifache** Länge

doppelte Anzahl ⟶ **Hälfte** d. Länge
dreifache Anzahl ⟶ **Drittel** d. Länge

Diese Zuordnung ist **antiproportional**.

Eine Leiste lässt sich in sechs jeweils 0,48 m lange Stücke zersägen.
Wie lang ist jedes Stück bei vier gleich langen Stücken?

Anzahl	Länge (m)
6	0,48
1	2,88
4	0,72

Bei sechs Stücken hat jedes eine Länge von 0,48 m.
Die ganze Leiste hat eine Länge von 6 · 0,48 m = 2,88 m.
Bei vier Stücken hat jedes eine Länge von 2,88 m : 4 = 0,72 m.

Prozentrechnung

Wiederholung

In der Prozentrechnung werden folgende Begriffe verwendet:
Grundwert (G): das Ganze
Prozentwert (W): der Anteil vom Ganzen
Prozentsatz (p %): der Anteil in %
Der Grundwert entspricht immer 100 %.

Prozentwert gesucht

45 % von 320 kg = ■ kg

%	Masse (kg)
100	320
1	3,20
45	144

$W = \frac{G \cdot p}{100}$

$W = \frac{320 \cdot 45}{100}$

$W = 144$

Der Prozentwert beträgt 144 kg.

Grundwert gesucht

40 % ≙ 84 €   100 % ≙ ■ €

%	Betrag (€)
40	84
1	2,10
100	210

$G = \frac{W \cdot 100}{p}$

$G = \frac{84 \cdot 100}{40}$

$G = 210$

Der Grundwert beträgt 210 €.

Prozentsatz gesucht

13,50 m sind ■ von 25 m

Strecke (m)	%
25	100
1	4
13,50	54

$p\% = \frac{W \cdot 100}{G} \%$

$p\% = \frac{13,5 \cdot 100}{25} \%$

$p\% = 54 \%$

Der Prozentsatz beträgt 54 %.

Ein Tausendstel einer Gesamtgröße wird **Promille** genannt.

$\frac{1}{1000} = 1‰$

$0,001 = 1‰$

1 Grundwert, Prozentwert, Prozentsatz: Was ist gegeben? Was ist gesucht?
a) 25 % der 32 Schüler einer Klasse haben die Grippe.
b) Im Fußballstadion sind nur 64 % der Plätze belegt. Insgesamt sind 8000 Zuschauer gekommen.
c) 72 von 90 Lehrern kommen mit dem Auto zur Schule.

2 Berechne jeweils den Prozentwert.
a) 20 % von 120 kg   b) 1 % von 80 kg   c) 0,2 % von 300 kg
   15 % von 30 €   60 % von 2,50 €   2,5 % von 250 €

3 Berechne jeweils den Grundwert.
a) 20 % sind 25 kg   b) 4 % sind 5 kg   c) 0,2 % sind 1 kg
   25 % sind 40 €   5 % sind 2,50 €   2,5 % sind 5 €

4 Berechne jeweils den Prozentsatz.
a) 9 kg von 15 kg   b) 3,5 kg von 5 kg   c) 12,5 kg von 200 kg
   32 kg von 40 kg   8,5 € von 25 €   49,20 € von 400 €

5 Frau Kappel verkauft ihr fünf Jahre altes Auto für 11 136 €. Das sind 60 % des ursprünglichen Kaufpreises.
Wie teuer war der Neuwagen? Wie viel Euro beträgt der Wertverlust?

6 Herr Schewe zahlte bisher 520 € Miete. Die Miete wird um 3,5 % erhöht. Berechne die Mietsteigerung.

7 Von den insgesamt 960 Schülerinnen und Schülern einer Schule sind 528 Mädchen. Berechne den Prozentsatz.

8 Melissa hat eine Taschengelderhöhung von 10 % erhalten. Sie bekommt jetzt 4 € mehr.

9 Celina erhält pro Woche 10 € Taschengeld. Ihre Mutter erhöht das Taschengeld um 20 %.

10 Familie Hiltergerke schließt eine Hausratversicherung über 80 000 € ab. Die jährliche Prämie, die an die Versicherung abzuführen ist, beträgt 0,16 % der Versicherungssumme. Wie viel Euro Prämie sind zu zahlen?

11 Für ihre Gebäudeversicherung über 250 000 € zahlt Frau Lasrich jährlich 500 € Prämie. Wie viel Prozent der Versicherungssumme sind das?

12 Berechne:
a) 5 ‰ von 30 l   b) 0,5 ‰ von 400 kg
   0,8 ‰ von 8 l   6,3 ‰ von 1 500 kg
   9 ‰ von 120 l   4,8 ‰ von 2 t

Prozentuale Veränderungen

1 Berechne die fehlenden Werte.

	alter Preis	Erhöhung in %	Erhöhung in €	neuer Preis
a)	120,00 €	8 %		
b)	20,00 €		1,00 €	
c)		15 %		356,50 €
d)	0,80 €			1,04 €
e)			112,50 €	562,50 €

2 Im Schlussverkauf wurden alle Preise um 30 % gesenkt.
a) Wie viel Euro bezahlt man jetzt für ein Paar Schuhe, das vorher 79,90 € gekostet hat?
b) Frau Braun zahlt im Schlussverkauf für ein Paar Schuhe 62,30 €. Was haben die Schuhe vorher gekostet?

3 Der Benzinpreis stieg von Januar 2010 bis August 2010 um 20 %. Im August kostete ein Liter 1,44 €. Wie hoch war der Preis im Januar?

4 Eine Hose kostet ohne 19 % Mehrwertsteuer 75 €.
a) Mit welchem Preis muss die Hose im Geschäft ausgezeichnet werden?
b) Ein Jackett kostet in einer Boutique 150 €. Wie hoch ist die Mehrwertsteuer?

5 Der Wertverlust für ein Auto beträgt durchschnittlich 20 % pro Jahr.
a) Herr Fischer kauft einen Jahreswagen für 14 000 €. Wie hoch war der Neupreis?
b) Frau Becker zahlt für ein zwei Jahre altes Auto 11 904 €. Berechne den Neupreis.

6 Berechne die fehlenden Werte.

	Preis ohne MwSt.	MwSt. (19 %)	Preis mit MwSt.
a)	220,00 €		
b)			1059,10 €
c)		43,70 €	

7 Ein Paar Schuhe kostet ohne Mehrwertsteuer (19 %) 100 €. Berechne den Verkaufspreis mit Mehrwertsteuer.

8 Auf einer Rechnung für ein Gerät ist die Mehrwertsteuer mit 142,50 € ausgewiesen. Wie hoch ist der Rechnungsbetrag ohne Mehrwertsteuer?

9 Ein Händler erzielt einen Umsatz von 14 280 € einschließlich Mehrwertsteuer. Wie viel Euro Mehrwertsteuer muss er an das Finanzamt abführen?

Herr Dickmann ist in einem Jahr 5 % leichter geworden. Sein altes Gewicht betrug 86 kg. Wie schwer ist er jetzt?

altes Gewicht ≙ 100 %
Abnahme ≙ 5 %
neues Gewicht ≙ 95 %

$100\,\% \longrightarrow 86$ kg
$1\,\% \longrightarrow \frac{86}{100}$ kg
$95\,\% \longrightarrow \frac{86 \cdot 95}{100}$ kg
$95\,\% \longrightarrow 81{,}7$ kg

Er wiegt jetzt 81,7 kg.

Frau Kiel erhält eine Lohnerhöhung von 2 %. Jetzt verdient sie 3 927 € im Monat. Wie viel verdiente sie vor der Erhöhung?

Erhöhung ≙ 2 %
Verdienst vorher ≙ 100 %
Verdienst nachher ≙ 102 %

$102\,\% \longrightarrow 3927$ €
$1\,\% \longrightarrow \frac{3927}{102}$ €
$100\,\% \longrightarrow \frac{3927 \cdot 100}{102}$ €
$100\,\% \longrightarrow 3850$ €

Sie hat vorher 3 850 € verdient.

Eine Lampe kostet im Geschäft 83,30 €. Berechne die Mehrwertsteuer (19 %).

$119\,\% \longrightarrow 83{,}30$ €
$1\,\% \longrightarrow \frac{83{,}30}{119}$ €
$19\,\% \longrightarrow \frac{83{,}30 \cdot 19}{119}$ €
$19\,\% \longrightarrow 13{,}30$ €

Die Mehrwertsteuer (19 %) beträgt 13,30 €.

Wiederholung

Zinsrechnung

Wiederholung

Zinsen gesucht

$K = 500\,€, p\% = 4\%, Z = \blacksquare$

$100\% \rightarrow 500\,€$

$1\% \rightarrow \frac{500}{100}\,€ \qquad Z = \frac{K \cdot p}{100}$

$4\% \rightarrow \frac{500 \cdot 4}{100}\,€ \qquad Z = \frac{500 \cdot 4}{100}\,€$

$4\% \rightarrow 20\,€ \qquad Z = 20\,€$

Die Zinsen betragen 20 €.

Zinssatz gesucht

$K = 4000\,€, Z = 140\,€, p\% = \blacksquare$

$4000\,€ \rightarrow 100\%$

$1\,€ \rightarrow \frac{100}{4000}\,\% \qquad p\% = \frac{Z \cdot 100}{K}\,\%$

$140\,€ \rightarrow \frac{100 \cdot 140}{4000}\,\% \qquad p\% = \frac{140 \cdot 100}{4000}\,\%$

$140\,€ \rightarrow 3{,}5\% \qquad p\% = 3{,}5\%$

Der Zinssatz beträgt 3,5 %.

Kapital gesucht

$Z = 450\,€, p\% = 3\%, K = \blacksquare$

$3\% \rightarrow 450\,€$

$1\% \rightarrow \frac{450}{3}\,€ \qquad K = \frac{Z \cdot 100}{p}$

$100\% \rightarrow \frac{450 \cdot 100}{3}\,€ \qquad K = \frac{450 \cdot 100}{3}\,€$

$100\% \rightarrow 15\,000\,€ \qquad K = 15\,000\,€$

Das Kapital beträgt 15 000 €.

Tageszinsen

$K = 1500\,€, p\% = 12\%, n = 25, Z = \blacksquare$

Zinsen für n Tage:

$Z = \frac{K \cdot p}{100} \cdot \frac{n}{360}$

$Z = \frac{1500 \cdot 12}{100} \cdot \frac{25}{360}\,€$

$Z = 12{,}50\,€$

n gibt hier die Anzahl der Zinstage an. Ein Jahr hat 360 Zinstage.

Die Zinsen für 25 Tage betragen 12,50 €.

Zinseszinsen

$K = 400\,€, p\% = 5\%$

Kapital nach 1 Jahr: $K_1 = 400 \cdot 1{,}05\,€$

Kapital nach 2 Jahren: $K_2 = 400 \cdot 1{,}05^2\,€$

Kapital nach 3 Jahren: $K_3 = 400 \cdot 1{,}05^3\,€$

---

1 Berechne die Zinsen für ein Jahr. Runde auf zwei Stellen nach dem Komma.
a) 400 € (450 €, 1 100 €) zu 2,5 %
b) 720 € (86,50 €, 390 €) zu 3,5 %
c) 1 240 € (2 365 €, 745 €) zu 4,25 %
d) 268 € (346,20 €, 894,10 €) zu 5,2 %

2 Berechne den Zinssatz.

	a)	b)	c)	d)	e)
Kapital (€)	1200	245	1680	740	1580
Zinsen (€)	18	4,90	87,36	37	97,96

	f)	g)	h)	i)	k)
Kapital (€)	280	650	2170	235	45,80
Zinsen (€)	1,4	11,70	19,53	12,69	2,29

3 Berechne das Kapital.
a) 145 € (28 €, 7,56 €) Zinsen bei 2 %
b) 75 € (43,50 €, 7,74 €) Zinsen bei 5 %
c) 9,80 € (16,10 €, 7 €) Zinsen bei 4 %
d) 25,56 € (565,65 €) Zinsen bei 1,5 %

4 Frau Siebert überzieht 50 Tage ihr Konto um 7 200 €. Wie viel Euro Zinsen muss sie bei einem Zinssatz von 13,5 % dafür bezahlen?

5 Herr Fischer hat eine Hypothek von 90 000 € zu einem Zinssatz von 4,2 %. Wie viel Euro Zinsen muss er in einem Monat (30 Tage) bezahlen?

6 Maren leiht sich von ihrer Schwester 50 €. Sie sagt: „Ich zahle dir auch pro Tag einen Cent Zinsen." Berechne den Zinssatz.

7 Herr und Frau Brinkmann möchten ein Haus bauen. Die Zinsbelastung soll pro Jahr nicht über 8000 € liegen. Wie hoch darf das Darlehen bei einem Zinssatz von 3,25 % höchstens sein? Runde auf Euro.

8 5 000 € werden ein Jahr lang verzinst. Dann wird der Zinssatz um 0,5 % gesenkt. Im zweiten Jahr erhält Herr Gevelhoff 110 €.
a) Wie hoch war der ursprüngliche Zinssatz?
b) Wie viel Euro Zinsen hat Herr Gevelhoff im ersten Jahr bekommen?

9 Herr Hermann legt 12 000 € für 5 Jahre zu einem Festzins von 3,5 % an. Berechne sein Kapital am Ende der Laufzeit inklusive Zinseszinsen.

Terme und Gleichungen

Wiederholung

1 Vereinfache die Terme.
a) 2x − 12 + 7x + 1
   4x + 7 + 3x
   43 + 3x − 13 + x
   x + 21 + 5x − 17

b) 7x + 4 − 2x + 1
   x + 9 − 5x + 71
   16x − 12 + 4x − 2
   7x − 7 − 11 + x

2 Multipliziere aus und fasse zusammen, wenn möglich.
a) 6(x − y + z)
   5(n − 11 + p)
   −2(x + y + 7)

b) 4(3x + 2y − z)
   −7(2r − 3p + q)
   (4y − z + 5) · 6

c) (2a + 3)(3a − 6)
   (3c − 4d)(5c + 2d)
   (7q + 11)(5 − 9q)

3 Wende die binomischen Formeln an.
a) $(a + d)^2$
   $(n + p)^2$
   $(q − z)^2$
   $(x − v)^2$

b) (c − d)(c + d)
   (u + w)(u − w)
   (2x − y)(2x + y)
   (v − 7w)(v + 7w)

c) $(n + 4m)^2$
   $(3x + y)^2$
   $(4a − b)^2$
   $(a − 7b)^2$

4 Bestimme jeweils die Lösung der Gleichung.
a) x − 4 = 23
   x − 11 = 1
   34 = x − 2

b) x + 3 = 15
   x + 7 = 45
   13 = x − 18

c) 3x = 2x + 8
   x = 5x − 11
   8x = 9x + 9

d) $\frac{1}{3}x = 9$
   $-\frac{1}{4}x = -5$
   $3 = \frac{1}{5}x$

e) 4x − 9 = 39 − 8x
   8x − 10 = 20 − 7x
   7x − 15 = 65 − 3x

f) 5 − 4x = 27 − 6x
   60 − 9x = 72 − 15x
   10x + 17 = 14x + 29

g) 6(x + 3) = 4x − 20
   8(2x + 3) = 9x − 4
   6x − 12 = 7(3x + 9)
   −7x − 27 = −5(3x − 1)

h) 10(x − 3) = 6(x + 7)
   2(x − 7) = 3(x − 5)
   −6(x + 6) = 3(x − 3)
   −2(3x − 6) = −14(x − 2)

5 Eine Seite eines Rechtecks ist um 13 cm kürzer als die andere. Der Umfang beträgt 154 cm. Bestimme die Länge der beiden Seiten mithilfe einer Gleichung.

6 Wenn man die Seite eines Quadrats um einen Zentimeter verlängert, vergrößert sich der Flächeninhalt um 25 cm². Berechne die Länge der Quadratseite.

7 Bei der Wahl des Klassensprechers werden 28 gültige Stimmen abgegeben. Anton erhält drei Stimmen mehr als Max, Lukas erhält zwei Stimmen weniger als Max. Wie viele Stimmen erhält jeder? Wer wird Klassensprecher?

8 Das Sechsfache einer Zahl vermindert um 8 ist gleich dem Fünffachen der Zahl vermehrt um 5.

Gleichartige Summanden (Terme) kannst du zusammenfassen.
  7x − 3y + 5x − y + 7 − x
= 7x + 5x − x − 3y − y + 7
= 11x − 4y + 7

Einen Term kannst du mit einer **Summe multiplizieren,** indem du **jeden Summanden mit dem Term** multiplizierst.
3 · (x + 4) = 3 · x + 3 · 4 = 3x + 12
a · (b + c) = ab + ac

Eine Summe wird mit **einer Summe multipliziert,** indem **jeder Summand der ersten Summe** mit **jedem Summanden der zweiten Summe** multipliziert wird.
(x + 3)(y − 4) = xy − 4x + 3y − 12
(a + b)(c − d) = ac − ad + bc − bd

Binomische Formeln
1. **$(a + b)^2 = a^2 + 2ab + b^2$**
2. **$(a − b)^2 = a^2 − 2ab + b^2$**
3. **$(a + b)(a − b) = a^2 − b^2$**

Die Lösung einer Gleichung ändert sich nicht, wenn du auf beiden Seiten dieselbe Zahl (denselben Term) addierst oder auf beiden Seiten dieselbe Zahl (denselben Term) subtrahierst.

5x + 15 = 4x + 7 | − 4x
x + 15 = 7 | − 15
x = − 8

Die Lösung einer Gleichung ändert sich nicht, wenn du beide Seiten mit derselben Zahl (ungleich Null) multiplizierst oder beide Seiten durch dieselbe Zahl (ungleich Null) dividierst.

Gleichungen mit Klammern
4(x − 2) + 2x = 22
4x − 8 + 2x = 22
6x − 8 = 22 | + 8
6x = 30 | : 6
x = 5

Probe: 4(**5** − 2) + 2 · **5** = 22
22 = 22

Grafische Lösung linearer Gleichungssysteme

Grafische Lösung linearer Gleichungssysteme
Zwei lineare Gleichungen mit zwei Variablen bilden ein lineares Gleichungssystem.

I $y = 1{,}25x - 2$ II $y = -0{,}5x + 1{,}5$

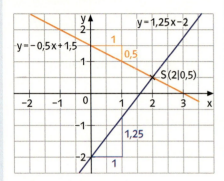

Schnittpunkt: S(2 | 0,5)
Einsetzen der Schnittpunktkoordinaten:

I $0{,}5 = 1{,}25 \cdot 2 - 2$ w
II $0{,}5 = -0{,}5 \cdot 2 + 1{,}5$ w

Lösungsmenge: L = {(2 | 0,5)}

Lösungsmengen

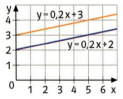

Keine Lösung
L = { }

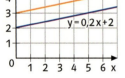

Eine Lösung
L = {(1 | 3)}

Unendlich viele Lösungen
Die Koordinaten jedes Punktes der Geraden sind eine Lösung.

1 Gib jeweils die Gleichung der abgebildeten Geraden an. Zeige durch Einsetzen, dass die Koordinaten des Schnittpunktes S eine Lösung beider Gleichungen sind.

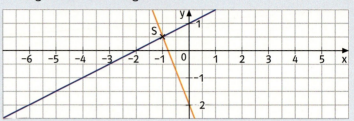

2 Bestimme grafisch die Lösungsmenge des Gleichungssystems.
Mache die Probe, indem du die Koordinaten des Schnittpunktes in beide Gleichungen einsetzt.

a) $y = x - 2$
   $y = -x + 10$

b) $y = x - 1$
   $y = -2x + 11$

c) $y = 2x - 2$
   $y = 0{,}25x + 5$

3 Bestimme grafisch die Lösung des Gleichungssystems. Forme dazu beide Gleichungen zunächst in ihre Normalform um.
Mache die Probe, indem du die Koordinaten des Schnittpunktes in beide Ausgangsgleichungen einsetzt.

a) $4x + 4y = 8$
   $2y + 6x = -4$

b) $3x + 3y = 21$
   $4x - 2y = 10$

c) $2x + 2y = -4$
   $3x - 6y = -24$

d) $6 - 2y = 2x$
   $4y - 2x = -18$

e) $8y - 4x = -6$
   $6y - 6x = 0$

f) $-4y - 2x = 2$
   $2y + 2x = 4$

4 Forme die Gleichungen des linearen Gleichungssystems in ihre Normalform um.
Entscheide anhand der Geradengleichung, ob es keine Lösung oder unendlich viele Lösungen gibt.

a) $3y + 1{,}5x = 6$
   $-6 - 4y = 2x$

b) $3x - 2y = -4$
   $6y - 9x = -3$

c) $10x - 4y = 6$
   $2y - 5x = -3$

5 Forme beide Gleichungen des linearen Gleichungssystems in ihre Normalformen um.
Entscheide anhand der Geradengleichungen, wie viele Lösungen das Gleichungssystem hat. Gibt es eine Lösung, so bestimme diese grafisch.

a) $3y - 9x = -15$
   $2y + 2x = 14$

b) $0{,}5y + x = -2$
   $3y - 15 = 3x$

c) $3y - 1{,}5x = 12$
   $8y + 4x = 16$

d) $6y - 9x = 18$
   $3y - 2 = 3x$

e) $2y + 5 = 3x$
   $4{,}5x - 3y = 7{,}5$

f) $2{,}5y - x = 2{,}5$
   $1{,}5y + 4{,}5 = 3x$

g) $8y + 8 = 8x$
   $12 - 12y = 36x$

h) $1{,}5y + 0{,}5x = 3$
   $x + 3y = 9$

i) $6y - 2x = 12$
   $4y + 8 = 12x$

k) $3{,}5y - x = 14$
   $14y + 4x = 18$

l) $2x - 6y = 24$
   $-3y - 3x = -6$

m) $x + 1{,}5y = 3$
   $9 - 4{,}5y = 3x$

Rechnerische Lösung von Gleichungssystemen

1 Bestimme rechnerisch die Lösung des Gleichungssystems. Mache die Probe, indem du die Lösung in die beiden Ausgangsgleichungen einsetzt.

a) 4y − 16x = 8
   4y + 100 = 40x

b) 12x + 6y = 12
   8x − 2y = − 94

c) 18y = − 54x
   14x = 2y − 106

2 Löse nach einem Vielfachen von y auf und wende das Gleichsetzungsverfahren an.

a) 6y − 10x = 22
   6y + 2 = 22x

b) 2y + 4,5x = 4,5
   − 11x − 6y = − 26

c) 10y + 14x = 130
   10x − 6y = 244

3 Bestimme die Lösungsmenge, indem du beide Gleichungen nach x auflöst und dann gleichsetzt.

a) x + 2y = 16
   6x + 120 = 6y

b) 6x + 6y = − 12
   3,5y + 42 = − x

c) 2x + 4y = − 98
   12y = 12x − 96

d) 6x − 18y = − 66
   − x + 5y = 24

e) 4x − 2y = 8
   − 2x + 6y = 28

f) 3x − 4,5y = 10,5
   4y − 4x = 20

4 Bestimme mithilfe des Einsetzungsverfahrens die Lösungsmenge des Gleichungssystems.

a) 4y + 6x = 84
   y = 9x

b) 10y − 18x = 48
   2y = 6x

c) 8x − 4y = 10
   y − 3x = 0

d) 10x − 12y = 100
   2y − 5x = 0

e) 6y = − 24
   20x + 14y = − 72

f) 15y = 72 + 27x
   3y = 9x

5 Bestimme die Lösung mithilfe des Einsetzungsverfahrens. Löse dazu nach y auf.
Beachte, dass der Term, den du für y einsetzt, in Klammern stehen muss.

a) 22x − 6y = 12
   y − 3x = 2

b) 4y − 8x = 24
   34x − 10y = − 18

c) 6y + 6x = 48
   14x + 16y = 10

d) 2y + 8x = 2
   6y − 12x = 78

e) 9,5x − 1,5y = 31
   y + 3x = − 2

f) 14x − 4y = 2
   6y + 18x = 36

6 Löse die Klammern auf und fasse gleichartige Terme zusammen.
Bestimme dann die Lösungsmenge mithilfe eines geeigneten Lösungsverfahrens.

a) 6 (x + 12) − 10 (y − 2) = 284 − 20y
   30 − 4 (x + 2y) = 10 − 2 (9x + 7y)

b) 4x − (3y − 25) − y = 5x + 10
   7 (x + y) − 36 = 4y − (x − 26)

c) 3 (x + 4) − 22 = 2 (y − 1)
   − 3 (y + 2) − 43 = − 5 (x + 7)

d) 7x − (9y − 12) + (3x + 4) = 3y − (5x − 4)
   4y + (5x + 7) − (3y + 6) = 9 + (6x − y)

Gleichsetzungsverfahren

I   4x + 2y = 14
II 6x − 2y = − 3

1. Umformen in die Normalform
   I   4x + 2y = 14 | − 4x |:2
       y = − 2x + 7

   II 6x − 3y = − 3 | − 6x |:(-3)
       y = 2x + 1

2. Rechte Seite der Normalform gleichsetzen und nach x auflösen
   − 2x + 7 = 2x + 1 | − 2x | − 7
   − 4x = − 6 |:(− 4)
   x = 1,5

3. x-Wert in eine der beiden Normalformen einsetzen und y bestimmen
   y = 2x + 1
   y = 2 · 1,5 + 1
   y = 4

4. Lösungsmenge notieren
   L = {(1,5 | 4)}

Einsetzungsverfahren

I   5y + 2x = 28
II   2y = 6x

1. Gleichung II nach y auflösen
   2y = 6x |:2
   y = 3x

2. Term 3x anstelle von y in Gleichung I einsetzen und nach x auflösen
   5y + 2x = 68
   5 · 3x + 2x = 68
   17x = 68 |:17
   x = 4

3. x-Wert 4 in Gleichung II einsetzen und y bestimmen.
   2y = 6x
   2y = 6 · 4 |:2
   y = 12

4. Lösungsmenge notieren
   L = {(4 | 12)}

Rechnerische Lösung von Gleichungssystemen

Additionsverfahren

I   5x + 3y = 21
II   6x + 2y = 22

1. Gleichungen so umformen, dass bei Addition y herausfällt

I   5x + 3y = 21 | · 2
II   6x + 2y = 22 | · (−3)

I   10x + 6y = 42
II   −18x − 6y = −66

2. Beide Gleichungen addieren und anschließend nach x auflösen

I   10x + 6y = 42
II   −18x − 6y = −66
III   −8x = −24 | : (−8)
III   x = 3

3. x-Wert einsetzen und y bestimmen in I:
   5x + 3y = 21
   5 · 3 + 3y = 21 | − 15
   3y = 6 | : 3
   y = 2

4. Lösungsmenge notieren
   L = {(3 | 2)}

Janina bezahlt für drei Müsliriegel und zwei Flaschen Orangensaft 1,90 €, Mirko für vier Müsliriegel und eine Flasche Orangensaft 1,70 €.
Preis für einen Müsliriegel (€): x
Preis für eine Flasche Saft (€): y

I   3x + 2y = 1,90
II   4x + y = 1,70 | · (−2)

I   3x + 2y = 1,90
II   −8x − 2y = −3,40
III −5x = −1,50 | : (−5)
     x = 0,30

in II: 4x + y = 1,70
         1,20 + y = 1,70 | − 1,20
         y = 0,50

Ein Müsliriegel kostet 0,30 €, eine Flasche Orangensaft 0,50 €.

---

7 Bestimme die Lösung des Gleichungssystems mithilfe des Additionsverfahrens.

a) 3x − 2y = 11
   8x + 4y = 48

b) 7x + 3y = 37
   4x − 9y = −11

c) 5x + 6y = 2
   11x − 9y = 71

d) 6x + 5y = 49
   7x + 4y = 48

e) 3x + 2y = 4
   5x + 3y = 7

f) 3x + 5y = 9
   7x + 3y = −5

8 Bestimme die Lösung des Gleichungssystems mithilfe des Additionsverfahrens.
Forme die Gleichungen zunächst so um, dass bei der anschließenden Addition x herausfällt.

a) x + 7y = 95
   2x − 3y = −14

b) 12x + 11y = 4
   8x − 13y = −160

c) −15x + 8y = −139
   10x − 7y = 81

d) 14x − 13y = −283
   7x + 12y = 62

e) 22x + 15y = 501
   11x − 23y = 37

f) 19x + 17y = 438
   −38x + 11y = −66

9 Bestimme die Lösung des Gleichungssystems. Wähle dazu ein geeignetes rechnerisches Verfahren.

a) y = −0,5x
   y = −2x + 24

b) y = 4x
   13x − 3y = 15

c) 7x − 6y = 23
   26 + 2y = 4x

d) 3y + 9x = 59,4
   11x − 8y = 30,6

e) y = 3,5x + 20
   y = 2x + 14,6

f) 4x − 10y = 35,2
   x = −3y

10 Bestimme die Lösung des Zahlenrätsels.
a) Die Summe zweier Zahlen beträgt 31. Das Doppelte der ersten Zahl und das Dreifache der zweiten Zahl ergeben zusammen 87.
b) Das Doppelte einer Zahl ist um 15 größer als das Dreifache einer zweiten Zahl. Die Summe beider Zahlen ist um 3 kleiner als das Vierfache der zweiten Zahl.

11 Der Umfang eines Rechtecks beträgt 84 cm. Die Länge einer Seite ist um 6 cm größer als die Länge der anderen Seite. Berechne die Seitenlängen.

12 Ein Draht von 240 cm Länge soll zu einem Rechteck gebogen werden, bei dem die größere Rechteckseite dreimal so lang ist wie die kleinere. Berechne die Länge der Rechteckseiten.

13 In der Cafeteria bezahlt Arne für drei belegte Brötchen und ein Mineralwasser zusammen 3,00 €. Nuran werden für zwei belegte Brötchen und zwei Flaschen Mineralwasser 2,80 € berechnet.
Bestimme jeweils den Preis für ein belegtes Brötchen und eine Flasche Mineralwasser.

Ähnlichkeit

1 Verdopple (verdreifache) eine Strecke von 3 cm Länge mithilfe einer geeigneten zentrischen Streckung.

2 Zeichne ein unregelmäßiges Viereck (Fünfeck, Sechseck). Strecke es von einem Eckpunkt aus mit k = 2,5 (k = 0,5).

3 Zeichne in ein Koordinatensystem (Einheit 1 cm) das Originaldreieck ABC mit A(2,5|4), B(2,5|−1) und C(3,5|1) sowie das Bilddreieck A'B'C' mit A'(5,5|5,5), B'(5,5|−4,5) und C'(7,5|−0,5). Das Dreieck A'B'C' ist durch zentrische Streckung entstanden.
a) Ermittle zeichnerisch das Streckungszentrum Z. Gib die Koordinaten von Z an.
b) Bestimme den Streckungsfaktor k.

4 Berechne mithilfe des 1. Strahlensatzes die Länge des Streckenabschnitts $\overline{SB_1}$ ($\overline{SB_2}$, $\overline{SB_3}$).

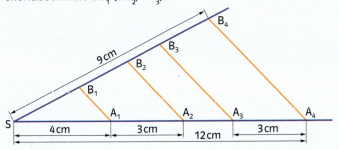

5 Berechne mithilfe des 2. Strahlensatzes die Länge des Parallelabschnitts $\overline{A_2B_2}$ ($\overline{A_3B_3}$, $\overline{A_4B_4}$).

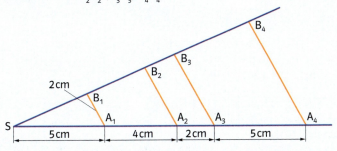

6 Um die Länge des Sees zu bestimmen, werden Punkte im Gelände markiert. Berechne die Entfernung zwischen den Geländepunkten A und B.

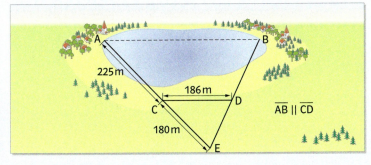

Zentrische Streckung

Bei einer zentrischen Streckung liegen Original- und Bildpunkt auf einer Geraden durch das Streckenszentrum Z.
Für die Entfernung von Z gilt:
$\dfrac{\overline{ZA'}}{\overline{ZA}} = \dfrac{\overline{ZB'}}{\overline{ZB}} = k$ (Streckungsfaktor)

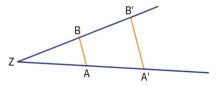

1. Streckensatz

Werden zwei Strahlen (Halbgeraden) mit einem gemeinsamen Anfangspunkt von zwei Parallelen geschnitten, so verhalten sich die Längen von je zwei Streckenabschnitten auf dem einen Strahl wie die Längen der entsprechenden Streckenabschnitte auf dem anderen Strahl.

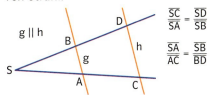

$\dfrac{\overline{SC}}{\overline{SA}} = \dfrac{\overline{SD}}{\overline{SB}}$

$\dfrac{\overline{SA}}{\overline{AC}} = \dfrac{\overline{SB}}{\overline{BD}}$

2. Strahlensatz

Werden zwei Strahlen (Halbgeraden) mit einem gemeinsamen Anfangspunkt von zwei Parallelen geschnitten, so verhalten sich die Längen der Streckenabschnitte auf den Parallelen wie die vom Anfangspunkt aus gemessenen Längen der entsprechenden Abschnitte auf jedem der Strahlen.

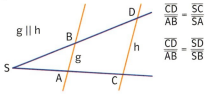

$\dfrac{\overline{CD}}{\overline{AB}} = \dfrac{\overline{SC}}{\overline{SA}}$

$\dfrac{\overline{CD}}{\overline{AB}} = \dfrac{\overline{SD}}{\overline{SB}}$

Reelle Zahlen

Quadratzahlen

Wird eine Zahl mit sich selbst multipliziert, erhält man das Quadrat der Zahl. Die Rechenoperation heißt **Quadrieren**.

$14 \cdot 14 = 14^2 = 196$

$\frac{3}{4} \cdot \frac{3}{4} = \left(\frac{3}{4}\right)^2 = \frac{9}{16}$

$(-5) \cdot (-5) = (-5)^2 = 25$

Die Quadrate einer Zahl sind immer größer oder gleich Null. Die Quadrate der natürlichen Zahlen heißen **Quadratzahlen**.

Quadratwurzeln und dritte Wurzeln

$\sqrt{a}$ ist die nichtnegative Zahl b, die beim Quadrieren a ergibt.

$\sqrt{36} = 6$, denn $6^2 = 36$

$\sqrt{0} = 0$, denn $0^2 = 0$

Die Zahl b heißt **Quadratwurzel** aus a. Die Zahl a heißt Radikand.
Aus negativen Zahlen können wir keine Wurzeln ziehen.

$\sqrt[3]{a}$ ist die nichtnegative Zahl b, die als dritte Potenz a ergibt.

$\sqrt[3]{64} = 4$, denn $4^3 = 64$

$\sqrt[3]{512} = 8$, denn $8^3 = 512$

Irrationale Zahlen

Die meisten Quadratwurzeln und dritten Wurzeln sind Zahlen, die nicht als endliche oder periodische Dezimalzahlen geschrieben werden können. Solche Zahlen heißen **irrationale Zahlen**.

$\sqrt{2} = 1{,}414213562\ldots$

$\sqrt[3]{7} = 1{,}912931183\ldots$

Die rationalen und die irrationalen Zahlen bilden zusammen die **reellen Zahlen**.

---

1 Berechne jeweils das Quadrat der angegebenen Zahl.
a) 7   5   9   11   13   15   16
b) −3   −4   −6   −10   −12
c) 0,6   0,05   0,8   1,1   0,13
d) $\frac{1}{2}$ $\frac{1}{3}$ $\frac{2}{3}$ $\frac{3}{4}$ $-\frac{3}{5}$ $\frac{4}{7}$ $-\frac{5}{8}$
e) 100   1 000   200   2 000

2 Berechne.
a) $(-0{,}12)^2$ $(-1{,}2)^2$ $(-12)^2$ $(-120)^2$
b) $0{,}08^2$ $0{,}8^2$ 8^2 800^2 $0{,}008^2$ 80^2

3 Welche Quadratwurzeln sind rationale Zahlen, welche sind irrationale Zahlen?
$\sqrt{100}$ $\sqrt{10}$ $\sqrt{121}$ $\sqrt{1}$ $\sqrt{81}$ $\sqrt{222}$ $\sqrt{\frac{9}{16}}$ $\sqrt{0}$

4 Berechne jeweils die Quadratwurzel.
a) $\sqrt{169}$ $\sqrt{144}$ $\sqrt{36}$ $\sqrt{324}$ $\sqrt{196}$
b) $\sqrt{4900}$ $\sqrt{8100}$ $\sqrt{1960000}$ $\sqrt{62500}$
c) $\sqrt{\frac{49}{81}}$ $\sqrt{\frac{16}{121}}$ $\sqrt{\frac{25}{144}}$ $\sqrt{\frac{169}{225}}$ $\sqrt{\frac{289}{400}}$ $\sqrt{\frac{36}{361}}$

5 Gib zwei aufeinander folgende natürliche Zahlen an, zwischen denen die Wurzel liegt.
a) $\sqrt{50}$ b) $\sqrt{120}$ c) $\sqrt{90}$ d) $\sqrt{500}$ e) $\sqrt{170}$

6 Berechne.
a) $\sqrt{36} + \sqrt{81}$ b) $\sqrt{196} - \sqrt{144}$ c) $\sqrt{100} - \sqrt{225}$
d) $\sqrt{1{,}69} - \sqrt{0{,}49}$ e) $\sqrt{1} - \sqrt{0{,}04}$ f) $\sqrt{0{,}25} + \sqrt{0{,}0049}$

7 Bestimme x. Es gibt zwei Lösungen.
a) $x^2 = 289$ b) $x^2 = 0{,}64$ c) $x^2 = 0{,}0144$

8 Welche reellen Zahlen werden jeweils dargestellt?

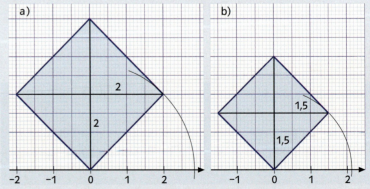

9 Welche dritten Wurzeln sind rationale Zahlen, welche sind irrationale Zahlen?

$\sqrt[3]{64}$ $\sqrt[3]{32}$ $\sqrt[3]{1000}$ $\sqrt[3]{8}$ $\sqrt[3]{343}$ $\sqrt[3]{0{,}001}$ $\sqrt[3]{0{,}0001}$

Rechnen mit Quadratwurzeln

1 Fasse zusammen.

a) $19\sqrt{2} + 2\sqrt{2}$
$\quad 9\sqrt{7} - 2\sqrt{7}$
$\quad 7\sqrt{6} + 2\sqrt{6}$

b) $\sqrt{3} + 2\sqrt{3} + 4\sqrt{3}$
$\quad \sqrt{5} + 2\sqrt{5} - 6\sqrt{5}$
$\quad 7\sqrt{8} - 6\sqrt{8} + 2\sqrt{8}$

2 Vereinfache so weit wie möglich.

a) $\sqrt{3} \cdot \sqrt{12}$
$\quad \sqrt{5} \cdot \sqrt{45}$
$\quad \sqrt{5} \cdot \sqrt{20}$

b) $\sqrt{8} \cdot \sqrt{32}$
$\quad \sqrt{6} \cdot \sqrt{54}$
$\quad \sqrt{8} \cdot \sqrt{18}$

c) $\sqrt{8} \cdot \sqrt{24{,}5}$
$\quad \sqrt{0{,}5} \cdot \sqrt{50}$
$\quad \sqrt{3{,}2} \cdot \sqrt{80}$

3 Multipliziere zunächst und ziehe anschließend die Wurzel teilweise.

a) $\sqrt{3} \cdot \sqrt{24}$
b) $\sqrt{6} \cdot \sqrt{48}$
c) $\sqrt{5} \cdot \sqrt{30}$
d) $\sqrt{13{,}5} \cdot \sqrt{18}$

4 Vereinfache so weit wie möglich.

a) $\dfrac{\sqrt{432}}{\sqrt{3}}$
b) $\dfrac{\sqrt{405}}{\sqrt{5}}$
c) $\dfrac{\sqrt{1{,}28}}{\sqrt{8}}$
d) $\dfrac{\sqrt{0{,}343}}{\sqrt{0{,}7}}$

5 Fasse so weit wie möglich zusammen.

a) $4\sqrt{2} + 6\sqrt{5} - 3\sqrt{2}$
b) $11\sqrt{7} + 3\sqrt{10} - 8\sqrt{7} - 6\sqrt{10}$

6 Löse die Klammern auf.

a) $\sqrt{2} \cdot (\sqrt{8} + \sqrt{18})$
b) $\sqrt{3} \cdot (\sqrt{48} - \sqrt{27})$
c) $(\sqrt{20} - \sqrt{245}) : \sqrt{5}$
d) $(\sqrt{1{,}6} - \sqrt{4{,}9}) : \sqrt{2{,}5}$
e) $(\sqrt{135} - \sqrt{60}) : \sqrt{15}$
f) $(\sqrt{200} + \sqrt{512}) : \sqrt{8}$
g) $(\sqrt{3} \cdot \sqrt{27}) : (-\sqrt{48} : \sqrt{12})$
h) $(\sqrt{32} + \sqrt{18} - \sqrt{72}) \cdot \sqrt{2}$

7 Wende die binomischen Formeln an und forme um.

a) $(5 + \sqrt{3})(5 - \sqrt{3})$
b) $(\sqrt{3} + \sqrt{5})(\sqrt{3} - \sqrt{5})$
c) $(\sqrt{3} - \sqrt{2})^2$
d) $(\sqrt{2} + \sqrt{6})^2$
e) $(5\sqrt{6} + \sqrt{10})^2$
f) $(5\sqrt{5} + 3\sqrt{6})(5\sqrt{5} - 3\sqrt{6})$
g) $(12\sqrt{3} - 10\sqrt{8})(12\sqrt{3} + 10\sqrt{8})$

8 Berechne.

$\sqrt{\dfrac{16}{81}} \quad \sqrt{\dfrac{121}{196}} \quad \sqrt{\dfrac{1}{64}} \quad \sqrt{\dfrac{32}{52}} \quad \sqrt{\dfrac{0{,}09}{0{,}16}} \quad \sqrt{\dfrac{1{,}44}{1{,}69}}$

9 Berechne.

$\sqrt{9 \cdot 81} \quad \sqrt{121 \cdot 4} \quad \sqrt{0{,}04 \cdot 16} \quad \sqrt{100 \cdot 0{,}09} \quad \sqrt{25 \cdot 1{,}21} \quad \sqrt{1{,}69 \cdot 0{,}01}$

10 Ziehe die Wurzel teilweise.

a) $\sqrt{112}$
$\quad \sqrt{125}$
$\quad \sqrt{108}$

b) $\sqrt{245}$
$\quad \sqrt{180}$
$\quad \sqrt{243}$

c) $\sqrt{1{,}92}$
$\quad \sqrt{0{,}72}$
$\quad \sqrt{2{,}88}$

d) $\sqrt{1{,}25}$
$\quad \sqrt{0{,}27}$
$\quad \sqrt{5{,}67}$

Wiederholung

Gleiche Wurzeln zusammenfassen

Beim Addieren und Subtrahieren kannst du gleiche Wurzeln zusammenfassen.

$$3\sqrt{7} + 6\sqrt{7} = 9\sqrt{7}$$
$$8\sqrt{5} - 3\sqrt{5} = 5\sqrt{5}$$

Wurzeln addieren und subtrahieren

Für zwei positive reelle Zahlen a und b gilt:
$$\sqrt{a} + \sqrt{b} \neq \sqrt{a + b}$$
$$\sqrt{a} - \sqrt{b} \neq \sqrt{a - b}$$

$\sqrt{9} + \sqrt{16}$
$= 3 + 4 = 7$
$\sqrt{9 + 16}$
$= \sqrt{25} = 5$

$\sqrt{100} - \sqrt{36}$
$= 10 - 6 = 4$
$\sqrt{100 - 36}$
$= \sqrt{64} = 8$

Wurzeln multiplizieren und dividieren

Für zwei positive reelle Zahlen a und b gilt:
$$\sqrt{a} \cdot \sqrt{b} = \sqrt{a \cdot b}$$
$$\sqrt{a} : \sqrt{b} = \sqrt{a : b}$$

$\sqrt{9} \cdot \sqrt{16}$
$= 3 \cdot 4 = 12$
$\sqrt{9 \cdot 16}$
$= \sqrt{144} = 12$

$\sqrt{64} : \sqrt{4}$
$= 8 : 2 = 4$
$\sqrt{64 : 4}$
$= \sqrt{16} = 4$

Wurzeln teilweise ziehen

Lässt sich der Radikand einer Wurzel so in ein Produkt zerlegen, dass ein Faktor eine Quadratzahl ist, kann die Wurzel gezogen werden.

$\sqrt{72} = \sqrt{36 \cdot 2} = \sqrt{36} \cdot \sqrt{2} = 6\sqrt{2}$

$\sqrt{147} = \sqrt{49 \cdot 3} = \sqrt{49} \cdot \sqrt{3} = 7\sqrt{3}$

$\sqrt{150} = \sqrt{25 \cdot 6} = \sqrt{25} \cdot \sqrt{6} = 5\sqrt{6}$

Beschreibende Statistik

Bei **statistischen Untersuchungen** werden **Daten** durch Befragung, Beobachtung oder Experiment gesammelt. Die in einer **Urliste** gesammelten Daten können mithilfe einer **Strichliste** geordnet und dann in einer **Häufigkeitstabelle** dargestellt werden.

Häufigkeitstabelle

Lebensalter (Jahre)	absolute Häufigk.	relative Häufigkeit	
		Dez.zahl	Prozent
15	8	0,32	32 %
16	14	0,56	56 %
17	2	0,08	8 %
18	1	0,04	4 %
Summe	25	1,00	100 %

Die **relative Häufigkeit** jedes Ergebnisses gibt den **Anteil** der Versuche mit diesem Ergebnis an.

rel. Häufigkeit = $\dfrac{\text{absolute Häufigkeit}}{\text{Anzahl der Daten}}$

Die in einer Häufigkeitstabelle aufbereiteten Daten können in verschiedenen Diagrammformen grafisch dargestellt werden.

Säulendiagramm
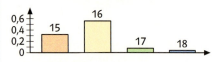

Streifendiagramm
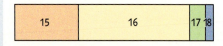

Kreisdiagramm

1 In der Schule wurde eine Umfrage zum Thema „Freizeitgestaltung" gemacht. Dabei wurden Schülerinnen und Schüler zunächst nach ihrem Lebensalter gefragt.

Urliste (Lebensalter der befragten Mädchen und Jungen)
12 13 14 13 12 15 16 11 13 12 14 11 15 14 14 15 13
12 15 16 14 15 15 14 14 15 16 14 13 13 13 15 15 16
15 14 13 14 14 15 14 15 16 13 13 14 14 13 16 12

a) Lege zunächst eine Strichliste, dann eine Häufigkeitstabelle an. Berechne auch die relativen Häufigkeiten als Dezimalbruch (in Prozent).
b) Stelle die absoluten Häufigkeiten in einem Säulendiagramm dar.

2 In der Häufigkeitstabelle sind die Antworten auf die Frage „Welche Sportart betreibst du in deiner Freizeit am liebsten?" zusammengefasst.

Sportart	absolute Häufigkeit
Fußball	18
andere Mannschaftsballspiele	13
Schwimmen	12
Turnen, Tanzen, Gymnastik	17
Leichtathletik	9
Tennis	6

a) Berechne die relativen Häufigkeiten.
b) Stelle das Ergebnis der Umfrage in einem Streifendiagramm (Gesamtlänge 15 cm) grafisch dar.
c) Stelle das Ergebnis in einem Kreisdiagramm (Radius 5 cm) grafisch dar.

3 50 Schülerinnen und Schüler wurden gefragt, welche Art von Spielen (Genres) sie auf dem Computer spielen. Es waren Mehrfachnennungen möglich.
Das Ergebnis der Befragung wird in einem Säulendiagramm dargestellt.

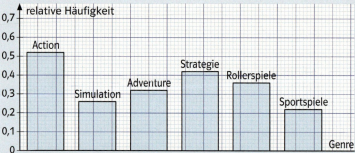

Berechne die zugehörigen absoluten Häufigkeiten und stelle sie in einer Tabelle dar.

Beschreibende Statistik

4 Anton hat an elf Tagen die Zeitdauer aufgeschrieben, die er für seine Hausaufgaben benötigt hat.

Dauer der Hausaufgaben (min)
37   42   45   39   33   78   51   47   48   50   42

a) Berechne das arithmetische Mittel $\bar{x}$. Runde auf eine Nachkommastelle.
b) Berechne den Median $\tilde{x}$.
c) Welcher Mittelwert kennzeichnet die Dauer der Hausaufgaben besser?

5 Eine Befragung von Schülerinnen und Schülern nach der Länge ihres Schulwegs führte zu den in der Urliste abgebildeten Ergebnissen.

Schulweglänge (km)
3   11   6   7   7   5   4   13   9   23   1   6   11   5

a) Berechne das arithmetische Mittel $\bar{x}$. Runde sinnvoll.
b) Berechne den Median $\tilde{x}$.
c) Welcher Mittelwert kennzeichnet die Schulweglänge besser?

6 Vergleiche die von Anna und Mia beim Weitsprung erzielten Ergebnisse. Berechne dazu jeweils die Spannweite, das arithmetische Mittel $\bar{x}$ und die mittlere lineare Abweichung $\bar{s}$. Was stellst du fest?

Helen (Sprungweite in m)
3,65   3,87   3,65   3,77   3,85   3,70   3,73

Nina (Sprungweite in m)
3,56   3,89   4,01   3,54   3,77   3,69   3,75   3,51

7 Schülerinnen und Schüler im 10. Jahrgang wurden nach der Höhe ihres monatlichen Taschengeldes befragt.

Monatliches Taschengeld (€)
25   32   40   36   40   25   32   32   48   36   40   50   80   32   40   36   44
25   32   40   32   25   36   50   32   25

a) Bestimme das arithmetische Mittel $\bar{x}$, den Median $\tilde{x}$ und die mittlere lineare Abweichung $\bar{s}$.
b) Vergleiche die Mittelwerte miteinander.

Wiederholung

Mittelwerte

Handelt es sich bei den Daten um Zahlen, kannst du das **arithmetische Mittel** $\bar{x}$ berechnen.

$$\bar{x} = \frac{\text{Summe aller Daten}}{\text{Anzahl der Daten}}$$

$$\bar{x} = \frac{8 \cdot 15 + 12 \cdot 16 + 2 \cdot 17 + 18}{25} = 15{,}84$$

Das Durchschnittsalter beträgt 15,84 Jahre.

Insbesondere bei statistischen Untersuchungen mit stark abweichenden Werten (Ausreißern) ist es sinnvoll, als Mittelwert den **Median** $\tilde{x}$ zu wählen.
Bei einer ungeraden Anzahl von Daten ist der Median der mittlere Wert in der geordneten Urliste, bei einer geraden Anzahl von Daten liegt er zwischen den beiden mittleren Werten.

geordnete Urliste:
15, 15, 15, 15, 15, 15, 15, 15, 16, 16, 16, 16, 16, 16, 16, 16, 16, 16, 16, 16, 16, 17, 17, 18

Median: $\tilde{x} = 16$

Streumaße

Die **Spannweite** gibt die Differenz zwischen dem größten und dem kleinsten Stichprobenwert an.

Spannweite: $18 - 15 = 3$

Die **mittlere lineare Abweichung** $\bar{s}$ ist das arithmetische Mittel der Abweichungen von $\bar{x}$.

$$\bar{s} = \frac{\text{Summe der Abweichungen von } \bar{x}}{\text{Anzahl der Daten}}$$

$\bar{x} = 15{,}84$

$$\bar{s} = \frac{8 \cdot 0{,}84 + 14 \cdot 0{,}16 + 2 \cdot 1{,}16 + 2{,}16}{25}$$

$\bar{s} = 0{,}5376$

Satz des Pythagoras

In einem rechtwinkligen Dreieck heißen die Schenkel des rechten Winkels Katheten. Die dritte Seite heißt Hypotenuse; sie liegt dem rechten Winkel gegenüber.

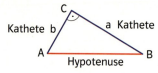

Satz des Pythagoras
In jedem rechtwinkligen Dreieck haben die beiden Kathetenquadrate zusammen den gleichen Flächeninhalt wie das Hypotenusenquadrat.

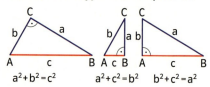

Gegeben: $a = 26$ cm, $b = 14$ cm, $\gamma = 90°$
Gesucht: c (Hypotenuse)
$a = 26$ cm; $b = 14$ cm; $\gamma = 90°$
$$c^2 = a^2 + b^2$$
$$c = \sqrt{a^2 + b^2}$$
$$c = \sqrt{26^2 + 14^2}$$
$$c \approx 29{,}5$$

Die Hypotenuse c ist ungefähr 29,5 cm lang.

Gegeben: $b = 12$ cm, $c = 4$ cm, $\beta = 90°$
Gesucht: a (Kathete)
$b = 12$ cm; $c = 4$ cm; $\beta = 90°$
$$b^2 = a^2 + c^2 \quad | -c^2$$
$$b^2 - c^2 = a^2$$
$$a = \sqrt{b^2 - c^2}$$
$$a = \sqrt{12^2 - 4^2}$$
$$a \approx 11{,}3$$

Die Kathete a ist ungefähr 11,3 cm lang.

Kathetensatz und Höhensatz

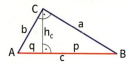

Kathetensatz: $a^2 = c \cdot p$
$\qquad\qquad\quad b^2 = c \cdot q$
Höhensatz: $\quad h_c^2 = p \cdot q$

1 Berechne die fehlende Seitenlänge in einem rechtwinkligen Dreieck ABC. Überlege zunächst, welche Seite des Dreiecks die Hypotenuse ist.
a) $a = 12$ cm; $b = 16$ cm; $\gamma = 90°$
b) $a = 40$ m; $c = 96$ m; $\beta = 90°$
c) $b = 3{,}5$ dm; $c = 8{,}4$ dm; $\alpha = 90°$
d) $a = 153$ m; $b = 72$ m; $\alpha = 90°$
e) $a = 16{,}8$ cm; $c = 18{,}2$ cm; $\gamma = 90°$
f) $b = 10{,}4$ m; $c = 9{,}6$ m; $\beta = 90°$
g) $b = 7{,}0$ m; $c = 16{,}8$ m; $\alpha = 90°$
h) $b = 25{,}5$ m; $a = 22{,}5$ m; $\beta = 90°$

2 Berechne die fehlenden Größen in einem gleichschenkligen Dreieck ABC.
a) $c = 12$ cm; $h_c = 14$ cm b) $a = 29{,}6$ m; $c = 49{,}2$ m

3 Berechne Umfang und Flächeninhalt des gleichschenkligen Trapezes ABCD.

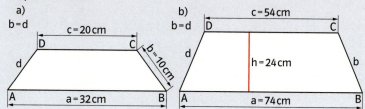

4 Berechne die fehlenden Größen (a, h, A) in einem gleichseitigen Dreieck ABC.
a) $a = 32$ cm b) $h = 8$ m c) $A = 72$ cm^2

5 Die Fläche eines Satteldaches soll neu eingedeckt werden. Für wie viel Quadratmeter Dachfläche müssen Dachpfannen bestellt werden?

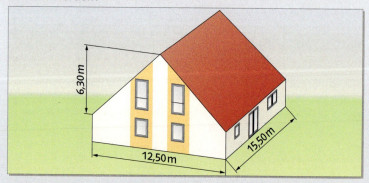

6 Berechne die fehlenden Größen (a, b, c, p, q, h_c) in einem rechtwinkligen Dreieck ABC ($\gamma = 90°$).
a) $a = 16$ cm; $c = 24$ cm b) $a = 12$ dm; $b = 22$ dm
c) $c = 170$ cm; $p = 70$ cm d) $c = 12{,}4$ m; $q = 2{,}4$ m
e) $a = 5$ cm; $h_c = 7$ cm f) $p = 36$ cm; $h_c = 52$ cm
g) $a = 30$ m; $p = 18$ m h) $p = 13$ cm; $q = 9$ cm

Ebene Figuren

1 Berechne die fehlenden Werte des Rechtecks.

	a)	b)	c)	d)
a	7 cm	3,40 m	15 cm	8 cm
b	7 cm	1,85 m	▪	▪
u	▪	▪	▪	50 cm
A	▪	▪	315 cm²	▪

2 Berechne den Umfang eines Quadrats, das einen Flächeninhalt von 156,25 m² hat.

3 Berechne den Umfang und Flächeninhalt der Figur, entnimm die Längen der Zeichnung.

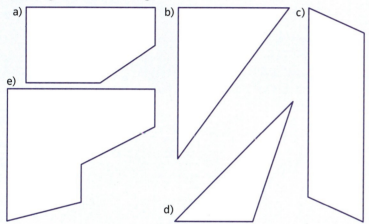

4 Ein 50 m langes und 20 m breites Grundstück wird durch einen Weg in zwei Hälften geteilt. Berechne den Flächeninhalt der Rasenfläche.

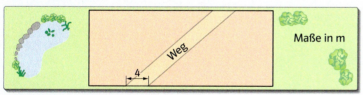

5 Berechne den Flächeninhalt der Figur. Benutze gegebenenfalls den Satz des Pythagoras.

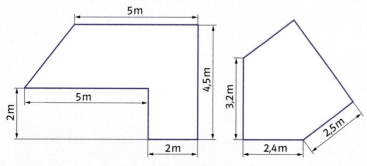

Quadrat

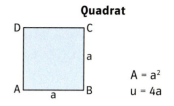

$A = a^2$
$u = 4a$

Rechteck

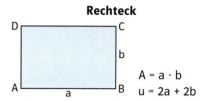

$A = a \cdot b$
$u = 2a + 2b$

Parallelogramm

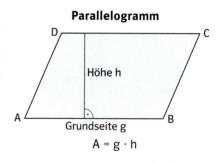

$A = g \cdot h$

Dreieck

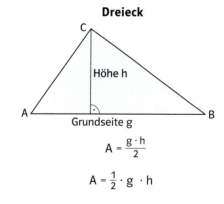

$A = \frac{g \cdot h}{2}$

$A = \frac{1}{2} \cdot g \cdot h$

Trapez

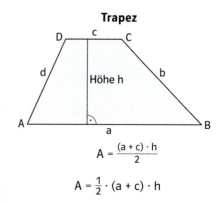

$A = \frac{(a + c) \cdot h}{2}$

$A = \frac{1}{2} \cdot (a + c) \cdot h$

Ebene Figuren

Wiederholung

Kreis

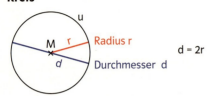

Umfang: $u = \pi \cdot d$
$u = 2 \cdot \pi \cdot r$

Flächeninhalt: $A = \pi \cdot r^2$
$A = \pi \cdot \left(\dfrac{d}{2}\right)^2$

Gegeben: $A = 480\ cm^2$
Gesucht: r

$A = \pi \cdot r^2 \qquad |:\pi$

$\dfrac{A}{\pi} = r^2$

$r = \sqrt{\dfrac{A}{\pi}}$

$r = \sqrt{\dfrac{480}{\pi}}$

$r \approx 12{,}4$

Der Radius beträgt ungefähr 12,4 cm.

Kreisring

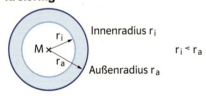

Flächeninhalt: $A = \pi \cdot r_a^2 - \pi \cdot r_i^2$
$A = \pi \cdot (r_a^2 - r_i^2)$

Kreisausschnitt und Kreisbogen

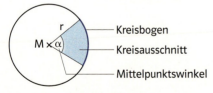

Flächeninhalt eines Kreisausschnitts:
$A_s = \dfrac{\pi \cdot r^2}{360°} \cdot \alpha$

Länge eines Kreisbogens:
$b = \dfrac{\pi \cdot r}{180°} \cdot \alpha$

---

6 Berechne die fehlenden Größen (r, d, u, A) eines Kreises. Runde sinnvoll.
a) $r = 12{,}4$ cm b) $d = 6{,}82$ m c) $u = 53{,}2$ cm d) $A = 164\ m^2$

7 a) Die Räder eines Fahrrades haben jeweils einen Außendurchmesser von 650 mm. Bestimme die Länge der Strecke (in km), die das Fahrrad bei 10 000 Umdrehungen eines Rades zurücklegt.
b) Laura legt während einer Fahrradtour eine Strecke von 24 km zurück.
Wie viele Umdrehungen macht dabei jedes Rad (Außendurchmesser eines Rades: 716 mm)?

8 Der Flächeninhalt eines Kreises beträgt 128 cm². Berechne seinen Umfang.

9 Aus einer quadratischen Blechplatte (a = 1 600 mm) wird eine möglichst große Kreisfläche herausgeschnitten. Wie viel Quadratmeter Blech bleiben als Verschnitt übrig? Gib den Verschnitt auch in Prozent an.

10 Berechne den Flächeninhalt und den Umfang der farbig markierten Flächen.

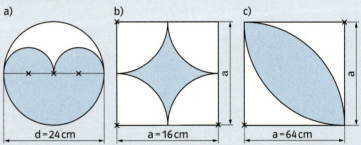

a) d = 24 cm   b) a = 16 cm   c) a = 64 cm

11 Berechne den Flächeninhalt der Figur.

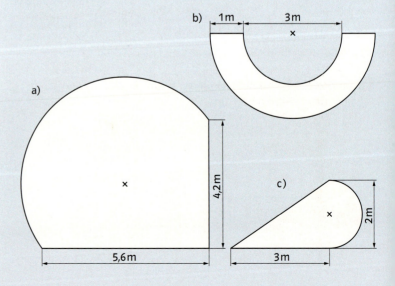

Prismen

1 Berechne das Volumen und den Oberflächeninhalt eines Würfels mit der Kantenlänge 8 cm (10,3 m)

2 Berechne das Volumen und den Oberflächeninhalt des Körpers.

a)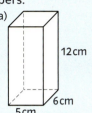
b)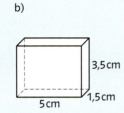

3 Ein Holzwürfel (Dichte $\rho = 0{,}7\ \frac{g}{cm^3}$) hat eine Kantenlänge von 12 cm. Berechne die Masse des Würfels. Multipliziere dazu das Volumen mit der Dichte.

4 Moritz möchte das Kantenmodell eines Quaders aus Draht bauen. Wie viel Zentimeter Draht braucht er mindestens, wenn das Quadermodell 16 cm lang, 7 cm breit und 9 cm hoch sein soll?

5 Bestimme das Volumen und den Oberflächeninhalt des Prismas.

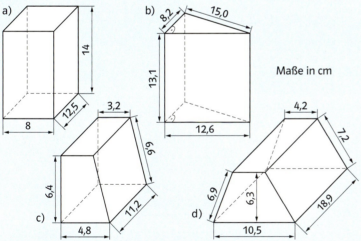

Maße in cm

6 Das Volumen von Abfallbehältern wird in Litern angegeben. Schätze das Volumen des Behälters.

Wiederholung

Würfel

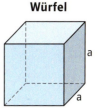

Volumen: $V = a^3$
Oberflächeninhalt: $O = 6a^2$

Quader

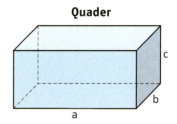

Volumen: $V = a \cdot b \cdot c$
Oberflächeninhalt: $O = 2ab + 2ac + 2bc$

Prisma

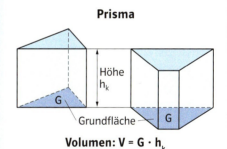

Volumen: $V = G \cdot h_k$

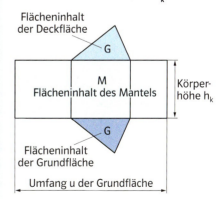

Flächeninhalt des Mantels:
$M = u \cdot h_k$

Oberflächeninhalt des Prismas:
$O = 2 \cdot G + M$

Zylinder

Volumen

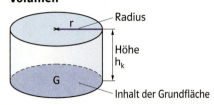

$V = G \cdot h_k$
$V = \pi \cdot r^2 \cdot h_k$

Gegeben: $V = 1131$ cm³; $h_k = 10$ cm
Gesucht: r

$V = \pi \cdot r^2 \cdot h_k \quad |:(\pi \cdot h_k)$

$\dfrac{V}{\pi \cdot h_k} = r^2$

$r = \sqrt{\dfrac{V}{\pi \cdot h_k}}$

$r = \sqrt{\dfrac{1131}{\pi \cdot 10}}$

$r \approx 6{,}0$

Der Radius beträgt ungefähr 6 cm.

Mantel und Oberflächeninhalt

Flächeninhalt der Deckfläche

G, r — Radius

M Flächeninhalt des Mantels
$u = 2 \cdot \pi \cdot r$
Höhe h_k

G Flächeninhalt der Grundfläche

Flächeninhalt des Mantels:
$M = u \cdot h_k$
$M = 2 \cdot \pi \cdot r \cdot h_k$

Oberflächeninhalt:
$O = 2 \cdot G + M$
$O = 2 \cdot \pi \cdot r^2 + 2 \cdot \pi \cdot r \cdot h_k$
$O = 2 \cdot \pi \cdot r \cdot (r + h_k)$

1 Berechne das Volumen und den Oberflächeninhalt eines Zylinders.
a) $r = 7{,}5$ cm; $h_k = 24{,}8$ cm
b) $r = 0{,}75$ cm; $h_k = 4{,}80$ m

2 Eine zylinderförmige Plakatsäule hat einen Durchmesser von 1,20 m. Die Höhe der zum Bekleben vorgesehenen Fläche beträgt 2,60 m. Wie groß ist diese Fläche?

3 Berechne die Masse des abgebildeten Körpers.

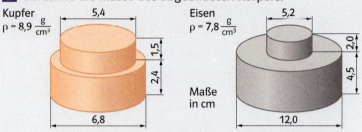

Kupfer $\rho = 8{,}9 \, \dfrac{g}{cm^3}$

Eisen $\rho = 7{,}8 \, \dfrac{g}{cm^3}$

Maße in cm

4 a) Ein neuer zylinderförmiger Gasbehälter soll ein Fassungsvermögen von 10 857,60 m³ erhalten. An seinem zukünftigen Standort steht eine 452,40 m² große Grundfläche zur Verfügung. Berechne Radius und Höhe des Behälters.
b) Der Umfang eines zylinderförmigen Klärschlammbehälters beträgt 57,80 m. Der Behälter kann 1 329,50 m³ Klärschlamm aufnehmen.
Berechne seine Höhe.

5 Ein 3 m hoher zylindrischer Behälter enthält 24 m³ Wasser. Er ist dabei nur zu drei Viertel gefüllt.
Wie groß ist der Innendurchmesser des Behälters?

6 a) Ein Stahlrohr mit einem Außendurchmesser von 500 mm und einer Wandstärke von 10 mm ist 5 000 mm lang. Berechne die Masse des Rohres in Kilogramm (Stahl: $\rho = 7{,}85 \, \dfrac{g}{cm^3}$).
b) Das Rohr soll außen mit einer Kunststoffumhüllung versehen werden. Wie groß ist die Fläche, die beschichtet werden muss?

7 Wie viel Liter Wasser passen ungefähr in das Schwimmbecken?

Pyramide

1 Ein pyramidenförmiges Turmdach soll neu eingedeckt werden. Es hat als Grundfläche ein Quadrat mit der Seitenlänge 5 m. Die Seitenhöhe einer dreieckigen Dachfläche beträgt 5,30 m. Für einen Quadratmeter werden 16 Ziegel benötigt. Wie viele Ziegel müssen für die gesamte Dachfläche eingekauft werden?

2 Berechne die fehlenden Größen einer quadratischen Pyramide.

	a)	b)	c)	d)
Grundkante a	5,6 cm	2,6 dm		2,4 m
Körperhöhe h_k	6,3 cm	4,1 dm	4,4 cm	
Seitenhöhe h_s	6,9 cm	4,3 dm	4,7 cm	3,7 m
Oberflächeninhalt				
Volumen			16,0 cm³	6,72 m³

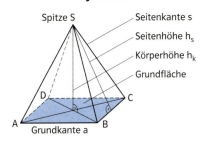

Pyramide

Spitze S, Seitenkante s, Seitenhöhe h_s, Körperhöhe h_k, Grundfläche, Grundkante a

Volumen der Pyramide:
$V = \frac{1}{3} \cdot G \cdot h_k$

Oberflächeninhalt der Pyramide:
$O = G + M$

3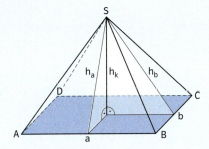

Berechne den Oberflächeninhalt einer rechteckigen Pyramide. Bestimme mithilfe des Satzes von Pythagoras zunächst die Größe der Seitenhöhe h_a bzw. h_b.
a) a = 26 dm; b = 92 dm; h_k = 110 dm
b) a = 17,4 m; b = 10,6 m; h_k = 7,5 m

4 Die große Glaspyramide am Louvre in Paris hat eine Höhe von ungefähr 22 m und eine Seitenlänge von 35 m. Wie viel Quadratmeter Glas wurden für die äußere Hülle verbaut? Mache eine Überschlagsrechnung.

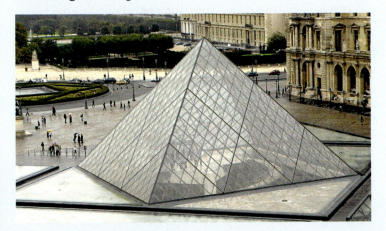

Gegeben: V = 960 cm³; h_k = 20 cm
Gesucht: a

$V = \frac{1}{3} \cdot G \cdot h_k$

$V = \frac{1}{3} \cdot a^2 \cdot h_k \quad |\cdot 3\ |:h_k$

$a^2 = \frac{3 \cdot V}{h_k}$

$a = \sqrt{\frac{3 \cdot V}{h_k}}$

$a = \sqrt{\frac{3 \cdot 960}{20}}$

$a = 12$

Die Länge der Grundkante a beträgt 12 cm.

Berechnung der Seitenhöhe h_a

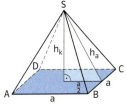

Gegeben: a = 10 m, h_k = 6 m

$h_a^2 = h_k^2 + \left(\frac{a}{2}\right)^2$

$h_a^2 = 6^2 + 5^2 = 61$

$h_a = \sqrt{61} \approx 7{,}81$

Die Länge der Seitenhöhe beträgt ungefähr 7,81 m.

Kegel und Kugel

Kegel

Volumen:
$V = \frac{1}{3} \cdot G \cdot h_k = \frac{1}{3} \cdot \pi \cdot r^2 \cdot h_k$

Flächeninhalt des Mantels:
$M = \pi \cdot r \cdot s$

Oberflächeninhalt des Kegels:
$O = G + M$
$O = \pi \cdot r^2 + \pi \cdot r \cdot s$

Kugel

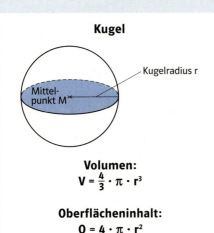

Volumen:
$V = \frac{4}{3} \cdot \pi \cdot r^3$

Oberflächeninhalt:
$O = 4 \cdot \pi \cdot r^2$

Gegeben: $V = 2\,000\ cm^3$
Gesucht: r

$V = \frac{4}{3} \cdot \pi \cdot r^3 \qquad |:\frac{4}{3}$

$\frac{3 \cdot V}{4} = \pi \cdot r^3 \qquad |:\pi$

$r = \sqrt[3]{\frac{3 \cdot V}{4 \cdot \pi}}$

$r = \sqrt[3]{\frac{3 \cdot 2\,000}{4 \cdot \pi}}$

$r \approx 7{,}8$

Der Radius beträgt 7,8 cm.

1 Berechne das Volumen und den Oberflächeninhalt des Kegels.

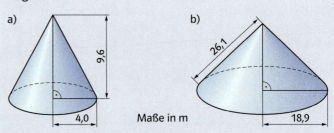

Maße in m

2 Ein Kegel ist 1,5 m hoch. Sein Umfang beträgt 3,14 m. Berechne das Volumen des Kegels.

3 Berechne die Masse des abgebildeten Werkstücks.

a) Blei
$\rho = 11{,}3\ \frac{g}{cm^3}$

b) Zink
$\rho = 7{,}1\ \frac{g}{cm^3}$

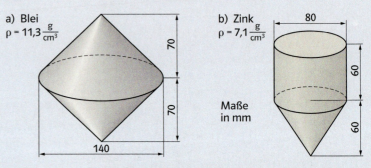

Maße in mm

4 Berechne Volumen und Oberflächeninhalt der Kugel.
a) d = 3 m   b) d = 1,5 cm

5 a) Eine Kugel hat einen Radius von 5 cm. Berechne ihr Volumen und ihren Oberflächeninhalt.
b) Berechne das Volumen einer Kugel mit dem Oberflächeninhalt 4 m².

6 Eine Bleikugel mit einem Durchmesser von 20 cm wird eingeschmolzen. Wie viele kleine Kugeln mit einem Durchmesser von 2 cm lassen sich aus der Schmelzmasse herstellen?

7 Wie verändert sich das Volumen einer Kugel, wenn ihr Durchmesser sich verdoppelt (verdreifacht)?

8 Schätze das Volumen des Fesselballons.

Lösungen zu den Lernkontrollen

zu Seite 34

1 a) S(3|0) b) S(−3|1) c) S(1|−5)

2 f: $y = (x-1)^2$ g: $y = (x-2)^2 - 1{,}5$
  h: $y = (x+1)^2 - 2$ k: $y = (x+1{,}5)^2 - 0{,}5$

3 f: S(3|−4)   g: S(−1|−1)   h: S(2|−2,5)

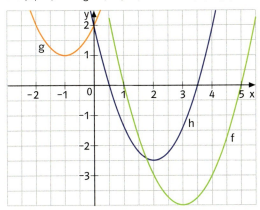

4 a) S(1|−1) $x_{N1} = 0$; $x_{N2} = 2$
  b) S(−3|−2,25) $x_{N1} = -4{,}5$; $x_{N2} = -1{,}5$

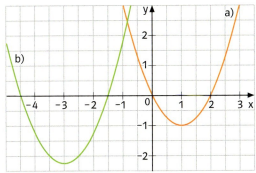

5 a) P liegt auf dem Graphen, Q nicht.
  b) P liegt nicht auf dem Graphen, aber Q.
  c) P liegt nicht auf dem Graphen, aber Q.

W1

	x	−5	−2	0	2	4	6
a	f(x)	−9	−3,6	0	3,6	7,2	10,8
b	g(x)	12,5	5	0	−5	−10	−15

W2 P liegt nicht auf dem Graphen, aber Q.

W3 –

W4 $f(x) = -x$; $g(x) = -4x$; $h(x) = 2{,}5x$; $k(x) = \tfrac{1}{3}x$

zu Seite 35

1 f: $y = x^2 - x + 0{,}25$ g: $y = x^2 - 3x + 0{,}75$
  h: $y = x^2 + 3x + 0{,}25$ k: $y = x^2 + 5x + 6{,}75$

2

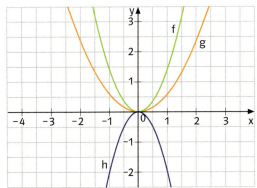

3

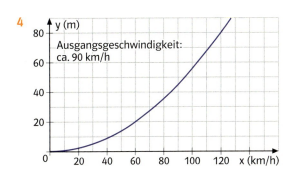

4

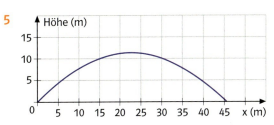

Ausgangsgeschwindigkeit: ca. 90 km/h

5

Die Wurfweite beträgt ungefähr 45,5 m, die größte Höhe 11,4 m.

Lösungen zu den Lernkontrollen

W1 $f(x) = -x + 1$; $g(x) = -3{,}5x - 2$; $h(x) = 2{,}5x + 1$;
$k(x) = 1{,}5$; $s(x) = \frac{1}{3}x - 2$

W2 a) $x_N = 4$ b) $x_N = -3$

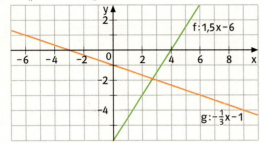

W3 a) $y = 6x + 40$

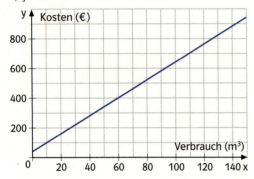

b) Der Jahresverbrauch von Familie Schlüter beträgt 120 m³.

zu Seite 50

1 a) $L = \{14\}$ b) $L = \{12\}$ c) $L = \{0; 7{,}5\}$ d) $L = \{0; 6\}$

2 a) $L = \{2; -9\}$ b) $L = \{9; -1\}$ c) $L = \{3; -4\}$
d) $L = \{2; -5\}$

3 a) $L = \{0{,}5; -1\}$ b) $L = \{0{,}5; -1{,}5\}$ c) $L = \{7; 3\}$
d) $L = \{5; -2\}$

4 a) $L = \{6; 2\}$ b) $L = \{-2; -4\}$

5 a) w   b) f   c) w

6 a) $x^2 - 7x + 12 = 0$ b) $x^2 + 6x + 9 = 0$ c) $x^2 - 4x - 60 = 0$

7 a) 13; −14   b) 17; −18

8 Länge: 34 cm;   Breite: 23 cm

9 $a = 11$ cm

W1 a) $A = 8$ cm²   b) $A = 9$ cm²   c) $A = 6$ cm²   d) $A = 7{,}5$ cm²

W2 $A = 36$ cm²

W3 a) $u \approx 30{,}16$ m; $A \approx 72{,}38$ m²   b) $u \approx 36{,}27$ m; $A \approx 122{,}72$ m²

W4 $A = 48$ m²

zu Seite 51

1 a) $L = \{7; -1\}$ b) $L = \{0{,}5; -3{,}5\}$ c) $L = \{4{,}5; -9{,}5\}$

2 a) $L = \{4; 1\}$ b) $L = \{4; 2\}$

3 a) $x_2 = -9$; $p = 2$ b) $x_2 = -29$; $q = -261$

4 a) $D = \mathbb{R}\setminus\{0\}$; $L = \{5; 1\}$ b) $D = \mathbb{R}\setminus\{-1\}$; $L = \{7; -7\}$

5 Die Entfernung beträgt ungefähr 26,70 m.

6 6; −38

7 70 cm;   24 cm

8 Länge: 114 m; Breite: 55 m (der Streifen ist 10 m breit.)

W1 a) 35 cm²   b) 39 cm²

W2 a) 95,04 kg   b) 38,88 kg

W3 a) $A \approx 17{,}90$ m²   b) $u \approx 125{,}71$ m

W4 $A \approx 376{,}99$ m² $b \approx 31{,}42$ m

W5 $A = 16\,200$ cm²   **W6** $A \approx 59{,}18$ cm²

zu Seite 68

1 a) $a^4 \ b^5$ b) $u^2 \ v^7$

2 a) 32 81   b) 1024 64   c) 216 1
d) $\frac{1}{256}$ $\frac{1}{125}$ e) $\frac{1}{1\,000\,000}$ $\frac{1}{256}$
f) 0,0016 0,0000001

3 a) a^9 b^7 b) u^{11} v^6 c) x^4 y^3

4 a) a^{-3} x^{-6} b) z^{-9} b^{-1} c) 7^{-2} 2^{-3}

204

Lösungen zu den Lernkontrollen

5 a) $\frac{1}{25}$ $\frac{1}{121}$ b) $\frac{1}{64}$ $\frac{1}{32}$ c) $\frac{1}{512}$ $\frac{1}{81}$

6 a) $\sqrt{121} = 11$ $\sqrt{225} = 15$
b) $\sqrt[3]{64} = 4$ $\sqrt[3]{125} = 5$
c) $\sqrt[4]{625} = 5$ $\sqrt[5]{32} = 2$

7 a) ① f   ② h   ③ g
b) ① f   ② h   ③ g

W1 a) 6 cm   b) 2 %   c) 240 cm
d) 30 kg   e) 48 %   f) 300 €
g) 85 %   h) 1 250 cm   i) 6 978 €

W2 Rentenvers.   155,22 €
Krankenvers.   123,24 €
Pflegevers.   19,11 €
Arbeitslosenvers.   21,84 €
insgesamt   319,41 €

zu Seite 69

1 a) a^4 b^7 b) x^2 y^9 c) u^3 v^4

2 a) $x^3y^3z^3$ $r^8s^8t^8$ b) $64p^3$ $32q^5$
c) a^{15} b^{14} d) $\frac{x^7}{y^7}$ $\frac{z^4}{16}$
e) $\frac{a^7b^7}{c^7}$ $\frac{27v^3}{w^3}$ f) $\frac{a^8}{b^6}$ $\frac{p^{15}}{q^9}$

3 a) x^{-10} y^{-15} b) u^4 v^{-4} c) a^{24} b^{-45}

4 a) $\sqrt[3]{216} = 6$ $\sqrt[3]{512} = 8$
b) $\sqrt[4]{256} = 4$ $\sqrt[5]{243} = 3$
c) $\sqrt[3]{0{,}125} = 0{,}5$ $\sqrt{1{,}44} = 1{,}2$

5 a) $\sqrt[3]{216} = 6$ $\sqrt[3]{1000} = 10$
b) $\sqrt[5]{32} = 2$ $\sqrt[4]{81} = 3$
c) $\sqrt[4]{256} = 4$ $\sqrt[6]{64} = 2$
d) $\sqrt[4]{81} = 3$ $\sqrt[8]{256} = 2$

6 ① g   ② k   ③ f   ④ h

7 a) f, h, k, m   b) g, l   c) g, l
d) f, g, h   e) g   f) l

W1 2 991,36 €   **W2** 3 250 €

W3 108,50 €   **W4** 25 %

zu Seite 88

1 ① f   ② g   ③ h   ⑤ k

2 a) P liegt auf dem Graphen von f.
Q liegt nicht auf dem Graphen von f.
b) P liegt nicht auf dem Graphen von f.
Q liegt auf dem Graphen von f.

3 a) $f(x) = 300 \cdot 3^x$
b) 2 700   72 900   520   395
c) nach 6 Stunden

4 a) $f(x) = 20 \cdot (0{,}94)^x$
b) 17,672 mg   14,678 mg   19,391 mg
c) 11,2 d

5 a) 8 375,94 €   b) 2,5 %

W1 a) $b^2 + c^2 = a^2$ b) $x^2 + y^2 = z^2$

W2 a) $42^2 + 40^2 = 58^2$ b) $34^2 + 22^2 \neq 40^2$
c) $45^2 + 24^2 = 51^2$

W3 a) c = 5,3 cm   b) b = 4,8 cm

W4 d = 8,5 cm   **W5** 6,50 m

zu Seite 89

1 Der Graph von f schneidet die y-Achse bei y = 1.
Er steigt. Er wächst unbegrenzt, wenn die x-Werte
immer größer werden. Er nähert sich der x-Achse,
wenn die x-Werte immer kleiner werden.

Der Graph von g schneidet die y-Achse bei y = 1,5.
Er steigt. Er wächst unbegrenzt, wenn die x-Werte
immer größer werden. Er nähert sich der x-Achse,
wenn die x-Werte immer kleiner werden.

Der Graph von h schneidet die y-Achse bei y = 3.
Er fällt. Er nähert sich der x-Achse, wenn die x-Werte
immer größer werden. Er wächst unbegrenzt, wenn
die x-Werte immer kleiner werden.

Der Graph von k schneidet die y-Achse bei y = – 2.
Er fällt. Er fällt unbegrenzt, wenn die x-Werte immer
größer werden. Er nähert sich der x-Achse, wenn die
x-Werte immer kleiner werden.

Lösungen zu den Lernkontrollen

2 $f(x) = 0{,}1 \cdot (0{,}5)^x$

3 a) 8   5   4   b) 4   3   3
c) –7   –4   –3   d) $\frac{1}{2}$ $\frac{1}{3}$ $-\frac{1}{2}$

4 a) x = 5   b) x = 7   c) x = 3   d) x = 5

5 a) $f(x) = 60 \cdot 1{,}014488^x$
b) 92   123   142   337
c) nach 112 Minuten

6 a) $f(x) = 45 \cdot 1{,}013^x$
b) 75,438 Mio.
c) im Jahr 2032

7 5 Jahre

W1 a) c = 68 cm   b) c = 20 cm   c) c = 48 cm

W2 18 cm   **W3** 3,50 m

W4 168 cm²   **W5** 6,9 cm

zu Seite 126

1 a) β = 56°; b ≈ 80,1 cm; c ≈ 96,6 cm
b) β = 62°; a ≈ 14,5 cm; c ≈ 6,8 cm
c) γ ≈ 57,8°; α ≈ 32,2°; b ≈ 29,3 cm
d) γ = 77,7°; a ≈ 2,35 m; c ≈ 2,29 m

2 a) A ≈ 369,75 cm² (c ≈ 43,5 cm)
b) A ≈ 210,10 cm² (h_c ≈ 19,1 cm; c ≈ 22 cm)

3 A ≈ 4,36 m²; u ≈ 9,10 m

4 u ≈ 50,3 cm; A ≈ 201,06 cm² (r ≈ 8,0 cm)

5 h ≈ 8,13 m

6 a) α ≈ 17,6°   b) α ≈ 4,0°

7 h ≈ 51,88 m (50,38 m + 1,50 m)

8 l ≈ 24,20 m; A ≈ 362,52 m² (h ≈ 10,07 m)

W1 a) V = 79,20 cm³; O = 2 640 cm²
b) V ≈ 226,19 m³; O ≈ 207,35 m²
c) V = 512 m³; O = 576 m²   d) V ≈ 27,48 m³; O ≈ 61,07 m²

W2 V ≈ 26 094,09 cm³; O ≈ 4 254,47 cm²

W3 a) M ≈ 129,68 m²   b) V ≈ 124,50 m³

W4 V ≈ 3 166,73 m³

zu Seite 127

1 u ≈ 27,4 cm (a ≈ 8,7 cm; b = 5 cm)

2 u ≈ 32,8 cm; A ≈ 37,68 cm² (a ≈ 8,2 cm; e ≈ 15,7 cm)

3 V ≈ 37,55 m³; O ≈ 81,66 m² (h_k ≈ 3,67 m; a ≈ 5,54 m)

4 s ≈ 115,08 m (h ≈ 33,60 m; s ≈ 158,08 m – 43,00 m)

5 a) a ≈ 84,4 cm; α ≈ 114,3°; β ≈ 27,7°
b) b ≈ 54,4 cm; α ≈ 28,1°; γ ≈ 35,4°

6 u ≈ 13,2 cm (b ≈ 2,4 cm)

W1 2 352 Dachpfannen (h_s = 7 m; A = 156,8 m²)

W2 r ≈ 4,00 m; m ≈ 51 t

W3 Restvolumen: ≈ 1 307 cm³

W4 m ≈ 491 g (V ≈ 62,55 cm³)

zu Seite 144

1 –

2 a) Periode 360°
$β_1$ = 143°; $β_2$ = 397°; $β_3$ = 503°; $β_4$ = 757°
$γ_1$ = –217°; $γ_2$ = –323°; $γ_3$ = –577°; $γ_4$ = –683°
b) 0°; 180°; –180°; 360°
c) Maximum bei 90°; 450°
Minimum bei 270°; –90°
d) steigt für –90° < α < 90° und 270° < α < 450°
fällt für 90° < α < 270° und –270° < α < –90°

3 a) 52,4° und 127,6°   b) 21,7° und 158,3°
c) 87,3° und 92,7°

4 a) 232° und 308°   b) 205° und 335°
c) 260° und 280°

5 a) 58°   b) 24°   c) 20°   d) 76°   e) 49°   f) 4°

Lösungen zu den Lernkontrollen

W1 a)

übersprungene Höhe (cm)	absolute Häufigkeit	relative Häufigkeit
125	6	0,24
130	7	0,28
135	5	0,20
140	4	0,16
145	2	0,08
150	1	0,04
Summe	25	1,00

b)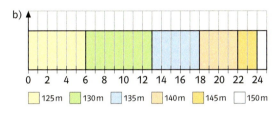

c) $\bar{x} = 133{,}4$
d) Max: 150; Min: 125; Spannweite: 25; $\tilde{x} = 130$
e) $\bar{s} = 5{,}9$

W2 a) Hier wirkt die Fläche. Die Fläche ist aber im Jahr 2008 mehr als doppelt so groß wie die Fläche im Jahr 2010.

b)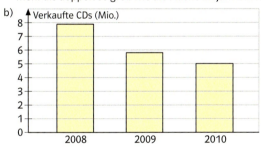

zu Seite 145

1 –

2 f: Periode $\frac{2}{3}\pi$, Wertemenge $[-1;\ 1]$
g: Periode 2π, Wertemenge $[-1{,}5;\ 1{,}5]$

3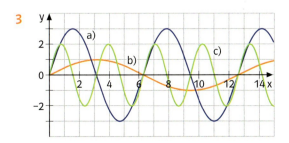

4 a) Amplitude 2,0 cm; Schwingungsdauer T = 2 s
b) Amplitude 2,5 cm; Schwingungsdauer T = 4 s

W1 a)

Sprungweite (cm)	absolute Häufigkeit	relative Häufigkeit
280 bis 300	3	0,12
300 bis 320	3	0,12
320 bis 340	3	0,12
340 bis 360	8	0,32
360 bis 380	8	0,32
Summe	25	1,00

b)

c) $\bar{x} = 341{,}84$
d) Max: 378; Min: 281; Spannweite: 97; $\tilde{x} = 352$
e) $\bar{s} = 23{,}792$

W2 a) Es gibt einen Sockelbetrag, der nicht angezeigt wird. Das Verbinden der einzelnen Datenpunkte täuscht eine kontinuierliche Entwicklung vor.

b)

zu Seite 164

1 a) –
b) $E_1 = \{(A, B)\}$, $P(E_1) = \frac{1}{16}$
$E_2 = \{(A, D), (B, D), (C, D), (D, D)\}$, $P(E_2) = \frac{1}{4}$

2 a)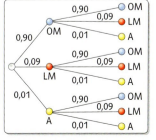

b) $E = \{(OM, A), (A, OM)\}$
$P(E) = 0{,}018$

207

Lösungen zu den Lernkontrollen

3 a)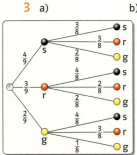
b) $E_1 = \{(g, s), (g, r), (s, g), (r, g)\}$
$P(E_1) = \frac{2 \cdot 4 + 2 \cdot 3 + 4 \cdot 2 + 3 \cdot 2}{72} = \frac{28}{72}$
$E_2 = \{(r, r), (r, g), (g, r), (g, g)\}$
$P(E_2) = \frac{3 \cdot 2 + 3 \cdot 2 + 2 \cdot 3 + 2 \cdot 1}{72} = \frac{19}{72}$
$E_3 = \{(s, r), (r, s), (r, r), (r, g), (g, r)\}$
$P(E_3) = \frac{4 \cdot 3 + 3 \cdot 4 + 3 \cdot 2 + 3 \cdot 2 + 2 \cdot 3}{72} = \frac{42}{72}$

4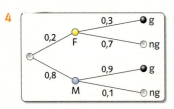
b) $E = \{(F, g), (M, g)\}$
$P(E) = 0{,}78$

W1 a) $32 + x$ b) $x - 38$ c) $4x + 11$ d) $6x - 13$

W2 a) $17x$ b) $10b$ c) $13x + 2$
$5x$ $6t$ $16u + 2v - 2$
$5x$ $13y$ $6m - 15n + 39$

W3 a) $6x + 30$ b) $8a - 4b$ c) $x^2 + 7x + 12$ d) $x^2 - 10x + 25$
$3x - 36$ $5a + 15b$ $a^2 + 4a - 21$ $z^2 + 16z + 64$
$-2x + 26$ $-4a + 3b$ $6b^2 + 2b - 20$ $x^2 - 49$

W4 a) $x = 8$ $x = 6$ b) $x = 7$ $x = 3$

W5 a) $x = 9$ b) $x = -15$ c) $x = -35$

zu Seite 165

1 a) Aus einer Urne mit acht gleichartigen Kugeln, von denen drei die Ziffer 1, eine die Ziffer 2 und vier die Ziffer 3 tragen, wird dreimal mit Zurücklegen gezogen.
b) –
c) $E = \{(1, 1, 2), (1, 2, 1, (1, 2, 2), (1, 2, 3), (1, 3, 2), (2, 1, 1),$
$(2,1,2), (2,1,3), (2,2,1), (2,2,2), (2,2,3), (2,3,1), (2,3,2),$
$(2, 3, 3), (3, 1, 2), (3, 2, 1), (3, 2, 2), (3, 2, 3), (3, 3, 2)\}$
$P(E) = \frac{169}{512}$

2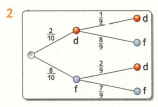
b) $E = \{(d, f), (f, d), (f, f)\}$
$P(E) = \frac{2 \cdot 8 + 8 \cdot 2 + 8 \cdot 7}{90} = \frac{88}{90}$

3 a) Aus einer Urne mit 4 schwarzen (S) und 6 roten (RS) Kugeln wird einmal gezogen. Ist die gezogene Kugel schwarz (S), wird eine weitere Kugel aus einer zweiten Urne mit 2 blauen (60 kW), 3 grünen (100 kW) und 5 gelben (130 kW) Kugeln gezogen. Ist die gezogene Kugel rot (RS), wird aus einer zweiten Urne mit 1 blauen, 2 grünen und 7 gelben Kugeln gezogen.
b) $E = \{(S, 130$ kW$), (RS, 130$ kW$)\}$ $P(E) = 0{,}62$

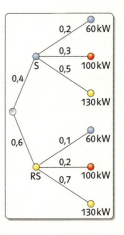

4 a) Zu erwartender Gewinn (Spieler) pro Los:
$0{,}01 \cdot 9{,}50 + 0{,}02 \cdot 4{,}50 + 0{,}03 \cdot 1{,}50 + 0{,}04 \cdot 0{,}50 - 0{,}9 \cdot 0{,}5 = -0{,}20$
$200 \cdot (-0{,}20) = -40$
b) Zu erwartender Gewinn (Veranstalter) pro Los: 0,20 €
Bei einem Verdienst von 0,70 € pro Los muss das Los 1,00 € kosten.

W1 a) $x^2 - 18x + 81 = (x - 9)^2$ b) $4a^2 - 12a + 9 = (2a - 3)^2$
$x^2 + 22x + 121 = (x + 11)^2$ $9y^2 + 18y + 9 = (3y + 3)^2$
$x^2 - 25 = (x + 5)(x - 5)$ $36x^2 - 49y^2 = (6x+7y)(6x-7y)$

W2 a) $x = -5$ b) $x = 14$ c) $x = -15$ d) $x = 5$

W3 a) $0{,}80 + x \cdot 0{,}40 = 2{,}40;$ $x = 4$
b) Ina kauft mehrere Äpfel und 2 belegte Brötchen für 2,80 €. $x = 3$

W4 Die kürzere Seite ist 12 cm, die längere Seite 16 cm lang.

W5 Frau Mast erhält 4 000 €, Frau Timm 5 000 € und Herr Lang 8 000 €.

Formeln und Gesetze

Prozentrechnung

Berechnen des Prozentsatzes $\quad p\% = \dfrac{W \cdot 100}{G}\%$

Berechnen des Prozentwertes $\quad W = \dfrac{G \cdot p}{100}$

Berechnen des Grundwertes $\quad G = \dfrac{W \cdot 100}{p}$

Zinsrechnung

Berechnen des Zinssatzes $\quad p\% = \dfrac{Z \cdot 100}{K}\%$

Berechnen der Jahreszinsen $\quad Z = \dfrac{K \cdot p}{100}$

Berechnen des Kapitals $\quad K = \dfrac{Z \cdot 100}{p}$

Berechnen der Tageszinsen $\quad Z = \dfrac{K \cdot p}{100} \cdot \dfrac{n}{360}$

Rationale Zahlen

Kommutativgesetz $\quad a + b = b + a \quad\quad a \cdot b = b \cdot a$

Assoziativgesetz $\quad a + (b + c) = (a + b) + c \quad\quad a \cdot (b \cdot c) = (a \cdot b) \cdot c$

Distributivgesetz $\quad a \cdot (b + c) = a \cdot b + a \cdot c \quad\quad a \cdot (b - c) = a \cdot b - a \cdot c$

Beschreibende Statistik

relative Häufigkeit = $\dfrac{\text{absolute Häufigkeit}}{\text{Anzahl der Daten}}$

arithmetisches Mittel $\bar{x} = \dfrac{\text{Summe aller Daten}}{\text{Anzahl der Daten}}$

mittlere lineare Abweichung $\bar{s} = \dfrac{\text{Summe der Abweichung von } \bar{x}}{\text{Anzahl der Daten}}$

Spannweite: Differenz zwischen dem größten und kleinsten Wert der geordneten Urliste

Wahrscheinlichkeit für gleichwahrscheinliche Ergebnisse

$P(E) = \dfrac{\text{Anzahl der günstigen Ergebnisse}}{\text{Anzahl aller Ergebnisse}}$

Geometrie

Satz des Pythagoras

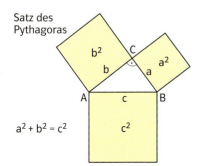

Höhensatz

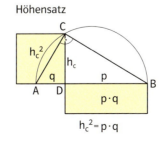

Kathetensatz

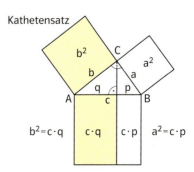

Formeln und Gesetze

Rechteck

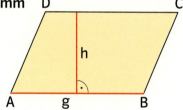

Flächeninhalt: $A = a \cdot b$
Umfang: $u = 2a + 2b$
   $u = 2(a+b)$

Quadrat

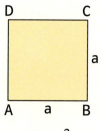

$A = a^2$
$u = 4a$

Parallelogramm

$A = g \cdot h$

Dreieck

$A = \dfrac{g \cdot h}{2}$

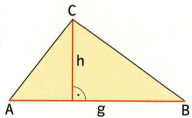

Trapez

$A = \dfrac{(a+c) \cdot h}{2}$

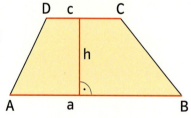

Drachen

$A = \dfrac{e \cdot f}{2}$

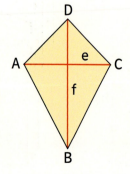

Raute

$A = \dfrac{e \cdot f}{2}$

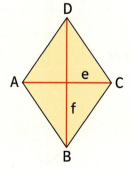

Formeln und Gesetze

Kreis

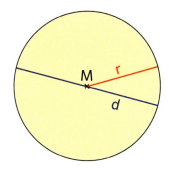
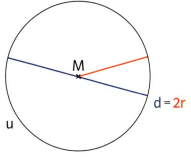

Flächeninhalt: $A = \pi \cdot r^2$
$A = \pi \cdot \left(\frac{d}{2}\right)^2$

Umfang: $u = \pi \cdot d$
$u = 2 \cdot \pi \cdot r$

Kreisausschnitt

Länge des Kreisbogens: $b = \frac{\pi \cdot r}{180°} \cdot \alpha$

Flächeninhalt: $A_s = \frac{\pi \cdot r^2}{360°} \cdot \alpha$
$A_s = \frac{b \cdot r}{2}$

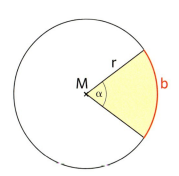

Quader

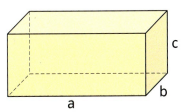

Würfel

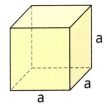

Oberflächeninhalt: $O = 2ab + 2bc + 2ac$
$O = 2\,(ab + bc + ac)$

Volumen: $V = a \cdot b \cdot c$

$O = 6a^2$

$V = a^3$

Prismen

$O = 2 \cdot G + M$
$V = G \cdot h_k$
$M = u \cdot h_k$

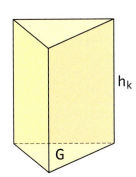
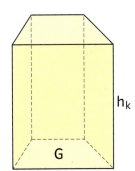

211

Formeln und Gesetze

Zylinder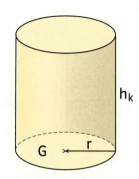

Oberflächeninhalt: $O = 2 \cdot G + M$
$O = 2 \cdot \pi \cdot r^2 + 2 \cdot \pi \cdot r \cdot h_k$
$O = 2 \cdot \pi \cdot r \cdot (r + h_k)$

Volumen: $V = G \cdot h_k$
$V = \pi \cdot r^2 \cdot h_k$

Pyramide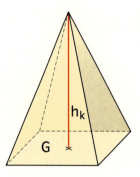

Oberflächeninhalt: $O = G + M$

Volumen: $V = \frac{1}{3} \cdot G \cdot h_k$

Kegel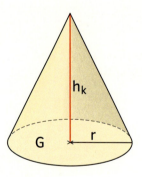

Kegelmantel: $M = \pi \cdot r \cdot s$

Oberflächeninhalt: $O = G + M$
$O = \pi \cdot r^2 + \pi \cdot r \cdot s$
$O = \pi \cdot r \cdot (r + s)$

Volumen: $V = \frac{1}{3} \cdot G \cdot h_k$
$V = \frac{1}{3} \cdot \pi \cdot r^2 \cdot h_k$

Kugel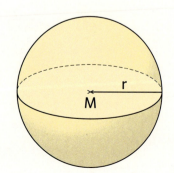

Oberflächeninhalt: $O = 4 \cdot \pi \cdot r^2$

Volumen: $V = \frac{4}{3} \cdot \pi \cdot r^3$

Formeln und Gesetze

Trigonometrie

Sinus eines Winkels = $\dfrac{\text{Gegenkathete}}{\text{Hypotenuse}}$

Kosinus eines Winkels = $\dfrac{\text{Ankathete}}{\text{Hypotenuse}}$

Tangens eines Winkels = $\dfrac{\text{Gegenkathete}}{\text{Ankathete}}$

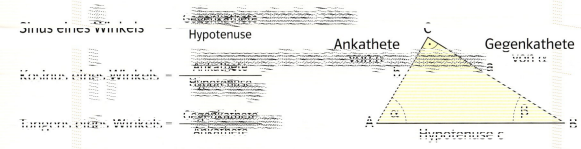

Kosinussatz

In jedem Dreieck gilt für zwei Seitenlängen und die Größe des eingeschlossenen Winkels der Kosinussatz.

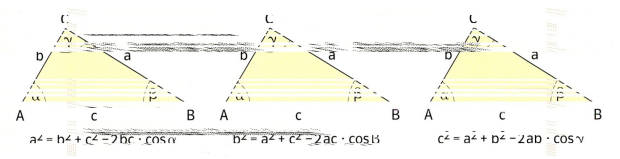

$a^2 = b^2 + c^2 - 2bc \cdot \cos\alpha$ $b^2 = a^2 + c^2 - 2ac \cdot \cos\beta$ $c^2 = a^2 + b^2 - 2ab \cdot \cos\gamma$

Sinussatz

In jedem Dreieck ist das Längenverhältnis zweier Dreieckseiten gleich dem Verhältnis der Sinuswerte der den Seiten gegenüberliegenden Winkel.

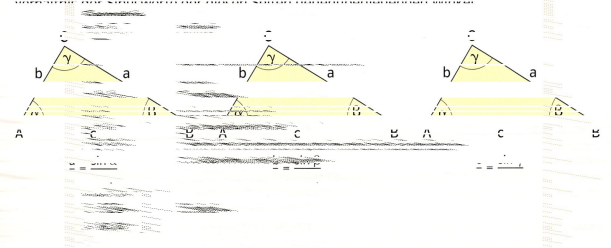

$\dfrac{a}{\ldots} = \dfrac{\sin\alpha}{\ldots}$ $\dfrac{\ldots}{\ldots} = \dfrac{\sin\beta}{\ldots}$ $\dfrac{\ldots}{\ldots} = \dfrac{\sin\gamma}{\ldots}$

Register

Additionsregel 152
Ähnlichkeit 191
Amplitude 142
Ankathete 107

Basis 55
Baumdiagramm 150
Bevölkerungswachstum 72, 73, 87
Bogenmaß 136
Bremswege 29
Brüche
– addieren und subtrahieren 179
– multiplizieren und dividieren 180
Brücken 31

Computer
– Parabeln zeichnen 22, 25
– Wachstum vergleichen 99
– Sinus und Kosinus eines Winkels 108
– Tangens eines Winkels 109
– Sinusfunktion 135, 138
– Geld ansparen 170, 171
– Glücksspielautomat simulieren 149

Diskriminante 41

Ergebnis 148
Ereignis 148
Exponent 55
Exponentialfunktion
– der Form $y = a^x$ 75
– der Form $y = k\, a^x$ 76

Faire Spiele 163
Fermi-Aufgaben 177
Flächen 197
freier Fall 12, 13, 30
Funktionsgleichung 20

Gegenkathete 107
Geländemessung 122, 123, 128, 129
Gleichungen 187
Gleitwinkel 121
Gon 128
Größen 181

Hypotenuse 107

Kegel 202
Kompetenzen
– Kommunizieren 7
– Präsentieren 8
– Methode 9
– Problemlösen 10, 11
Kosinus eines Winkels 107
Kosinusfunktion 141
Kosinussatz 116
Kreis, Kreisteile 198
Kugel 202

Laplace-Regel 153
Lineare Gleichungssysteme 188 ff.
Logarithmus 77
Logarithmengesetze 78

Multiplikationsregel 151

Normalparabel 14, 15
– verschobene 16, 18, 19
Nullstelle 134

Parabolspiegel 32, 33
Potenz 55
Potenzen
– mit ganzzahligen Exponenten 57
– der Form $a^{1/n}$ 58
Potenzgesetze 55, 56
Potenzfunktionen 60, 61
Prismen 199 ff.
Prozentrechnung 184
Pyramide 201

Quadratische Gleichungen 38 ff.
– quadratische Ergänzung 40
– Diskriminante 41
– Normalform 41
– bei Al-Khwarizmi 49
Quadratwurzeln 193

Radikand 58
radioaktiver Zerfall 86
reelle Zahlen 192

Satz des Pythagoras 196
Satz von Vieta 42
Sachprobleme lösen 168 ff.
Scheitelpunktform 19
Schwingungsdauer 142
Sinus eines Winkels 107
Sinusfunktion 133
– Eigenschaften 134
Sinussatz 112

Register

Statistik 194/195
Steigungswinkel 106, 120

Tachymeter 129
Tangens eines Winkels 107
Taschenrechner
– Wertetabellen 17
– Winkelmaß 110
Teilung
– sexagesimale 128
– zentesimale 128
Terme 187
Theodolit 128
Triangulation 105

Umkehrfunktion 67
Urnenmodelle 159

Wachstumsfaktor 82
Wahrscheinlichkeit 148
Wurzelexponent 58
Wurzelfunktion 66

Zahlenrätsel 45
Ziehen
– mit Zurücklegen 155
– ohne Zurücklegen 156, 157
– aus verschiedenen Urnen 158
Zinsrechnung 186
Zinseszinsformel 84
Zufallsexperiment 148
– zweistufiges 150
Zuordnungen
– proportionale 182
vantiproportionale 183
Zylinder 200

Bildquellennachweis

A1PIX/Your Photo Today, Taufkirchen: 29.2, 31.1
agenda, Hamburg: 32.2
akg-images GmbH, Berlin: 12.1, 42.1, 177.1
Nils Bahnsen, Hamburg: 176.1
Bildagentur Schapowalow GmbH, Hamburg: 33.3 (Huber)
Bildagentur Schuster GmbH, Oberursel: 131.1
bildagentur-online, Burgkunstadt: 47.2 (PWI-McP)
BilderBox Bildagentur GmbH, Thening: 162.1
die bildstelle, Hamburg: 156.2 (BE&W AGENCJA)
Blickwinkel, Witten: 147.1 (McPHOTO)
Bridgeman Berlin, Berlin: 104.1
CASIO Europe GmbH, Norderstedt: 17.1
Bernhard Classen, Lüneburg: 159.1
direktfoto Ute Voigt, Giessen: 168.1
doc-stock GmbH, Stuttgart: 102.1 (BSIP)
F1online digitale Bildagentur GmbH, Frankfurt/Main: 87.1 (Panorama Media)
fotolia.com , New York: 31.2 (Tom Bayer), 33.6 (fefufoto), 47.2, 4.1 (fotohansi), 90.1 (M. Joelle), 91.2, 91.1 (Klaus Eppele), 101.2 (Thomas Amler), 102.2 (Konstantin Kulikov), 105.1 (Kadmy), 121.1 (Sandra Kemppainen), 157.1 (Klaus Eppele), 163.2 (dispicture), 166.1 (ChaosMaker)
Geomatics & Engineering, Raunheim: 128.1
images.de, Berlin: 93.1 (Alain Ernoult), 201.1 (Alain Ernoult)

imago stock&people/sportfotodienst GmbH, Berlin: 91.2 (imagebroker)
INTERFOTO, München: 6.1, 146.2 (TV-yesterday), 6.2, 167.1 (imagebroker), 29.1 (imagebroker), 33.5 (imagebroker), 82.1 (imagebroker), 93.2 (imagebroker), 101.4 (imagebroker), 103.1 (Reinhard Dirscherl), 159.2 (Geraldo), 160.3 (imagebroker)
iStockphoto, Calgary: 32.1, 95.1, 96.1 (mycola), 175.2, 200.1 (Curt Pickens)
JOKER : Fotojournalismus, Bonn: 160.1
Keystone Pressedienst, Hamburg: 5.2, 55.2, 33.2 (Hans-Rudolf Schulz), 129.1 (Volkmar Schulz), 147.2 (Dominique Ecken), 162.3 (Jochen Zick)
laif, Köln: 83.1 (Studio X/Gamma)
mauritius images, Mittenwald: 90.2 (age), 97.1 (Photo Researchers), 162.2 (dieKleinert), 169.2 (Peter Widmann), 199.1 (imagebroker/Jochen Tack), 202.1 (imagebroker/dbn)
Niedersächsisches Forstplanungsamt, Wolfenbüttel: 81.1
Panther Media GmbH, München: 33.7, 82.2 (SuperStock), 96.2, 101.3
Paul Scherrer Institut, CH-Villingen PSI: 13.1
Phywe Systeme GmbH & Co. KG, Göttingen: 5.3, 130.1
Picture-Alliance, Frankfurt/M.: 33.1 (www.photon-pictures.com), 98.1 (dpa), 172.1 (ZB), 173.1 (Revierfoto)

Pitopia, Karlsruhe: 92.1 (Val Thoermer)
plainpicture GmbH & Co. KG, Hamburg: 101.1 (Pictorium)
Presse und Bilderdienst Thomas Wieck, Völklingen: 91.3
sinopictures, Berlin: 70.4, 70.1 (viewchina)
StockFood GmbH , München: 175.1
Jochen Tack Fotografie, Essen: 33.4
TopicMedia Service, Ottobrunn: 158.1 (Bruckner)
vario images GmbH & Co. KG, Bonn: 160.2
Volkswagen Media Services, Wolfsburg: 120.2, 167.2,
 169.1
wikimedia.commons: 49.1
Wilhelm Wilke, Stadthagen: 122.1

Titelbild: Klaus Wefringhaus, Braunschweig
Alle übrigen Fotos: Fotostudio Druwe & Polastri, Weddel
Alle Illustrationen: Matthias Berghahn, Bielefeld
Alle technischen Zeichnungen wurden von der Technisch-Graphischen-Abteilung Westermann (Hannelore Wohlt), Braunschweig angefertigt.

Trotz entsprechender Bemühungen ist es nicht in allen Fällen gelungen, den Rechtsinhaber ausfindig zu machen. Gegen Nachweis der Rechte zahlt der Verlag für die Abdruckerlaubnis die gesetzlich geschuldete Vergütung.